龟鳖养殖学

GUIBIE YANGZHIXUE

李贵生 伦文龙 吴秋华 顾博贤 / 编著

暨南大学出版社
JINAN UNIVERSITY PRESS
中国·广州

图书在版编目（CIP）数据

龟鳖养殖学/李贵生，伦文龙，吴秋华，顾博贤编著. —广州：暨南大学出版社，2022.4
ISBN 978-7-5668-3347-1

Ⅰ.①龟…　Ⅱ.①李…②伦…③吴…④顾…　Ⅲ.①龟鳖目—淡水养殖　Ⅳ.①S966.5

中国版本图书馆CIP数据核字（2022）第002026号

龟鳖养殖学
GUIBIE YANGZHIXUE
编著者：李贵生　伦文龙　吴秋华　顾博贤
· ·

出 版 人：张晋升
责任编辑：古碧卡　陈俞潼
责任校对：林　琼　陈皓琳　黄亦秋
责任印制：周一丹　郑玉婷

出版发行：暨南大学出版社（510630）
电　　话：总编室（8620）85221601
　　　　　营销部（8620）85225284　85228291　85228292　85226712
传　　真：（8620）85221583（办公室）　85223774（营销部）
网　　址：http://www.jnupress.com
排　　版：广州尚文数码科技有限公司
印　　刷：广州市快美印务有限公司
开　　本：787mm×1092mm　1/16
印　　张：22
字　　数：450千
版　　次：2022年4月第1版
印　　次：2022年4月第1次
定　　价：148.00元

（暨大版图书如有印装质量问题，请与出版社总编室联系调换）

前　言

在人类进化的历史长河中，植物的种植和动物的养殖扮演了至关重要的角色。特别是动物的养殖和利用，给人类提供了丰富的高质量的蛋白质，对人类的健康成长和进步起到了关键的作用。宠物和观赏动物的养殖还给人类带来了宝贵的陪伴和无比的乐趣。

龟鳖是珍稀动物，它们起源于恐龙时代，虽然恐龙灭绝了，龟鳖却保留至今，因此，龟鳖具有"活化石"之称。我国对龟鳖的利用可追溯到距今 8 000 年前的史前时期，当时创造了龟鳖文化。古人对龟非常崇拜，视龟为"大宝""神宝""国之重宝"和"天下之宝"。《礼统》曰："神龟之象，上圆法天，下方法地，背上有盘法丘山，黝文交错以成列宿，五光昭若黝锦，运转应小时。长尺二寸，明吉凶，不言而信。"除了利用龟壳进行占卜外，还利用龟壳（龟甲）进行防病和治病。龟作为药用，首载于东汉《神农本草经》，列为上品，称龟甲能治妇科、肿瘤、痔疮、疟疾、四肢麻痹、外阴白斑等疾病，并有强身健体等功效。《食疗本草》也记载了相似的功能。《本草纲目》作了更详细的描述，认为龟能通任脉，故取其甲以补心、补肾、补血，皆以养阴也。除了前述的功能外，龟还可治心腹痛、腰腿酸痛，补心肾，益大肠，止久痢和久泄，助难产，消痈肿等。长期以来，龟均作为食疗药膳的主要材料。食疗药膳是中华民族历史文化的瑰宝，古代医学对食疗药膳给予高度评价。唐代孙思邈的《千金要方》中就专辟有"食疗"一卷，在学术思想上重视"养性"，尤重视食养、食疗，认为"安身之本必须资于食""食能排邪而安脏腑"，并主张"凡欲治疗，先以食疗，既食疗不愈，后乃用药尔"，即使用药，也可以将药物与药膳结合，构成美味可口，既有丰富的营养成分，又含有能治各类疾病的中药成分的精致食料，以达到防病治病、强身健体、延年益寿的目的。

龟鳖的养殖源远流长，如春秋时范蠡就已开始进行鱼鳖混养，并取得了良好的经济效益。现代的龟鳖养殖不仅是为了满足人们食用、药用和观赏的商业养殖，而且包括了用于科研方面、科普教育等。

养殖包括饲养与繁殖，单纯饲养而不进行繁殖的，不能说是养殖。只有进行繁殖，才能增加种群数量，才能满足人们的需求，才能起到保护自然资源的效果。我国是世界上最大的龟鳖消费国和养殖国，龟鳖养殖业已成为一些地区发展农业和带动农民致富的地方优势产业，如广东、广西、江苏、浙江和海南等省区，龟鳖养殖业不断发展壮大，出现了各种各样的养殖模式，养殖技术也渐趋成熟。但面对龟鳖产业的快速发展，有关龟鳖养殖的书籍却很少，从理论上来阐述龟鳖养殖的书籍更是凤毛麟角。为了增补这方面的资料，我们编写了本书。在此书的编写过程中，得到了广大龟鳖养殖者及一些专家学者的帮助，在此一并表示衷心的感谢！书中难免有不足之处，望各位读者不吝赐教，待再版时改正之。

李贵生

2021 年 3 月 15 日

目　录

第一章 绪 论

一、龟鳖养殖学的定义

龟鳖养殖学（Turtle breeding）是研究龟鳖的生物学、营养、饲养、繁殖、育种和病害防治的一门科学。虽然早在商代，我国就已开始驯养龟鳖，但龟鳖的规模化养殖则是近代的事。因此，龟鳖养殖学是一门新兴的学科，有待不断地研究和不断地完善。

20 世纪 80 年代以前，人们对龟鳖的利用主要靠野外捕捉，龟鳖的人工养殖尚未形成规模。但随着龟鳖的利用价值增加，其需求量不断上升，对野外资源的压力越来越大，龟鳖在自然界中的种群数量急剧下降。为了保护龟鳖的自然资源和满足人们的消费需求，规模化的人工养殖亟待开展。于 20 世纪 70 年代末，暨南大学爬行动物养殖场开始进行了三线闭壳龟和山瑞鳖的人工繁殖技术研究，随后又进行了乌龟、黄喉拟水龟、黄缘闭壳龟、平胸龟、黑颈乌龟、四眼斑水龟、地龟、中华花龟、金头闭壳龟、鳄龟、安南龟、红耳彩龟、安布闭壳龟、大东方龟和中华鳖等龟鳖类的人工养殖技术研究。与此同时，湖南汉寿特种研究所开展了乌龟的养殖试验。这些研究成果为龟鳖的大规模养殖奠定了基础。

二、龟鳖养殖学的任务

龟鳖的养殖一方面是为了满足人们的市场需求；另一方面是为了更好地保护野生资源，减少或杜绝对野生资源的利用。龟鳖养殖学是龟鳖人工养殖的保障，负有重要的使命。

（一）促进龟鳖的人工养殖

龟鳖养殖学总结了近年来龟鳖养殖方面的实践经验和理论知识，为龟鳖人工养殖的深入开展打下了基础。介绍龟鳖养殖的成果和龟鳖养殖的理论和技术，可促进龟鳖养殖行业的发展。

（二）引导龟鳖的健康养殖

龟鳖养殖要进行健康养殖，要进行无害化养殖。养殖的产品要健康，养殖的环境也要健康。

（三）深化龟鳖的养殖技术

龟鳖养殖近年来发展很快，养殖的品种越来越多，养殖的技术也在不断深化，这对龟鳖产业的发展是非常有利的。龟鳖养殖学的任务就是不断总结和完善新的养殖技术，指导龟鳖产业的深入发展。

（四）阐明龟鳖的防病机制及病害防治技术

在龟鳖的养殖中，病害的发生和发展是不可避免的，是妨碍龟鳖养殖产业发展的关键因素。因此，阐明龟鳖病害的发生和发展机制，制定适宜的防病策略和有效的治病措施，是做好龟鳖人工养殖的关键所在。

（五）保存龟鳖的优良种质资源

龟鳖的人工养殖，对龟鳖的保护具有特殊的意义。不仅可保存龟鳖的优良种质资源，还可进行遗传改良，创造出更优良的品种。

三、龟鳖养殖学的研究方向

（一）龟鳖种类的研究

要进行龟鳖的人工养殖，就要选择养殖的种类。龟的种类较多，有不同栖性的龟类。栖性不同，其生态习性也不同，养殖的时候要区别对待。鳖类养殖的种类也在逐渐增加。故龟鳖种类的研究是养殖的基础，今后应加大此方面的研究力度。

（二）龟鳖生态学的研究

龟鳖能否养殖成功，关键在于对其生态习性的了解。有些难以养殖成功的龟类，是因为我们对其生态学研究不够，未能满足其生态要求。故在每养殖一种龟鳖时，首先要研究其生态习性，然后按其生态习性的要求设计养殖场和养殖池，满足其食性要求，在其最适的温度和水质等条件下养殖，这样才可以养殖成功。

（三）龟鳖营养需求的研究

在人工养殖的条件下，龟鳖容易出现营养失衡，容易出现脂肪肝等疾病，严重危害龟鳖机体健康和养殖寿命。因此，研究龟鳖营养需求是养好龟鳖的基础。今后应发展不同龟鳖的配合饲料，科学地养殖，保证养殖龟鳖的营养平衡和养殖质量。

（四）龟鳖养殖技术的研究

随着龟鳖养殖业的不断发展，新品种不断被引入，特别是国外的品种。不同的品种具有不同的养殖技术，故在龟鳖养殖中，要不断总结经验，不断完善各种龟鳖的养殖技术，使龟鳖养殖产业能持续发展和扩大。

（五）龟鳖病害防治的研究

在龟鳖的养殖中，病害的发生越来越频繁，而且药物的频繁使用，使得龟鳖抗药性的产生越来越严重，致使很多龟鳖的疾病难于治愈。要加强龟鳖病害的基础学研究，以预防为主，合理使用药物。加强龟鳖免疫学的研究，提高龟鳖机体的免疫力，减少其病害的发生。

第二章 生物学

第一节 分类学

龟鳖与恐龙是同时代的动物，它们都出现在石炭纪。在白垩纪末期，包括恐龙在内的几乎所有生命体都灭绝了，而龟鳖得以生存下来。

龟鳖在分类上属于动物界（Animalia）、脊索动物门（Chordata）、脊椎动物亚门（Vertebrata）、爬行纲（Reptilia）、龟鳖目（Testudines）。龟鳖目又可分为侧颈龟亚目（Pleurodira）和曲颈龟亚目（Cryptodira）。侧颈龟亚目的特征是其颈部侧向地收缩，即龟侧向地弯曲颈部而使其头部隐藏在壳缘下。此亚目有 3 个科，即侧颈龟科（Pelomedusidae）、蛇颈龟科（Chelidae）和南美侧颈龟科（Podocnemididae）。曲颈龟亚目的特征是颈椎能弯成 U 形，故头部能垂直地缩入壳内。此亚目也称为隐颈龟亚目，又分为 4 个总科，包括海龟总科（Chelonioidea）、鳄龟总科（Chelydroidea）、龟总科（Testudinoidea）和鳖总科（Trionychoidea）。海龟总科包括海龟科（Cheloniidae）和棱皮龟科（Dermochelyidae）。鳄龟总科包括动胸龟科（Kinosternidae）、鳄龟科（Chelydridae）和泥龟科（Dermatemydidae）。龟总科包括平胸龟科（Platysternidae）、陆龟科（Testudinidae）、泽龟科（Emydidae）和淡水龟科（Geoemydidae）。鳖总科包括两爪鳖科（Carettochelyidae）和鳖科（Trionychidae）。曲颈龟亚目的种类是较为进步的，故占龟类的大部分，尤其淡水龟科的种类最为常见。

龟鳖的分类学是一门鉴定、命名和描述龟鳖种类及分类等级的科学，是一门不断发现、不断修正的科学。其分类状况在不断变动之中，特别是种与亚种的分类与命名。

生物的分类方法最早为利用形态结构的不同而进行的形态分类法，但在同一种生物中，其形态结构可出现很大的变化，而不同种的生物，其形态结构也会出现趋同的现象。后来出现了利用染色体结构的不同的遗传学分类法；利用同工酶电泳特性的不同的生物化学分类法；利用免疫特性的不同的免疫学分类法；利用基因结构的不同的分子分类法。各种分类方法均有其优点和不足之处，可结合使用。最常见的是形态分类法和分子分类法的结合。今后的发展方向是生物体全基因组的检测，通过比较各种生物全基因组的差别来进行分类，特别是种和亚种之间的分类。就目前来说，在龟鳖方面，形态分类法是最经典和最直观的，也是最常用的分类法。当然，要解决一些有争议的问题，还得应用分子分类法。

第二节　形态学

龟鳖的形态结构是其分类的基础，也是养殖中挑选养殖龟鳖的基础。

一、龟的形态结构

各种类型的龟虽然生态习性不同，但其结构基本相似。

（一）常用术语

1. 背甲

背甲（Carapace）由背甲盾片、背甲骨板及盾片与骨板的接缝构成。

（1）背甲盾片。（图 2-2-1）

背甲盾片包括椎盾（Vertebral）、颈盾（Cervical）、肋盾（Costal）和缘盾（Marginal）。

①椎盾：背甲正中的一列盾片，一般为 5 枚。

②颈盾：椎盾前方，嵌于左右缘盾之间的一枚小盾片。

③肋盾：椎盾两侧的二列宽大盾片，一般左右各 4 枚。

④缘盾：背甲边缘的二列较小盾片，一般左右各 12 枚〔背甲后缘正中的一对缘盾又称为臀盾（Supracaudal），这样，缘盾就为左右各 11 枚〕。

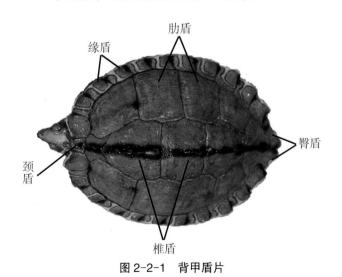

图 2-2-1　背甲盾片

（2）背甲骨板。（图 2-2-2）

背甲骨板包括椎板（Neural）、颈板（Nuchal）、上臀板（Suprapygal）、臀板

（Pygal）、肋板（Costal）和缘板（Peripheral）。

①椎板：背甲骨板的中央一列叫椎板。

②颈板：相当于颈盾部位的一块骨板。

③上臀板：在最后一枚椎板之后，一般有 2 枚，由前至后分别称为第一上臀板、第二上臀板。

④臀板：上臀板之后，1 枚。

⑤肋板：椎板两侧的骨板叫肋板。

⑥缘板：背甲边缘的两列骨板叫缘板，一般左右各 11 枚。

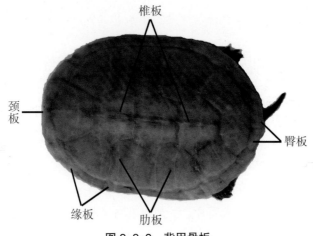

图 2-2-2　背甲骨板

2. 腹甲

（1）腹甲盾片。

腹甲盾片由 6 对左右对称的盾片和 1 枚间喉盾组成。由前至后依次为：间喉盾（Intergular scute）、喉盾（Gular scute）、肱盾（Humeral scute）、胸盾（Pectoral scute）、腹盾（Abdominal scute）、股盾（Femoral scute）、肛盾（Anal scute）。

①间喉盾：腹甲最前缘正中央的 1 枚盾片（图 2-2-3）。在有些龟类，它并不位于腹甲前缘（图 2-2-4）。（国产龟类无此盾片）

②喉盾：间喉盾和肱盾之间的 1 对盾片（在国产龟类，喉盾是腹甲最前缘正中央的 1 对盾片）。

③肱盾：喉盾和胸盾之间的 1 对盾片。

④胸盾：肱盾和腹盾之间的 1 对盾片。

⑤腹盾：胸盾和股盾之间的 1 对盾片。

⑥股盾：腹盾和肛盾之间的 1 对盾片。

⑦肛盾：腹甲后部的 1 对盾片。

左右喉盾之间的沟叫喉盾沟（Gular sulcus），喉盾与肱盾之间的沟叫喉肱沟（Gular-humeral sulcus）。其余以此类推。（图 2-2-5）

腹甲公式：指龟类腹甲上的盾片按盾片长度进行排列的顺序。在描述龟类腹甲盾片时，龟类腹甲全部盾片长度之间的关系常用腹甲公式来表示。盾片长度的测量采用中沟的测量值，即测量盾片在中沟上的长度。

图 2-2-3　间喉盾

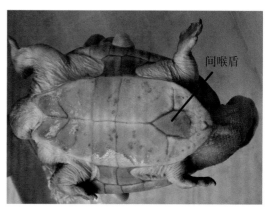

图 2-2-4　间喉盾

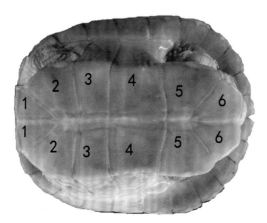

图 2-2-5　腹甲盾片

1. 喉盾；2. 肱盾；3. 胸盾；4. 腹盾；5. 股盾；6. 肛盾

（2）腹甲骨板。

腹甲的骨板主要由 11 块组成（中国龟类由 8～9 块骨板组成，缺少间下板，有时也缺少内板），除内板为单块外，其余 10 块均成对，由前至后依次为：上板（Epiplastron）、内板（Entoplatron）、舌板（Hyoplastron）、间下板（Mesoplastron）、下板（Hypoplastron）、剑板（Xiphiplastron）。

①上板：腹甲最前缘 1 对骨板。

②内板：单枚，介于上板与舌板中央，其形状与位置变化很大，有时缺少。

③舌板：又称中腹板。位于上板、内板和间下板之间的 1 对骨板。

④间下板：舌板和下板之间的 1 对骨板。

⑤下板：间下板和剑板之间的 1 对骨板。

⑥剑板：腹甲最后 1 对骨板。

左右上板之间的骨缝叫上板缝（Epiplastron suture），上板与舌板之间的骨缝叫上舌缝（Epiplastron-hyoplastron suture）。其余以此类推。（图 2-2-6、图 2-2-7）

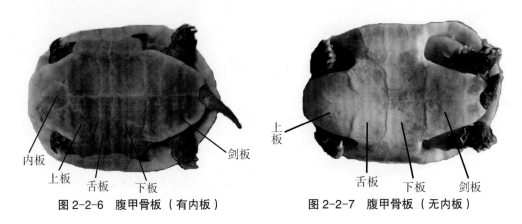

图 2-2-6　腹甲骨板（有内板）　　　　图 2-2-7　腹甲骨板（无内板）

3. 甲桥

甲桥（Bridge）为腹甲的舌板及下板伸长与背甲以韧带或骨缝相连的部分（图 2-2-8）。此处外层的盾片可能有以下几种：

腋盾（Axillary）：甲桥前端的一枚小盾片（图 2-2-9）。

胯盾（Inguinal）：甲桥后端的一枚小盾片（图 2-2-9），又称鼠蹊盾。

下缘盾（Inframarginal）：在腹甲的胸盾、腹盾与背甲的缘盾之间的几枚小盾片（图 2-2-10）。

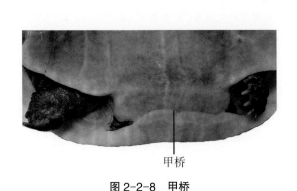

图 2-2-8　甲桥

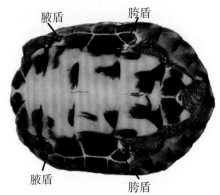

图 2-2-9　腋盾和胯盾

下缘盾

图2-2-10 下缘盾

（二）外部形态

龟类起源于二叠纪，中生代末期及第三纪初期最为繁盛。三叠纪地层中发现的龟类化石与现今龟类很相似，说明自三叠纪以来，龟类的形态改变很少，这与具有保护作用的龟壳有关。龟类外部的形态结构可分为头部、颈部、躯干、尾部和四肢五部分（图2-2-11）。

图2-2-11 龟类的外部形态

1. 头部

略呈三角形，其结构包括吻部、眼、喙和鼓膜等（图2-2-12）。吻部前端有鼻孔的开口。龟的嘴无齿，似鸟喙，故称"喙"，喙被以角质硬鞘，位于上面的称为上喙，位于下面的称为下喙。喙的边缘锋利，用来咬断食物。下喙腹面之间的部位称为颌部，颌部下面的部位称为喉部（图2-2-13）。眼一般较小，位于头两侧上半部，有瞬膜和活动性眼睑。鼓膜位于眼后方，无外耳。头部的大小、形状、颜色和斑纹是区分不同龟类和同一种龟类的不同亚种或品种的主要依据之一。

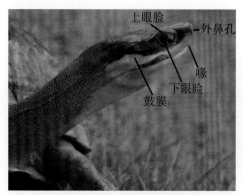

图 2-2-12　头部的结构

图 2-2-13　颌部和喉部

有些龟类的头部表面覆盖着不同的鳞片，这也是分类的主要依据之一。龟类头部的鳞片包括：前额鳞（Prefrontal scales）、额鳞（Frotal scales）、额顶鳞（Frontalparietal scales）、颞鳞（Temporal scales）、顶鳞（Parietal scales）、眶后鳞（Postoculars scales）、唇上鳞（Supralabial scales）、唇下鳞（Infralabial scales）、鼻鳞（Nasal scales）、喙鳞（Rostral scales）、眶前鳞（Preoculars scales）、颏鳞（Mantal scales）、第一唇下鳞（First infralabial scales）、眶上鳞（Supraocular scales）和下颌后鳞（Postmandibular scales）（图 2-2-14）。

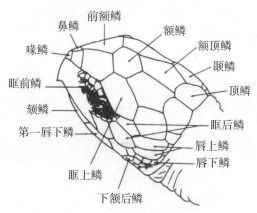

图 2-2-14　龟头部的鳞片
（仿 Ernst C A, Barbour R W, 1989）

2. 颈部

颈部长，颈部皮肤能伸缩。颈椎 8 块，衔接灵活，无颈肋。颈部的颜色和斑纹依不同的龟类而异。有时同一种龟类的雌龟和雄龟的颈部颜色和斑纹也不同。

3. 躯干

躯干是全身的主要部位，躯干部宽短而略扁。与其他爬行动物有显著区别的特殊形态构造是具有龟壳，宽短的躯体包含于龟壳内。龟壳由背甲和腹甲构成。背腹甲由两层组成，外层是角质盾片，内层是骨板。盾片由表皮角质化形成，而骨板则由真皮骨化的膜形成。盾片与骨板逐年增长，盾片上生长同心纹。盾片和骨板的位置和数目不相吻合，因而加强了龟壳的坚固性，棱皮龟科无角质盾片，表面覆以革质皮肤，同时骨板也退化为许多小骨片。

（1）背甲。

背甲略凸，长卵形，颜色依不同种而异，常见为黑褐色。背甲的盾片排列成5纵行，正中一行含有1枚颈椎、5枚椎盾（图2-2-15），两侧有4对肋盾（图2-2-16），最外侧有12对缘盾（图2-2-17），有些种类（大鳄龟属）在肋盾和缘盾之间有上缘盾（图2-2-18）。背甲的骨板被盾片所覆盖，必须把龟的盾片掀掉才能看到，故在活体龟是看不见的。骨板也排列成5纵行，正中一行含有1块颈板、8块椎板、1块上臀板和1块臀板；两侧各有1行肋板，8对；其外围有11对缘板。

图2-2-15 椎盾

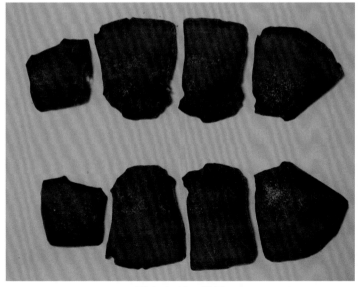

图2-2-16 肋盾

图 2-2-17　缘盾

上缘盾

图 2-2-18　上缘盾

（2）腹甲。

腹甲平坦（有些雄龟的腹甲中部凹陷），颜色和其上的斑纹种间有差别。腹甲表面覆盖着 6 对盾片，包括喉盾（动胸龟科为 1 块）、肱盾、胸盾、腹盾、股盾、肛盾各 1 对（图 2-2-19）。有些种具喉间盾 1 块。盾片下有骨板 9 块，除内板 1 块外，其余均成对。由前至后依次为：上板 1 对、内板 1 块、舌板 1 对、下板 1 对、剑板 1 对。某些原始种类在舌板和下板之间有一对间下板（中板）。

背、腹甲间大多数有甲桥在体侧相连。

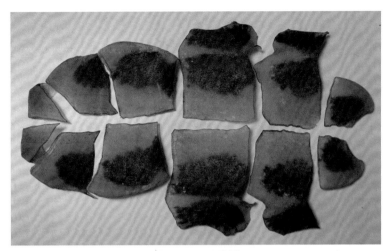

图 2-2-19　腹甲

4.尾部

尾多数短小且可缩入龟壳内，但平胸龟的尾不能缩入壳内。大多数龟类的雌、雄可根据尾部的结构特点进行区别。在通常的情况下，雄性的尾较长和较粗，泄殖腔孔在背甲后缘的后面（图 2-2-20、图 2-2-21）。雌性的尾较短和较细，泄殖腔孔在背甲后缘的下面（图 2-2-22、图 2-2-23）。

图 2-2-20　雄性黄缘闭壳龟的尾部

图 2-2-21　雄性黑颈乌龟的尾部

图 2-2-22　雌性黄缘闭壳龟的尾部

图 2-2-23　雌性黑颈乌龟的尾部

5.四肢

动物的形态结构与其生活环境相适应。不同生态类型的龟类，为了适应其生活的环境，其四肢的构造各有特点。水栖龟类四肢上的鳞片较小，皮肤细，爪与爪之间具有丰富的蹼，后肢脚掌较扁平；半水栖龟类四肢爪与爪之间仅有半蹼；陆栖龟类四肢上鳞片较大，皮肤粗糙，爪与爪之间无蹼，后肢呈圆柱形；海栖龟类四肢呈桨状（图2-2-24）。

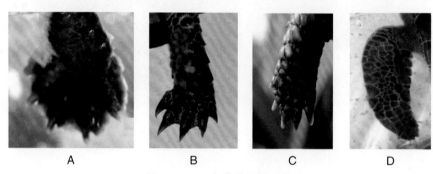

图 2-2-24 龟类前肢的形状

A.水栖龟类；B.半水栖龟类；C.陆栖龟类；D.海栖龟类

（三）内部构造

龟的内部构造可分为呼吸、消化、循环、骨骼、肌肉、神经、排泄和生殖八大系统。

1.呼吸系统

呼吸系统由呼吸道和肺组成（图2-2-25）。

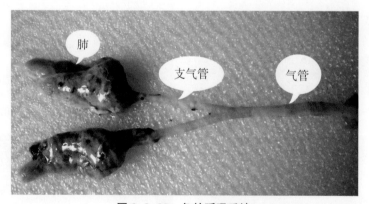

图 2-2-25 龟的呼吸系统

（1）呼吸道。

空气从外界进入肺部的管道系统称为呼吸道，包括外鼻孔、鼻腔、内鼻孔、喉、气管、支气管、细支气管和肺泡。

（2）肺。

肺位于背甲的内侧，共2叶，左右各1叶，为深红色的薄膜囊，甚发达。肺由许多隔膜把其分隔成许多细小的气室，每个气室由许多肺泡组成（图2-2-26）。由于胸廓被背腹甲所包裹不能活动，其呼吸运动主要依靠腹壁及附肢肌肉的活动，改变体腔的背腹径，从而改变内脏器官对肺组织的压力而进行呼气和吸气。例如，腹横肌收缩时，内脏器官对肺的压力增加，肺内的气体便排出，为呼气；腹斜肌收缩时内脏器官对肺的压力减小，外界空气便通过呼吸道进入肺，为吸气。另外，借助于口腔底部的升降和鼻孔的开关相配合来完成呼吸作用。龟主要靠肺呼吸，但也有辅助呼吸器官，水栖龟类的泄殖腔两侧有突出的薄壁囊（副膀胱），壁上布满微血管，口咽腔的黏膜层也同样密布丰富的微血管，它们均具有辅助呼吸的功能。例如，当龟在水中生活时，副膀胱和口咽腔不断唧水和排水，微血管可和水体交换气体，氧气渗入微血管，而二氧化碳则通过微血管排入水中。雌龟的副膀胱还有贮水的功能，供营巢产卵时湿土之用。

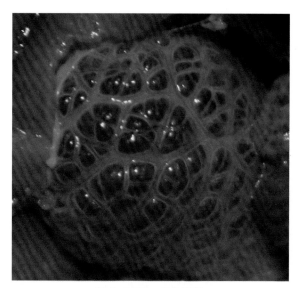

图2-2-26　龟的肺泡

2.消化系统

消化系统由消化道和消化腺两部分组成。

（1）消化道。

由前向后依次分为口（喙）、口腔、咽、食道、胃、小肠（十二指肠、空肠、回肠）、大肠和泄殖腔（图2-2-27）。

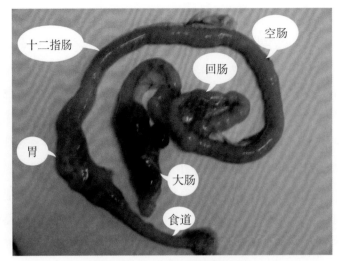

图 2-2-27　龟类消化道的组成

　　龟类的口也称为喙，位于头部的腹面，上、下颌有较为锐利的角质喙（图 2-2-28）。口腔内有舌，舌位于口腔底部（图 2-2-28），为肌性器官，其前端与两侧有肌肉和韧带与下颌连接，故舌不能伸出口外。口腔内的腺体包括腭腺、舌腺和舌下腺，其分泌物主要起润滑食物，帮助吞咽的作用。咽为位于口腔和食道之间的宽而短的管道，在咽的侧壁可见一对小孔通往鼓室，即咽鼓管孔。

　　龟类的舌在进食、分泌黏液和浆液方面起重要的作用，而哺乳动物的舌的主要功能是进食、研磨食物或刷洗体毛，故龟类舌的结构有其特点。例如，乌龟的舌位于咽的前面，呈三角形，前端呈圆形，侧面扁平（图 2-2-29），舌背部表面满布舌乳头（图 2-2-30），大部分舌乳头为嵴状，也有一些是呈圆锥形或立方形。舌乳头表面上密布拱形的突起物（图 2-2-31），在每一个突起物或每一个细胞的表面广泛地分布着微绒毛，相邻细胞的微绒毛互相连接。

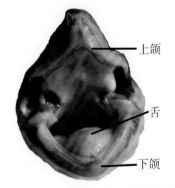

图 2-2-28　龟的上颌、下颌和舌

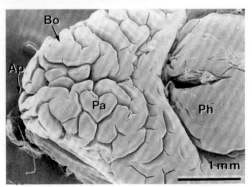

图 2-2-29　乌龟舌的扫描电镜观察
Ap：舌前端；Bo：舌体；Pa：舌乳头；Ph：咽
（引自 Iwasaki，1992）

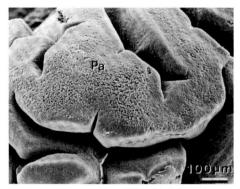

图 2-2-30 乌龟舌的透射电镜观察

Pa：舌乳头

（引自 Iwasaki，1992）

图 2-2-31 乌龟舌乳头上的拱形突起物

Mv：微绒毛

（引自 Iwasaki，1992）

龟的整个消化道为一管状系统（图 2-2-32），其长度为体长的 4.5～4.8 倍（四爪陆龟）。

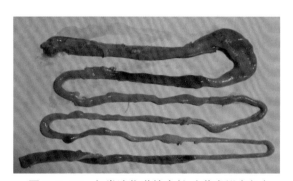

图 2-2-32 龟类消化道的全长（黄喉拟水龟）

食道前端与咽相连，沿颈的腹面，在气管的左侧纵行向后，伸入体腔与胃相连，为肌肉质的管道，扩展性强，内壁有 8～10 条纵行的皱襞（图 2-2-33）。有的皱襞上伸出次级皱襞（图 2-2-34），表面覆盖有短而稀疏的绒毛。

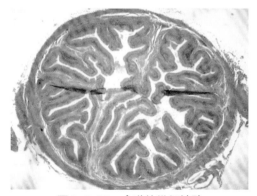

图 2-2-33 食道的纵行皱襞

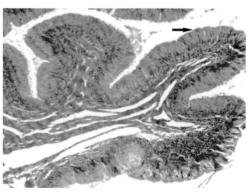

图 2-2-34 食道的次级皱襞（→）

胃位于胸腹腔前方左侧，被肝叶所覆盖，呈囊状，可分为贲门、胃体及幽门三部分。贲门接食道，内壁有食道延伸的纵行皱褶。胃内缘的弯曲称胃小弯，外缘的弯曲称胃大弯，胃后部通过幽门与十二指肠相连。胃的腔面有纵行皱襞（图2-2-35），皱襞由黏膜和黏膜下层突向管腔而成。胃腺属直行单管状腺（图2-2-36），开口于胃小凹（图2-2-37）。胃底部可见很多分泌细胞，在这些细胞中可见乳头状突起，在一些乳头状突起的中央可见分泌孔（图2-2-38）。胃的肌层发达，为平滑肌，以内环肌为主。胃能分泌盐酸、胃蛋白酶及黏液。胃主要起进一步磨碎食物和进行蛋白质初步消化的作用。

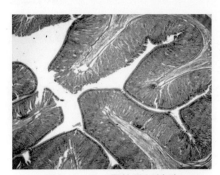

图2-2-35　胃的纵行皱襞

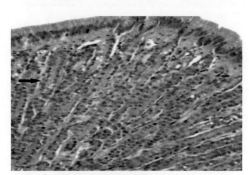

图2-2-36　胃的腺体（→）

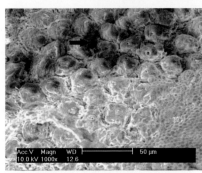

图2-2-37　胃小凹（→）

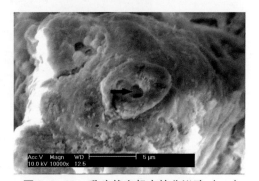

图2-2-38　乳头状突起中的分泌孔（→）

小肠又分为十二指肠、空肠和回肠三部分，但其分界不明显。在十二指肠的肠腔可见纵行皱襞（图2-2-39）。皱襞的表面分布有叶状、柱形和不规则形的绒毛。绒毛是由黏膜的上皮和固有膜向肠腔突出形成（图2-2-40）。空肠和回肠管径比十二指肠大，形态和结构与十二指肠相似，不容易与其区分。小肠黏膜上皮的游离面具有丰富的微绒毛。微绒毛从浆膜的顶端突出于肠腔，呈指状（图2-2-41）。在黏膜上皮的吸收细胞之间，分布着杯状细胞，内含黏液颗粒（图2-2-42）。

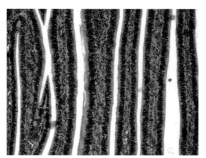

图 2-2-39 十二指肠中的纵行皱襞

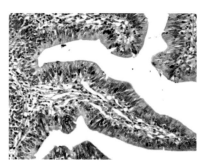

图 2-2-40 十二指肠中的绒毛

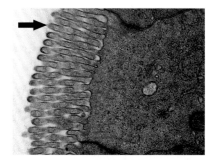

图 2-2-41 小肠中的微绒毛 （→）

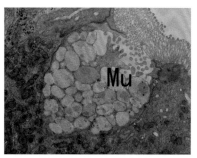

图 2-2-42 小肠中的杯状细胞

Mu：黏液颗粒

　　大肠可分为盲肠、结肠和直肠三部分。盲肠是大肠的起始部位，介于回肠和结肠之间，借回肠系膜和结肠系膜与回肠后段和结肠前段连在一起，位于胸腹腔的右侧。盲肠壁薄，内壁光滑，仅在前端有一条粗的皱褶，由回肠末端内壁皱褶延伸而成。结肠粗大，壁薄，内壁光滑。结肠由右向左行进，行至左侧急向后弯曲，并变细为直肠，通往泄殖腔。泄殖腔呈囊状，为消化、泌尿、生殖三个系统的共同通道，以泄殖腔孔通体外。大肠中的黏膜皱襞明显减少（图 2-2-43），且皱襞很浅。在黏膜下可见淋巴组织（图 2-2-44）。食物的消化和吸收主要在小肠中进行，大肠具重吸收水分的功能。

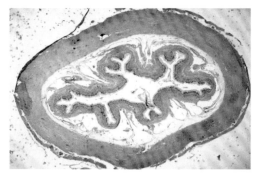

图 2-2-43 大肠中的黏膜皱襞

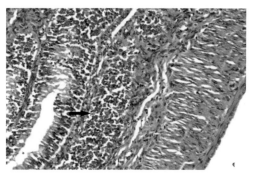

图 2-2-44 黏膜下的淋巴组织 （→）

（2）消化腺。

消化腺包括肝脏、胰腺和胆囊。肝脏很大，呈深褐色，位于胸腹腔的前端、心脏的两侧（图2-2-45），可分左叶、中叶和右叶（图2-2-46、图2-2-47）；左叶较大，覆盖着胃；中叶狭长，连接左右肝叶；右叶在中叶的后方又分出一小叶，右肝两小叶之间紧夹着一个暗绿色呈梨形的胆囊。肝脏在消化食物中的功能主要是不断生成胆汁。胆汁对脂肪的消化和吸收具有重要作用。胆囊的主要作用是储藏胆汁和进食后把胆汁排入小肠以帮助消化食物。胰腺浅红色，呈长条形，分布在十二指肠韧带内，有胰管通入十二指肠。胰腺能分泌消化蛋白质、糖和脂肪的消化酶，是最重要的消化腺体。

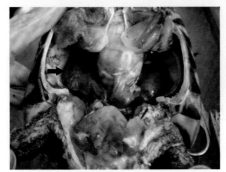

图2-2-45　肝脏的位置（→）

图2-2-46　肝脏的中间小叶（→）

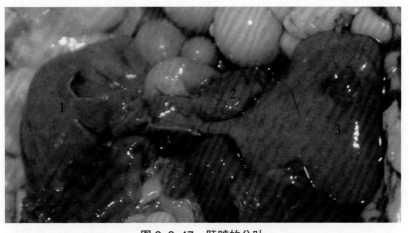

图2-2-47　肝脏的分叶

1.肝脏的左叶；2.肝脏的中间小叶；3.肝脏的右叶

3.循环系统

（1）心脏。

心脏似梨形（图2-2-48），包括两心房、一心室（图2-2-49）。心室内有不完整的隔膜，进化尚不完善，进入心室内的血液仍为混合血。静脉窦不发达，一部分被并入右心房。龟的血液循环分为肺循环和体循环两部分，但为不完全双循环。心室右侧的血液经肺动脉进入肺中，经过气体交换后所获得的新鲜血液经肺静脉进入左心房，此为肺循环。左心房的新鲜血液经房室孔流入心室隔膜的左侧，当心室收缩时，血液射入左体动脉弓和右体动脉弓。右体动脉弓发出通入头部的颈总动脉以供应头部的血流。右体动脉弓较左体动脉弓粗大，两者汇合形成背大动脉。由背大动脉再分支到躯体的各部分，把血液输送到各内脏器官或组织。交换后的血液经静脉系统回流到右心房，此为体循环。心肌为特种肌肉，其横纹不明显。

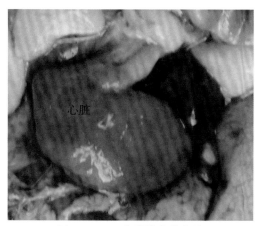

图 2-2-48　在腹腔中的心脏

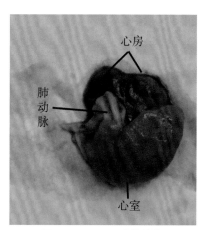

图 2-2-49　心脏的结构

（2）血细胞。

龟类的血细胞包括红细胞（Red blood cells）、白细胞（White blood cells）和血栓细胞（Thrombocytes）。红细胞与氧气的运输有关，白细胞与防御功能有关，血栓细胞与凝血有关。

①红细胞。

红细胞为有核细胞，大于人的红细胞，呈卵圆形或椭圆形，大多数为1个核（图2-2-50），少数有2个核（图2-2-51）。核中有致密的染色质颗粒（图2-2-52）。一些红细胞在核的附近有一个小的圆形的和电子致密的胞浆内包涵体，没有可见的细胞器。一些红细胞在胞浆中也有线粒体和核糖体。胞浆中所含的包涵体显然不是细菌，因为它们缺乏细胞膜（菌膜），也不是病毒粒子（因为太大）。一些研究者认为是退化的细胞器，但最近的研究表明，它们是血红蛋白的沉淀物，相似于人类红细胞中的海因茨小体（Heinz bodies）。在一些红细胞中出现的线粒体（图2-2-53）和核糖体，是很少见的，可能与未成熟的红细胞有关。未成熟的红细胞比成熟的红细胞小。

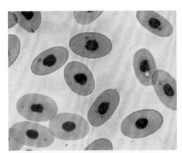

图 2-2-50　单个核的红细胞
（引自 Heatley 等，2010）

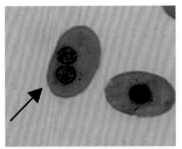

图 2-2-51　两个核的红细胞（→）
（引自 Zago 等，2010）

图 2-2-52　红细胞的超微结构
（引自 Zago 等，2010）

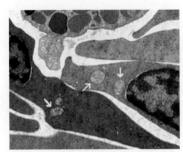

图 2-2-53　红细胞胞浆中含的线粒体（→）
（引自 Hernández 等，2016）

②白细胞。

白细胞包括淋巴细胞（Lymphocytes）、单核细胞（Monocytes）、嗜碱性粒细胞（Basophils）、嗜酸性粒细胞（Eosinophils）、嗜中性粒细胞（Neutrophils）、嗜异性细胞（Heterophils）和嗜天青细胞（Azurophils）。

A. 淋巴细胞。

淋巴细胞比单核细胞小（图 2-2-54），圆形，但常有不规则的边缘和胞浆突出物。胞浆稍微嗜碱性。淋巴细胞的核几乎占满整个细胞，核常为锯齿状或节段状，在核周具有丰富的、致密的染色质，未见核仁。胞浆只占细胞的小部分，内有发育良好的内质网、核糖体和少数的线粒体，也可见到高尔基复合体和一些小的电子致密颗粒（图 2-2-55）。

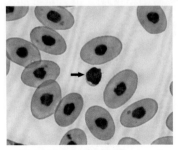

图 2-2-54　淋巴细胞（→）
（引自 Heatley 等，2010）

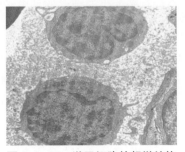

图 2-2-55　淋巴细胞的超微结构
（引自 Zago 等，2010）

B. 单核细胞。

单核细胞通常是大的，圆形、纺锤形或阿米巴形（图 2-2-56）。核较小，纺锤形，通常为锯齿状，所含的异染色质少于淋巴细胞。细胞质透明，最常见的细胞器是线粒体、粗面内质网、滑面内质网及一些小的空泡，也可见到一些小的、多形态的、不同质地的电子致密颗粒（图 2-2-57）。

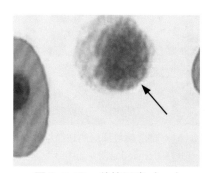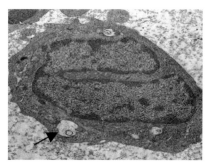

图 2-2-56　单核细胞（→）　　　图 2-2-57　单核细胞的超微结构（→分泌泡）
（引自 Zago 等，2010）　　　　　　（引自 Zago 等，2010）

C. 嗜碱性粒细胞。

嗜碱性粒细胞圆形，比嗜异性细胞和嗜酸性粒细胞小（图 2-2-58），有一个大的、偏中心的核，核中含中等量的异染色质，电子密度低。胞浆通常很少，具有成群的圆形颗粒，颗粒嗜碱性，球形或棒形，大部分表现为高电子密度和形态清晰，而另一些则表现出退化过程。少数颗粒为低电子密度，内含线粒体。胞浆中通常可见线粒体、滑面内质网、粗面内质网和高尔基复合体，并富含 β 糖原颗粒（图 2-2-59）。

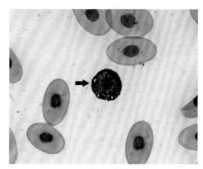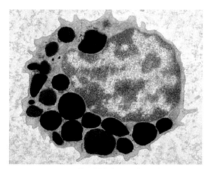

图 2-2-58　嗜碱性粒细胞（→）　　　图 2-2-59　嗜碱性粒细胞的超微结构
（引自 Heatley 等，2010）　　　　　　（引自 Hernández 等，2016）

D. 嗜酸性粒细胞。

嗜酸性粒细胞圆形，核单一或分叶状，有红色或橙色的胞浆颗粒（图 2-2-60）。核大，偏离中心，圆形到纺锤形，具有不同数量的异染色质。在胞浆中有电子致密的分泌颗粒，这些颗粒呈圆形或卵圆形，无晶体结构，比嗜异性细胞具有更高的电子密度。可见小的颗粒性包涵体、线粒体、滑面内质网和粗面内质网，但罕见高尔基复合体和空泡（图 2-2-61）。

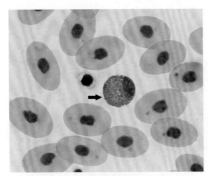 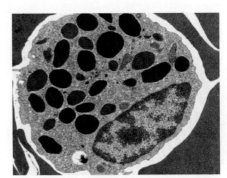

图 2-2-60　嗜酸性粒细胞（→）　　　图 2-2-61　嗜酸性粒细胞的超微结构
（引自 Heatley 等，2010）　　　　　　（引自 Hernández 等，2016）

E. 嗜中性粒细胞。

嗜中性粒细胞有一个嗜碱性的核，相似于哺乳动物的嗜中性粒细胞（图 2-2-62）。核大，单一，核中可见核周异染色质。胞浆富含线粒体、分泌颗粒和内质网（图 2-2-63）。

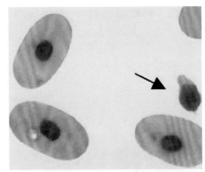 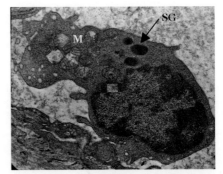

图 2-2-62　嗜中性粒细胞（→）　　　图 2-2-63　嗜中性粒细胞的超微结构
（引自 Zago 等，2010）　　　　　　　M：线粒体；SG：分泌颗粒
　　　　　　　　　　　　　　　　　　（引自 Zago 等，2010）

F. 嗜异性细胞。

嗜异性细胞是圆形的，有一个稍微偏离中心的、单叶或双叶的核（图 2-2-64）。核卵圆形或纺锤形，内含可变的但常为中等量的异染色质，可见核仁。胞浆丰富，内含颗粒状或纺锤体形的包涵体。并可见许多卵圆形或长形的颗粒，一些颗粒是电子致密的，而另一些颗粒的电子密度有不同程度的变化，并表现出不同的大小及不同的形态（圆形和棒形）（图 2-2-65）。

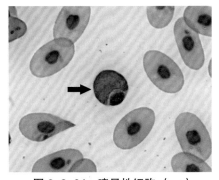

图 2-2-64 嗜异性细胞（→）

（引自 Heatley 等，2010）

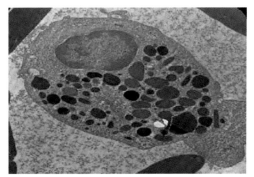

图 2-2-65 嗜异性细胞的超微结构

（引自 Zago 等，2010）

G. 嗜天青细胞。

嗜天青细胞有嗜碱性的核和胞浆（图 2-2-66）。细胞为不规则形，核周有异染色质，胞浆有中等量的细胞器，特别是线粒体和高尔基复合体的分泌泡（图 2-2-67）。

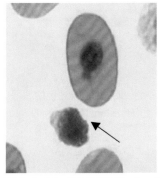

图 2-2-66 嗜天青细胞（→）

（引自 Zago 等，2010）

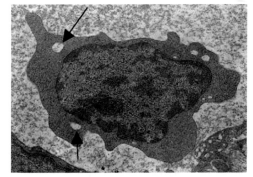

图 2-2-67 嗜天青细胞的超微结构（→分泌泡）

（引自 Zago 等，2010）

③血栓细胞。

血栓细胞通常是小的，在一些龟类为长圆形、有核的结构（图 2-2-68），而在另一些龟类则为不规则形（图 2-2-69）。其核虽然有时是不规则或分叶的，但大多数是圆的，核周排列着异染色质，核的电子密度比淋巴细胞的核的电子密度更高。胞浆匀质和电子致密，偶然可见指状突出物。胞浆内含多核糖体、滑面内质网、粗面内质网和少数颗粒。当高尔基复合体存在时，常紧挨中心体。一些血栓细胞有小管状的结构（图 2-2-70、图 2-2-71）。

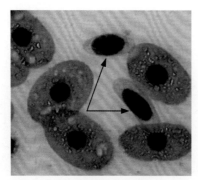

图 2-2-68　长圆形的血栓细胞（→）

（引自 Zago 等，2010）

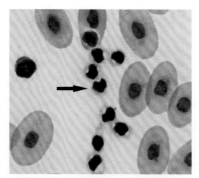

图 2-2-69　不规则形的血栓细胞（→）

（引自 Heatley 等，2010）

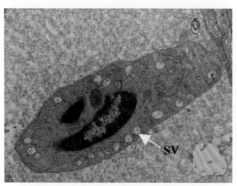

图 2-2-70　花面蟾龟血栓细胞的超微结构

SV：分泌泡

（引自 Zago 等，2010）

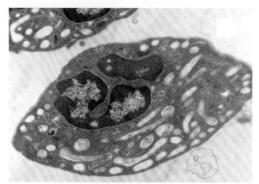

图 2-2-71　绿海龟血栓细胞的超微结构

（引自 Morgan 等，2009）

4. 骨骼系统

龟类的骨骼系统大多由硬骨构成，骨骼的骨化程度高，可分为外骨骼和内骨骼两大部分。外骨骼包括背甲和腹甲，内骨骼主要包括中轴骨（头颅骨、脊椎、胸骨和肋骨）和四肢骨。龟类骨骼系统的特征是胸腰部的椎骨连同肋骨一起与背甲互相愈合；肩带位于肋骨的腹面；无胸骨，也不形成完整的胸廓；上胸骨和锁骨分别参与了腹甲（内板和上板）的组成；头部最大的特点是头骨不具有颞窝，方骨与颅骨固结，不能活动。因此，龟类为最原始的爬行动物之一。

头部的颅骨基本上是原始的。头盖骨上没有颞孔，其后部在两边的长形的上枕骨上有一个大的耳窝（Otic notch）。翼骨牢固地与脑壳融合。方骨密切附于侧面膨胀的耳囊。颌无齿，修饰为尖锐的剪状喙（Shearing beaks）。上颌由前颌骨和上颌骨构成。上颌骨形成鼻腔的侧界和眼眶的下界。在后面，上颌骨与颧骨形成关节。眼眶的后缘由腹侧的颧骨和背侧的眶后骨构成。沿着头颅背部中线的成对的骨是前额骨、额骨和顶骨。顶骨形成脑壳的顶和大部分的侧壁。在侧面，顶骨有一个强壮的突向下突起并与翼骨结合。顶骨下面的边界也与前耳骨和上枕骨相关节。长形的上枕骨向后伸展，形成枕骨大孔（Foramen magnum）的上部边界。成对的副枕骨形成侧界，基枕骨形成下界。这3块骨的一部分构成枕骨髁（Occipital condyle）。脸颊（cheek）骨是大的后面的鳞状骨和小的前面的方轭骨（位于方骨和颧骨之间的一块小的骨头）。鳞状骨与上枕骨通过副枕骨相连。腭复合体（Palatal complex）从前面到后面由单一的犁骨、腭骨和成对的翼骨构成。在前面，犁骨与前颌骨接触。上腭骨形成鼻道（Nasal passage）顶部的一部分。在每块上腭骨和相邻的上颌骨之间有一个开口，即腭后孔（Posterior palatine foramen）。翼骨后面独立于基枕骨。翼骨游离的侧面突出，称为外翼骨突（Ectopterygoid processes）。方骨一对，位于邻近翼骨的后部，形成下颌关节。每侧下颌的一半由6块骨构成。最前面的是齿骨，它形成压碎或切割表面；2块齿骨在联合处（symphysis）牢固地连接在一起。在颌的下界，齿骨向后延伸，与方骨形成关节。在后面齿槽的上面是鸟喙骨和上隅骨。在下颌后端的内面，腹面是隅骨，背面是前颌关节骨。颌关节骨也与方骨形成关节。

龟类头部背面的骨骼包括：前额骨（Prefrontal）、额骨（Frontal）、眶后骨（Postorbital）、颧骨（Jugal）、耳前骨（Prootic）、鳞状骨（Squamosal）、耳后骨（Opisthotic）、外枕骨（Exoccipital）、上颌骨（Maxilla）、顶骨（Parietal）、方骨（Quadrate）和上枕骨（Supraoccipital）（图2-2-72）。

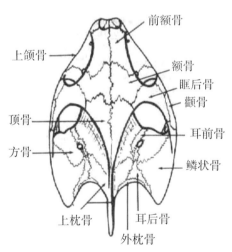

图2-2-72 龟类头颅的背面观
（仿 Ernst C A, Barbour R W，1989）

龟类头部腹面的骨骼包括：前颌骨（Premaxillae）、上颌骨（Maxilla）、犁骨（Vomer）、翼骨（Pterygoid）、方骨、鳞状骨、耳后骨、外枕骨、腭骨（Palatine）、基蝶骨（Basisphenoid）和基枕骨（Basioccipital）（图2-2-73）。

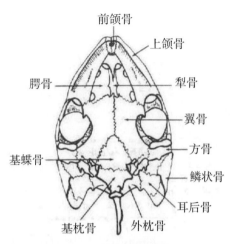

图 2-2-73 龟类头颅的腹面观
（仿 Ernst C A, Barbour R W, 1989）

龟的下颌骨包括：齿骨（Dentary）、鸟喙骨（Coronoid）、隅骨（Angular）、上隅骨（Supraangular）、颌关节骨（Articular）和前颌关节骨（Prearticular）（图 2-2-74）。

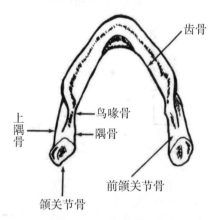

图 2-2-74 龟的下颌骨
（仿 Ernst C A, Barbour R W, 1989）

5. 肌肉系统

肌肉系统包括皮肌、闭口肌、开口肌、肋间肌、腹肌、躯干肌和附肢肌等。颈括约肌属于皮肌。始于颞部及上颌后部而止于下颌的颞肌和咬肌均为闭壳肌。起止于舌弓及下颌骨腹面的二腹肌为开口肌。由于龟类的胸廓固定，肋间肌控制呼吸的作用不大。腹肌由表及里分为外斜肌、内斜肌和横肌，具有协助呼吸的作用。躯干肌因四肢发达而渐趋萎缩。四肢肌肉发达，以适应龟类的爬行活动和游泳，为横纹肌（图 2-2-75），其肌纤维是由肌原纤维组成的，在肌原纤维中可见明带和暗带（图 2-2-76）。

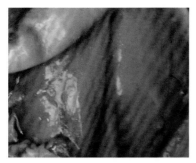

图 2-2-75 龟后腿的肌肉　　　　图 2-2-76 横纹肌的超微结构

6. 神经系统

神经系统由中枢神经系统和周围神经系统组成。中枢神经系统包括脑和脊髓（图 2-2-77）。龟的脑分嗅叶、大脑半球、间脑、中脑、小脑和延脑 6 部分。大脑半球的体积明显地超过其他各部脑的体积，但其增大和加厚的主要部分仍局限于大脑底部的纹状体。大脑半球的顶壁及其两侧基本上还是原脑皮，但已开始出现椎体细胞，并聚集成神经细胞层，构成大脑表层的新脑皮。中脑背面为一对圆形的视叶，为龟类的高级神经中枢。小脑发育良好，这有利于水中游泳及陆上爬行时协调四肢的运动。龟具有 12 对脑神经，脊神经和交感神经发达。龟的听觉器官只有中耳和内耳，没有外耳，故龟对空气传播的声音反应迟钝，而对地面传导的振动较敏感。龟的视野较广，但清晰度差，故其对动态的物体反应灵敏而对静物则反应迟钝。龟的鼻腔内黏膜细胞具探知化学气味的感觉功能。

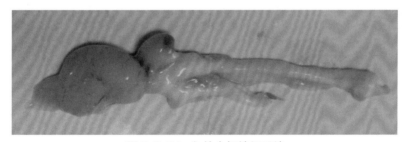

图 2-2-77 龟的中枢神经系统

7. 排泄系统

排泄系统由肾脏、输尿管、膀胱和泄殖腔组成。

（1）肾脏。

肾脏为后肾，紧贴于躯体后半部的背壁（图 2-2-78），左右各一，暗红色，扁平不规则形（图 2-2-79、图 2-2-80），其腹面中央略凹，在雄性中包有生殖腺（图 2-2-81、图 2-2-82）。背面中央隆起，呈分叶状，表面有许多沟纹，边缘有缺刻，表面包有一层外膜，并在腹面内侧汇成肾脏系膜。肾脏由许多肾小体构成，肾小体包括肾小球和肾小管两部分。肾小球的核心是一团毛细血管网，与尿液的生成有关。肾小管后段有重吸收水分的作用。

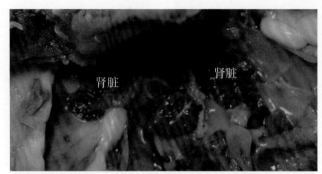

图 2-2-78 肾脏在腹腔中的位置

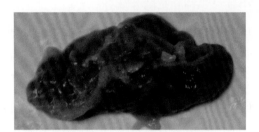

图 2-2-79 雌龟肾脏的背面

图 2-2-80 雌龟肾脏的腹面

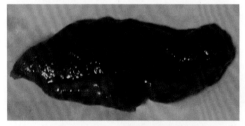

图 2-2-81 雄龟肾脏的背面

图 2-2-82 雄龟肾脏的腹面

（2）输尿管。

输尿管是从肾脏腹内侧面稍后发出的一小管，短而细，直达泄殖腔，开口于泄殖腔近端的腹面两侧，在系统发生上为后肾管。不论雌雄，输尿管均不直接连通于膀胱，输尿管中尿液首先导入泄殖腔，再借尿液的重力以及泄殖腔的收缩进入膀胱。

（3）膀胱。

膀胱位于腰带前方，泄殖腔的腹面，表面紧贴着一层腹膜，是一个大型双叶型无色透明的薄囊。当膀胱充满尿液后，由于膀胱受压收缩，将尿液排入泄殖腔，此时泄殖孔张开，尿液混同粪便排出体外。

（4）泄殖腔。

泄殖腔为直肠远端的膨大部分，由肌性外壁围成的腔隙，其内有输尿管、膀胱和生殖道的开口，为排泄和生殖的共同通道，故名之。龟排泄的尿液中，其含氮废物主要是尿酸和尿酸盐，它们比尿素难溶于水，所以常在尿液中沉淀成白色半固态物质，而水分在这些物质沉淀时，又被输尿管、大肠和膀胱重新吸收进入血液内，用于再生产尿和沉淀。这种重复周转利用水，对于生活在干旱地区的龟类可减少体内水分丧失，同时保持肾内不致形成高于血浆的渗透压都有着十分重要的意义。

海栖龟类的眼后上方尚有特殊的排盐器官——盐腺。通过盐腺分泌物将血液中多余的盐分带出体外，执行肾外排盐的机能。

8. 生殖系统

（1）雄性生殖系统。

雄性生殖系统由睾丸、附睾、输精管和阴茎组成（图 2-2-83）。睾丸黄色，椭圆形或卵圆形（图 2-2-84），位于腰带前方背面两侧，由很短的睾丸系膜连在腹膜上。附睾紧贴睾丸后端，黑色，块状，比睾丸大。睾丸发出很多输出管经睾丸系膜到达附睾，附睾表面可见有一些曲折隆起的管道，即附睾管，它具有贮存及活化精子的功能。输精管为附睾后端延伸的细管，其开口在泄殖腔近端，正位于阴茎基部的尿生殖乳突处，连通于阴茎沟。阴茎为龟类的雄性交接器，单个，紫黑色，由两条海绵体构成，背面有一条纵沟，即阴茎沟，合拢时变成管状，利于输送精液。阴茎为海绵体肌肉质，伸展性好，远端膨大近似伞形，为阴茎头（图 2-2-85）。阴茎头末端有些龟类分为两叉（如黄缘闭壳龟），有些龟类分为三叉（如四爪陆龟）。阴茎平时藏于泄殖腔内（图 2-2-86），交配时才伸出体外。

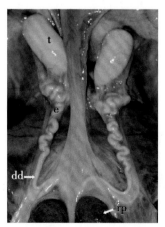

图 2-2-83 龟的雄性生殖系统

t：睾丸；e：附睾；dd：输精管；rp：阴茎

（引自 Cabral 等，2011）

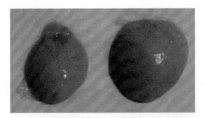

图 2-2-84　龟的睾丸

图 2-2-85　龟的阴茎（黄喉拟水龟）

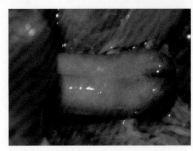

图 2-2-86　在腹腔中的阴茎（黄喉拟水龟）

（2）雌性生殖系统。

雌性生殖系统由卵巢、输卵管和泄殖腔组成。卵巢 1 对，左右对称，呈长形囊状，两侧卵巢形成倒"八"字形，由卵巢系膜悬于腰带前方背面的背系膜上。输卵管在发生上由牟勒氏管演化而来（图 2-2-87、图 2-2-88），怀卵后输卵管变长（图 2-2-89）。

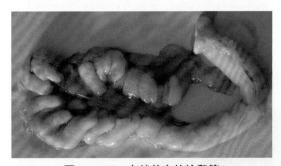

图 2-2-87　自然状态的输卵管

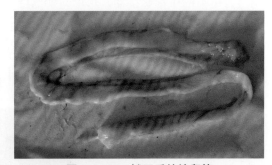

图 2-2-88　摊开后的输卵管

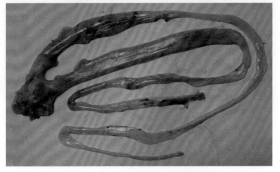

图 2-2-89　怀卵后的输卵管

9.免疫系统

龟类的免疫系统包括免疫器官、免疫细胞及免疫分子。

（1）免疫器官。

龟类的免疫器官可分为中枢免疫器官和外周免疫器官。中枢免疫器官又称初级免疫器官，是淋巴细胞等免疫细胞发生、分化和成熟的场所，它包括骨髓和胸腺。外周免疫器官又称二级免疫器官，是成熟T、B淋巴细胞等免疫细胞定居的场所，也是产生免疫应答的部位，包括脾及与黏膜有关的淋巴组织和皮下组织等。

脾脏是机体最大的淋巴器官，其基本结构与淋巴结或胸腺相似。脾脏棕褐色，豆状（图2-2-90、图2-2-91），分被膜和实质两部分。被膜较薄，由致密结缔组织组成，表面覆盖单层扁平上皮。实质内无淋巴窦，而有丰富的血窦，可分为白髓和红髓两部分。白髓由椭球周围淋巴鞘（PELS）（图2-2-92）和动脉周围淋巴鞘（PALS）（图2-2-93）组成。红髓包括脾索（图2-2-94）和脾窦（图2-2-95）。脾窦为相互连通的不规则的血窦。未发现淋巴小结和生发中心。

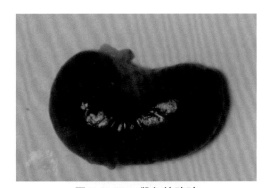

图2-2-90 雌龟的脾脏

图2-2-91 雄龟的脾脏

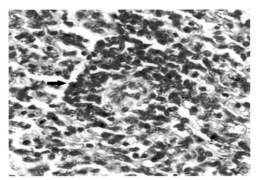

图2-2-92 PELS（→）

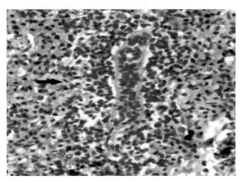

图2-2-93 PALS（→）

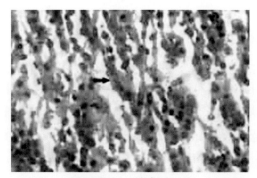
图 2-2-94 脾索（→）

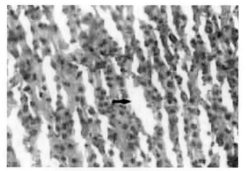
图 2-2-95 脾窦（→）

（2）免疫细胞。

凡参与免疫应答或与免疫应答有关的细胞均称为免疫细胞。免疫细胞可分两大类，一类是淋巴细胞，主要参与特异性免疫反应，在免疫应答中起核心作用；另一类是吞噬细胞。在龟鳖中，免疫细胞主要存在于免疫器官、免疫组织、血液和淋巴液中，包括巨噬细胞（图 2-2-96）、单核细胞、嗜中性粒细胞、嗜酸性粒细胞、嗜碱性粒细胞及浆细胞（图 2-2-97）等。

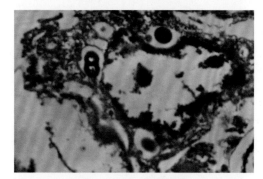
图 2-2-96 巨噬细胞

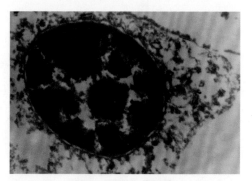
图 2-2-97 浆细胞

（3）免疫分子。

免疫分子指的是参与机体免疫应答过程的各种相关分子，即凡参与免疫应答的体液因子均可称为免疫分子。机体所有的免疫活动都离不开免疫分子。免疫分子的种类很多，主要有以下几类：膜表面抗原受体、主要组织相容性复合物抗原、白细胞分化抗原、黏附分子、抗体、补体、细胞因子、抗原等。

二、鳖的形态结构

（一）外部形态

鳖的外形似龟，体近圆形，但其背甲及腹部均被覆柔软如革的皮肤。背腹有骨质合

成的硬甲，背甲卵圆形、扁平，四周是柔软的肉质，称为裙边（图2-2-98）。腹甲小
于背甲，光滑且有黑斑纹（图2-2-99）。鳖体可分为头、颈、躯干、尾和四肢五部分
（图2-2-99、图2-2-100）。

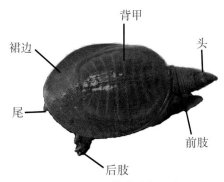

图 2-2-98　鳖的外部形态

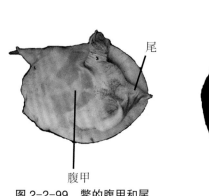

图 2-2-99　鳖的腹甲和尾

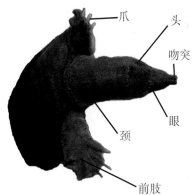

图 2-2-100　鳖头部的外部结构

1. 体色

鳖的体色随不同水质的变化而变化。在较肥的、水呈黄绿色的池塘、湖泊、河流中，
它的背甲呈黄绿色；在清澈的河流、山间池塘和水库中，它呈暗绿色；生活在岩石旁或土
坑石洞水域中，它呈灰黄色或暗黑色；生活在底质为黄泥沙的水中，它呈黄褐色。

2. 头部

头部前端稍圆，后部近圆筒形。吻端延长成管状（图2-2-101），称"吻突"，长约
等于眼径，为采食的主要器官。上下颌均无齿，被以唇瓣状的皮肤皱褶和角质喙。角质喙
边缘锋利（图2-2-102），由上颌骨和下颌骨构成（图2-2-103）。口大，口内有发达的
肌肉质舌，短而肥厚，不能伸展，仅具吞咽功能。两对鼻孔开口于吻突前端；眼小，有眼
睑及瞬膜，易于开闭。

图 2-2-101　鳖的吻突（→）

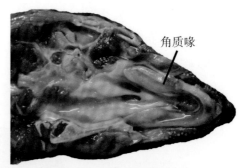

图 2-2-102　鳖的角质喙

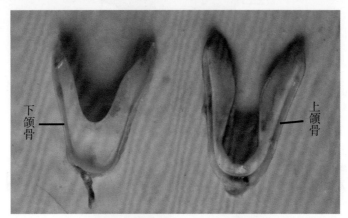

图 2-2-103　鳖的上颌骨和下颌骨

在爬行动物中，鳖舌的结构具有特殊性。淡水龟舌的上皮细胞是完全非角质化的复层立方上皮细胞，在整个舌背面的表面上分布着嵴样的舌乳头，在舌乳头的表面密集地分布着隆起的突出物或细胞。但鳖类的舌则由角质化的复层鳞状上皮细胞和非角质化的复层立方上皮细胞构成。而蛇和蜥蜴的舌的上皮细胞则大部分或全部为角质化上皮细胞。鳖舌上皮细胞的结构处于淡水龟和蜥蜴之间。

亚洲鳖的舌是三角形的，当背面观时，前端稍圆，侧面观时是扁平的（图 2-2-104）。在舌的背部表面可见舌乳头。有 3 种不同形态的舌乳头：

（1）不规则的、隆起的或嵴样的舌乳头，出现在舌背面的前部。嵴样的舌乳头蜿蜒地分布在表面，脱鳞状上皮细胞的突出物也分散在上面（图 2-2-105）。在这一区域的表面细胞的整个表面可见微嵴和细胞边缘加厚（图 2-2-106）。

（2）大的、柱形的舌乳头，位于舌后部的中线（图 2-2-107）。在这些细胞的游离面有紧密分布的微绒毛（图 2-2-108）。

（3）低的、盘状的舌乳头，出现在舌后部背面的两侧。在这些盘状舌乳头之间有嵴样的折叠。在每一个盘状舌乳头的中间有一个小孔（图 2-2-109），细胞游离面密布微绒毛。在组织切片中，可见在每一个盘状舌乳头的中央有味蕾（图 2-2-110），其位置相当于扫描电镜下的小孔的位置，说明味孔在盘状舌乳头的中央。

在舌前部最外边的细胞表面上有微嵴，在整个舌的后半部，覆盖着致密的微绒毛（图 2-2-111）。在舌前部的黏液上皮细胞是角质化的复层鳞状上皮细胞，而舌后部的黏液上皮细胞是非角质化的复层立方上皮细胞。在舌后面的侧面可见味蕾。舌前部的上皮细胞是典型的角质化上皮细胞。在浅的中间层的胞浆中，有少量的角质透明蛋白颗粒和被膜颗粒，在舌后面的舌乳头的顶部，来自非角质化上皮细胞的中间层到表层细胞含有许多细的盘状颗粒。在后边的凹区，大部分的上皮细胞为黏液细胞。

味蕾位于舌的背部上皮细胞中，也在几种龟的舌上被发现，但在蛇中未被发现。

显然鳖类舌的结构尽管大体形态与龟类相似，但在微细结构上仍存在很大的区别。

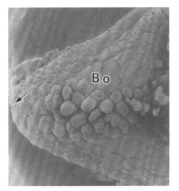

图 2-2-104 亚洲鳖舌的扫描电镜观察

Bo：舌体；→：舌前端

（引自 Iwasak 等，1996）

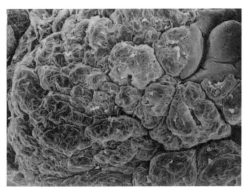

图 2-2-105 舌背部表面的前端

（引自 Iwasak 等，1996）

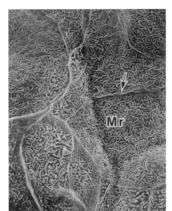

图 2-2-106 微嵴（Mr）和细胞边缘加厚（→）

（引自 Iwasak 等，1996）

图 2-2-107 柱状舌乳头（Cy）

（引自 Iwasak 等，1996）

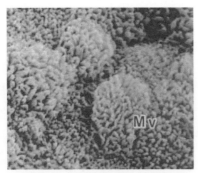

图 2-2-108　微绒毛（Mv）

（引自 Iwasak 等，1996）

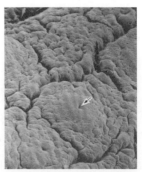

图 2-2-109　盘状舌乳头的中央小孔（→）

（引自 Iwasak 等，1996）

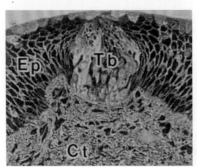

图 2-2-110　味蕾（Tb）、舌上皮细胞
（Ep）和固有层的结缔组织（Ct）

（引自 Iwasak 等，1996）

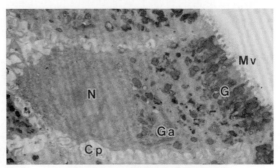

图 2-2-111　舌后部表层上皮细胞

Mv：微绒毛；N：细胞核；G：细的盘状颗粒；
Ga：高尔基体；Cp：细胞突起

（引自 Iwasak 等，1996）

3. 颈部

颈部粗长，近圆筒形，可伸缩转动。头部和颈部可完全缩入壳内。头部和颈部总长度约为甲长的 80%。

4. 躯干

躯干宽且略扁，呈椭圆形，主要器官均包被在背腹两片骨质硬壳中。硬壳由背甲和腹甲构成，背甲和腹甲的侧面以韧带组织相连。背甲和腹甲外层无角质盾片，而覆以柔软的革质皮肤，无皮脂腺。

5. 尾部

尾部扁锥形，不同性别的尾长短不一。雌鳖尾短，不伸出裙边外缘；雄鳖尾长，伸出裙边外缘。泄殖孔开口于尾基部的腹面，呈纵裂或星状圆孔，雌性的在裙边以内，雄性的在裙边之外。尾的长短是识别雌雄的重要特征之一。

6. 四肢

四肢粗短而稍扁平，均为五趾型，位于体侧，能缩入壳内。后肢比前肢大，指和趾间有发达的蹼膜。第 1～3 指、趾均有钩形利爪，突出于蹼膜外；第 4～5 指、趾不明显或退化，藏于蹼膜之中。粗壮的四肢和宽大的蹼膜，既适于在水中游泳，又能支撑起身体在陆地上爬行。利爪可用于捕食，也是挖洞的主要工具。

（二）内部结构

与龟类相似，鳖的内部结构也分为八大系统。

1. 呼吸系统

呼吸系统包括主呼吸器官和辅助呼吸器官。主呼吸器官包括呼吸道与肺。肺为一对薄膜囊（图 2-2-112），较发达，由许多气囊组成，紧贴背甲的内侧。鳖主要是肺呼吸，肺容量较大。鳖在进行肺呼吸时，空气从外鼻孔进入，经鼻腔、内鼻孔、喉、气管至肺，然后通过肺部的毛细血管进行气体交换。其辅助呼吸器官是口咽腔和副膀胱，在口咽腔和副膀胱壁的黏膜上有许多微血管，当鳖在水中时，口咽腔和副膀胱不断吸水和排水，微血管可从水中吸取氧，排出二氧化碳，进行辅助呼吸。鳖的上颚和下颚有鳃状组织，这种组织在冬眠期亦能起到辅助呼吸的作用。

图 2-2-112　鳖的肺

2. 消化系统

消化系统由消化道和消化腺两部分组成。

消化道由前向后依次分为口（喙）、口腔、咽、食道、胃、小肠、大肠和泄殖腔。小肠又分为十二指肠、空肠和回肠三部分，但其分界不明显。大肠则分为结肠和直肠两部分。

消化腺包括肝脏、胰腺和胆囊。肝脏很大，呈深褐色，位于胸腹腔的前端、心脏的两侧，可分左叶、中间小叶（图 2-2-113）和右叶；左叶较大，覆盖着胃；中间小叶狭长，连接左右肝叶；右叶在中叶的后方又分出一小叶，右肝两小叶之间紧夹着一个暗绿色呈梨形的胆囊。肝脏在消化食物中的功能主要是不断生成胆汁。胆汁对脂肪的消化和吸收具有重要作用。胆囊的主要作用是储藏胆汁和进食后把胆汁排入小肠以帮助消化食物。胰腺浅红色，呈长条形，分布在十二指肠韧带内，有胰管通入十二指肠。胰腺能分泌消化蛋白质、糖和脂肪的消化酶，是最重要的消化腺体。

图 2-2-113　肝脏，示中间小叶

3. 循环系统

循环系统由心脏和血管所组成。心脏由二心房和一心室构成，心室已出现不完全纵隔，其结构与龟相似（图 2-2-114）。其循环系统为不完全双循环。静脉窦已大大缩小。

图 2-2-114　鳖的心脏

4. 骨骼系统

骨骼系统由外骨骼和内骨骼组成。外骨骼由背甲和腹甲组成；内骨骼由中轴骨和附肢骨组成，中轴骨又分为头骨、脊椎骨和肋骨等。内外骨骼系统均已硬骨化。

5. 肌肉系统

鳖的肌肉很发达，全身约有 150 条肌肉，可分为体肌和脏肌两类。体肌由横纹肌组成（图 2-2-115），脏肌为平滑肌。鳖的头部、颈部和四肢的肌肉较发达。

图 2-2-115　鳖的体肌

6. 神经系统

鳖的神经系统主要包括脑（图 2-2-116）、脊髓和 12 对脑神经。脑可分为嗅叶、视叶、大脑半球、间脑、中脑、小脑和延脑等部分。鳖的神经调节机制尚不完善，属于变温动物。

鳖的感觉器官主要有鼻、眼和内耳。嗅觉和触觉较发达。

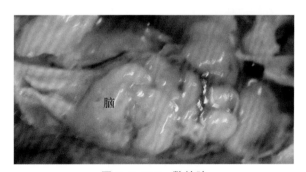

脑

图 2-2-116　鳖的脑

7. 免疫系统

鳖的免疫系统的构成与龟类相似，包括免疫器官、免疫细胞及免疫分子。免疫器官可分为中枢免疫器官和外周免疫器官。中枢免疫器官包括骨髓和胸腺。外周免疫器官包括脾及与黏膜有关的淋巴组织和皮下组织等。

鳖的脾脏棕褐色，豆状（图 2-2-117），由实质和髓质构成，实质由白髓和红髓组成，缺乏边缘区，白髓可进一步分为 PALS 和 PELS。鳖脾脏的结构和功能均与龟相似，也未发现淋巴小结。

图 2-2-117　鳖的脾脏

8. 排泄系统

鳖的排泄系统与龟类相似，由肾脏、输尿管和泄殖腔等组成。肾脏的结构与龟相似，暗红色，扁平状，上面有许多沟纹（图 2-2-118），位于生殖腺的后面。泄殖腔内有输尿管、膀胱和生殖道的开口，为排泄和生殖的共同通道。

图 2-2-118　鳖的肾脏

9. 生殖系统

雄鳖生殖器官包括睾丸（图 2-2-119）、附睾（图 2-2-120）、输精管和阴茎。睾丸一对，略带黄色；附睾靠近睾丸，从附睾通出的输精管开口于泄殖腔。交配器长，背侧有沟，精液通过此沟输送到雌鳖的泄殖腔内。

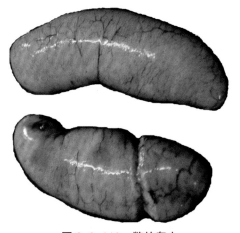

图 2-2-119　鳖的睾丸

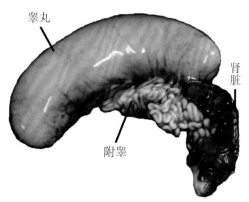

图 2-2-120　鳖的睾丸和附睾

　　雌鳖生殖器官主要包括卵巢、输卵管和泄殖腔等。卵巢一对，输卵管长，迂回在卵巢两边，前端呈喇叭状，开口于腹腔，后端开口于泄殖腔。

第三节　生态学

一、生态类型

　　龟鳖在漫长的进化历史中，为了适应不同的生活环境，采取了不同的生存策略，出现了不同的生态类型，包括水栖型、半水栖型、海栖型、陆栖型和底栖型等。水栖龟类以江、河、湖泊及池塘等淡水水域为栖息环境，指、趾间蹼发达，背甲扁平，边缘呈流线型，可自由沉浮于水中。半水栖龟类是一群仅生活于小溪、山涧溪流等浅水水域或附近陆地区域的龟类，指、趾间蹼极少或仅有半蹼。海栖龟类是指生活于海洋的龟类，其四肢呈桨状。陆栖龟类是生活于丘陵、平原和沙漠等陆地的龟类，指、趾间无蹼。底栖型是终生生活于各种江河、湖泊和池塘等淡水水域底部的鳖类动物。

　　龟类根据其生活的环境可分为水栖龟类、半水栖龟类和陆栖龟类。水栖龟类又可分为淡水水栖龟类和海水水栖龟类。淡水水栖龟类通常称为淡水龟，而海水水栖龟类则称为海龟。目前养殖的龟类主要为水栖龟类和半水栖龟类，陆栖龟类的人工养殖也在不断发展。鳖和水栖龟类生长的直接环境为水体，气候的影响则通过对水体的影响而间接发挥作用。

二、生活习性

龟鳖是变温动物（Poikilothermic animal），其体温随环境温度的变化而变化。因缺乏有效的体温调节机制，当环境温度变化时，它们的运动能力和捕食能力也发生相应的变化。如环境温度低于 10 ℃～15 ℃时，龟鳖进入冬眠状态。当环境温度达到 16 ℃～20 ℃时，大多数龟鳖开始活动，20 ℃以上时开始进食，最适温度为 25 ℃～30 ℃。每年冬季来临时，海龟迁移到温暖海域。

三、食性

根据食物的来源，龟鳖的食性可分为三种类型：肉食性、植食性和杂食性。大多数龟鳖为杂食性。海栖龟类主要以鱼类、头足类、甲壳类、腹足类、海藻等为食，为杂食性。陆栖龟类主要以植物花果、植物幼苗等为食，为植食性。水栖龟类主要以小鱼虾、螺蚌、蠕虫等为食，为肉食性。人工喂养时，常见养殖种类（如乌龟、三线闭壳龟、黄喉拟水龟、黄缘闭壳龟等）可以饲喂以动物性饲料为主的配合饲料，也可以投喂动物的内脏和屠宰动物的下脚料，如牛肝、牛肺、猪肝、猪肠等。龟摄食时先爬近食物，双目凝视，然后突然伸长颈部，咬住食物囫囵吞下。还常见到两只龟同咬一块食物的各一端，分别向后拉，互不相让，持续很久。龟一般把食物拖入水中再吞食，有的龟还抢食其他龟露在口外的食物。

鳖栖息于江河、湖泊、水库、池塘、运河和水流平缓的小溪中，杂食性，但以动物性饵料为主。自然界中鳖以鱼、甲壳动物、软体动物、昆虫、水蚯蚓、蛙和某些植物茎叶、种子为食。鳖具有与同类相残的习性，当食物不足时，会互相残食。

四、生长

在自然界中，大多数龟鳖类动物生长速度较慢，因龟鳖类动物属变温动物，没有自动调节体温的能力，龟鳖的呼吸、心率、血流速度、体温都随外界温度的变化而变化。因此，龟鳖的新陈代谢高低和生长速度也随温度的改变而改变，一年中仅有半年时间的生长期。龟一般在岸上冬眠，常常几只聚集在一起，躲藏在沙土下、洞穴、龟窝、干草堆中；亦有不少是在水底淤泥中冬眠的。鳖一般钻入水底较软的泥沙中冬眠。冬眠期间不食不动，呼吸、心率缓慢，四肢及头部缩入壳中，完全靠体内的营养物质维持生命。

每年的 5—10 月是龟鳖的生长旺季，龟的生长速度通常随体重的增加而加快，体重越小，生长越缓慢。同龄龟在同样饲养条件下，雌龟比雄龟生长快（如乌龟、三线闭壳龟等）。据报道，鳖在露天常温下养殖，平均一年增重仅 100 克左右，要 4～5 年时间才能养成商品鳖。但鳖在常温下应用全价人工配合饲料饲养，1 年即可养成商品鳖。近年来对龟鳖类的冬季加温养殖进行了较多的研究，把水温控制在 25 ℃～30 ℃，可打破龟鳖类的冬眠习性，使其终年摄食生长，加快了龟鳖的生长速度，使养殖周期缩短，提高了经济效益，但加温养殖打破了龟鳖的自然生长规律，其对龟鳖的深远和长期影响有待进一步研究。

目前，有关龟的生长分期很混乱，没有明确的标准，其主要原因是不同的龟具有不同的生长速度、不同的大小和不同的成熟年龄，故很难找到一个适宜各种龟的分期标准。如乌龟的生长速度很慢，其成体的体质量较小；而鳄龟的生长速度很快，其成体的体质量则较大。如按体质量来分期，则各种龟的分期标准不同，故应按其年龄来分期。

五、繁殖习性

龟鳖的性成熟年龄因种类、分布地域和人工养殖条件下的饲养方式不同而存在差异，而且雌性与雄性的性成熟年龄也有差别。大多数龟类的性成熟年龄在 5 年以上。在人工饲养条件下，一些龟鳖可提前 1～2 年达到性成熟期。

（一）雌雄龟的区别

1. 大小和外形

雌雄龟的生长速度不同。在自然条件下，年龄相同，大多数龟类雌性个体总是大于雄性，这是因为雌龟增长率比雄龟高，即使雌龟性成熟后仍有较快的生长速度，而雄龟性成熟后生长速度变得更慢，如乌龟和中华花龟的雄龟明显小于同龄的雌龟。有些龟类虽然大小相差不明显，但其外形有明显的差别，如黄喉拟水龟，其雄性个体腹甲中部凹陷明显，雌性个体腹甲平坦。

2. 颜色和气味

有些龟类雌雄的体色有明显的区别，如雄性乌龟随年龄增大，身体逐渐呈黑色化，头、颈及背甲上的斑纹也逐渐消失，而成为黑色个体，并能产生强烈的臊气味；雌性乌龟的体色多呈浅褐色，无臭味。分布于马来西亚等地的咸水龟（*Callagur borneoensis*）雌龟头背橄榄色，雄龟为浓灰色，在繁殖季节，雄龟头部变白，并在两眼间出现一条宽大的红色斑纹。

3. 尾部

通常雄龟的尾较长，基部较粗（因交接器藏在尾基部内），肛孔距背甲后缘较远；雌龟的尾较短、较细，肛孔正对着背甲后缘或内缘。

在一般情况下，根据以上几点即可鉴别出雌雄。如经上述比较还不易区别时，可用手指压迫龟的头部和四肢，雄性可见交接器从肛孔中伸出，雌性则排出分泌物。

根据雄龟精子在雌龟输卵管内存活的时间及雄龟的受精能力，在养殖生产中，多数龟类雌雄性比一般以 3∶1 为好，这样既可以满足繁殖后代的要求，又可以提高经济效益和饲养产量。

（二）交配

每年 4—10 月龟均可进行交配，但不同种的龟其交配季节有差异，即使同一种龟分布地区不同，其交配季节也不同。如三线闭壳龟通常在每年秋季交配，翌年夏季产卵；黄喉拟水龟的交配期为 9—10 月底；黄缘闭壳龟在 6 月中旬到 10 月初均可见其交配；上海地区的乌龟一般在 4 月底开始交配，而广东地区的乌龟一般在 9—10 月进行交配。水栖龟类一般在水中进行交配，且多在晴天傍晚或黄昏，久晴无雨或久雨转晴时交配；也有在上午 8∶00—9∶00、下午 2∶00—4∶00 进行的。交配的适宜温度为 20 ℃～30 ℃。不同种类的龟，其交配行为有不同的表现。成熟雌龟经一次成功的交配后，获得的精子在雌龟输卵管中保存一年以上仍具有活力，并能使雌龟卵受精。

（三）产卵

成熟的雌龟不论交配成功与否均要产卵。产卵时间多在夜间或黎明。雌龟在产卵前选择土质疏松、湿润、朝阳的斜坡和隐蔽的树根旁或杂草丛中掘窝。雌性乌龟掘窝时头半伸，前肢立定，用后肢交替往窝外扒土，把窝的内空掏得很光滑，不见残留松土，同时撒些尿于窝外扒松的土壤中，并用后肢和底板的末端在泥水中作上下运动。洞穴被掘成时，被扒出的土壤便成为一团很具胶黏性的泥，称为封口泥。如此掘一阵便匍匐在原地休息一阵，这样连续工作达 3～4 h 之久，产卵窝才告掘成。之后，雌龟伏在原地休息一会儿便开始产卵。雌龟产卵时，泄殖腔正对产卵窝的中央，前肢撑起，身体微向上，头高扬，后肢在窝口两侧扒着不动，尾巴正好对着窝口，产完一枚卵，即用一后肢伸入窝中，将卵排好，然后再产下一枚卵，每次间隔 2～4 min，也可长达 10 min 之久。整个产卵时间与窝卵数成正比，一般为 30～60 min，长的可达 4 h 之久。卵在窝中多为平放，也有斜放者。刚产出的卵表面有输卵管分泌的透明液体，壳较软，有弹性，入土后就开始变硬。雌龟产完卵后便用后肢将调制好的封口泥准确地盖在窝口上，并用底板在泥上来回压实，用四肢扒平窝口周围，使窝口外表不露爪痕。因此，在自然界中，不容易发现龟卵。

雌龟产卵时互不干扰，选择产卵窝的位置各按各的标准，有时两个窝互相挨在一起，掘窝、产卵同时进行，互不影响，也未见两个窝连成一体的。雌龟产卵时怕光、怕声响，一遇强光或强的声响，雌龟便慌忙逃回水中。但在产卵进行时，即使人走到跟前，雌龟产卵仍不停止。产过卵的窝，如不人工拣出其中的卵，未发现雌龟再产卵于其上。如果人工拣卵后，将产卵窝用土填实、压紧，这样就可以再被雌龟利用。雌龟产卵后，除个别种类的雌龟有短暂护卵的行为外，绝大多数的雌龟均无护卵行为，更无孵卵的本能，龟卵在自然界中的孵化完全依赖于环境的温度和湿度，其孵化期的长短与气温高低和空气中的湿度有密切的关系，一般为 55～100 天。龟鳖的种类不同，其产卵量也不同，少的只有 1 枚，多者可达 200 余枚（如海龟）。

对于鳖类，暨南大学爬行动物养殖场的研究结果表明，中华鳖与山瑞鳖的发情和交配时间基本相似。在广州地区，这两种鳖于每年的春季（4 月下旬）水温达到 20 ℃以上时开始发情交配。交配在水中进行。交配时，先是在水中互相追逐，之后雄鳖与雌鳖骑背交配，交配时间持续 5～10 min。中华鳖于 5 月底开始产卵，一直持续至 8 月底，6 月中旬至 7 月中旬为产卵高峰期。山瑞鳖从 6 月初开始产卵，延续至 7 月初，6 月下旬为产卵高峰期。这两种鳖的产卵习性基本相同，在产卵季节，于夜间（23：00 至翌晨 5：00）上岸到产卵场的沙地上挖穴产卵，且均无护卵习性。

六、冬眠习性

冬眠是动物对冬季寒冷或食物资源短缺及其他不利环境条件的一种适应，一般发生在变温动物中。龟鳖除海龟及少数种类的龟（如大东方龟）外，均有冬眠的习性。

第三章 龟鳖生殖学

龟鳖生殖学是研究龟鳖交配、产卵、孵化和生长的一门科学。生物个体的寿命是有限的，必须通过生殖来繁育后代，从而保证其种群不断繁衍下去。不同种类的龟鳖，由于其生活的环境和生态习性不同，故其采取的生殖策略也有差异。了解不同种类龟鳖的生殖策略，对其人工养殖大有裨益。

第一节 生殖系统的结构

生殖系统是龟鳖繁殖的基础。不同种类的龟鳖，其生殖系统的结构具有一定的差异，结构与功能相适应。

一、爬行动物生殖系统的结构

龟鳖隶属于爬行动物，为了更好地了解龟鳖生殖系统的结构，要了解爬行动物生殖系统的结构特点。

（一）雌性生殖系统的结构

爬行动物的雌性生殖系统由卵巢（Ovarium）、输卵管（Oviducts）和泄殖腔（Cloaca）等部分构成。

1. 卵巢

在脊椎动物中，卵巢是产生卵细胞和类固醇激素的器官。不同种类的脊椎动物，其卵巢的结构各异，但其功能基本相同。

卵巢表面覆盖一层扁平或立方上皮，上皮下方有薄层结缔组织，称白膜。卵巢实质分为皮质和髓质两部分。皮质位于外周，主要含有不同发育阶段的卵泡和黄体。髓质位于中央，由输送结缔组织构成，血管、神经等进出卵巢的部位为卵巢门部，有门细胞，可分泌雄激素。

在软骨鱼中，卵生种类有一对卵巢，而胎生种类左侧卵巢萎缩，仅右侧卵巢正常发育。硬骨鱼类的卵巢位于体腔腹中线的两侧，分左右两叶，末端共同开口于输卵管。鱼类未成熟的卵巢为条状，成熟的卵巢体积增大，其内充满卵粒。卵巢表面具两层被膜，外层是腹膜，内层为由结缔组织构成的白膜。白膜伸入卵巢内部，形成许多板层状结构，称为产卵板。产卵板主要由结缔组织和生殖上皮组成，为产生卵子的地方。卵巢中央有卵巢腔。一堆网状排列的小管出现在卵巢系膜处，小管的管壁为单层低柱状上皮，称为卵巢冠。大多数鱼类在排卵的时候，成熟的卵子首先突破包围在它周围的滤泡膜，然后排入卵巢腔，经输卵管由泄殖孔排出体外。

两栖动物的卵巢1对，为囊状、中空和分成小叶的器官。卵巢外表面有鳞状上皮包被。无尾类和有尾类的卵巢在结构上是相似的。卵巢内部有大量滤泡。

鸟类的卵巢仅左侧发育正常，位于左肾前端腹侧，紧邻肾上腺，通过卵巢系膜韧带，悬吊于腹腔顶壁。因卵泡的发育，卵细胞突出，致使性成熟的卵巢呈葡萄串状。单层上皮细胞覆盖在卵巢表面，由致密结缔组织在上皮细胞的下方构成白膜。白膜的结缔组织深入卵巢内部，形成基质。卵巢的背侧有神经、血管和淋巴管出入，称为卵巢门。

哺乳动物的卵巢1对，由卵巢系膜连于腹腔顶壁。卵巢扁圆柱状，表面平滑，由单层扁平上皮细胞或立方上皮细胞覆盖。上皮细胞下有由较厚的致密结缔组织构成的白膜，内含大量与被膜平行排列的胶原纤维和梭形细胞。卵巢实质由皮质和髓质构成，两者无明显界限。皮质较厚，内有不同发育阶段的卵泡、闭锁卵泡、黄体和间质腺，基质中可见很多梭形细胞。有少量原始卵泡，散在分布于皮质浅层，且大部分处于闭锁状态。生长卵泡中仅见少数发育正常的卵泡。皮质中未见成熟卵泡，但可见黄体。有大量间质腺分散在皮质深层，并伸入髓质血管之间。髓质由疏松结缔组织构成，内含丰富的血管和淋巴管。马属动物的卵巢比较特殊，其皮质在内，髓质在外，仅在排卵窝处的表面有上皮细胞分布，其余的表面均被浆膜覆盖。

爬行动物的卵巢结构依不同种类而异。例如，蛇类卵巢为一对狭长囊状的器官，位于同侧肾的稍前方，借卵巢膜与输卵管系膜相连。左侧卵巢位置靠后且较短小。在组织结构上，卵巢浅层为生殖上皮，深层为结缔组织，在结缔组织内可见到不同发育阶段的卵泡及卵原细胞。扬子鳄的卵巢一对，为黄白色，呈长扁条形，位于脊椎两旁，在同侧肾的上方；左右卵巢不对称，卵巢前端与同侧输卵管的喇叭口相对，外侧及背面分别借系膜及结缔组织与输卵管和体壁相连，卵巢的腹面游离，性成熟个体卵巢表面凹凸不平，内含许多大小不等的卵泡。

爬行动物卵泡发育虽较为复杂，而且不同种之间差异较大，但其结构大致相同，每个卵泡主要由卵泡鞘（Thecal layer）、颗粒细胞层（Granulosa）及卵母细胞构成。在性成熟个体的卵巢内，含有不同发育阶段的卵泡，一般将其划分为卵原细胞、初级卵泡、生长卵泡、成熟卵泡4个时期。在生长卵泡期，同形滤泡细胞首先分化为形态和功能各异的3种细胞，即小细胞、中间细胞和梨形细胞；随后再由异形细胞变为同形细胞，这种现象是有鳞目动物特有的特征。此外，蛇类卵巢结缔组织中分布有脂肪组织，在卵巢的不同发育时期其含量不同，这与蛇的繁殖有关。

爬行动物卵巢中大部分的卵泡不能发育成熟及排卵，它们在发育的不同阶段逐渐退化，成为闭锁卵泡（Atresia follicle）。闭锁卵泡的特征是卵母细胞核溃散或退化，卵黄物质全面液化，滤泡层细胞离散并迅速分裂，数目急剧增加，不断侵入卵母细胞中央，将卵黄吸收并消化，最终形成一个实心的细胞团。李永材等（1984）认为，爬行动物类卵泡闭锁对卵巢周期可能有调控作用。安乐蜥在繁殖季节末期对光照周期的刺激没有反应，这可能与卵巢内存在闭锁卵泡有关；如果切除闭锁卵泡，则安乐蜥对光照周期的刺激反应增强5倍，这种抑制作用的机制还不清楚。卵泡闭锁是一种凋亡过程。

黄体（Corpora luteum）是排卵后卵泡壁塌陷，颗粒细胞层收缩，细胞迅速增大后形成的具有内分泌功能的细胞团。爬行类的黄体能够分泌孕酮。Klica等（1972）取鳄龟的黄体组织在离体条件下进行了孵育观察，证明黄体能够合成和分泌孕酮。

在卵泡发育成熟的过程中，滤泡细胞能够合成和分泌性类固醇激素，包括雌激素（Estrogen，E）、孕激素（Progestogen，P）和雄激素（Androgen）。

2. 输卵管

输卵管为一个复杂的器官，具有许多不同的功能，如产生蛋清、卵壳、类胎盘（胎生种类），产卵（分娩）和精子储存等，依不同种类而异。

根据其功能和结构的不同，爬行动物的输卵管可分为5个区域（图3-1-1），它们是：①漏斗部（Infundibulum）；②子宫管（Uterine tube，也称Tuba、Tube、Tuba uterina、Magnum、颗粒区、清蛋白分泌部）；③峡部（Isthmus，也称无腺体部分、中间区）；④子宫（Uterus，也称壳形成区）；⑤阴道（Vagina，也称子宫颈）。不是所有爬行动物均包含这5个区域，有些可有额外的区域。例如，在几种有鳞类，漏斗部和子宫管未分化，子宫分为前部和后部。在已研究过的鳄鱼，漏斗部和子宫均可分为前部和后部。

爬行动物输卵管的壁由组织学上可区分的三层结构构成：浆膜（也称子宫外膜）、肌层（也称子宫肌层）和黏膜层（也称子宫内膜）。黏膜层为最里面的一层，由覆盖输卵管腔道面的上皮层和它的固有层组成。固有层由结缔组织和其中的腺体组成。黏膜层下面为肌层，由内环外纵的肌层构成。肌层外面为浆膜。显然，这些结构在输卵管的不同部位是不同的。

在有鳞类中存在胎生现象，但在龟鳖和鳄鱼中均为卵生。胎生与卵生相比，胎生的胚胎停留在子宫内的时间更长，需要与母体进行气体和水的交换，因此出现类胎盘。

爬行动物的输卵管来自胚胎的缪勒氏管（Müllerian duct），通常为一对，位于身体两侧的背侧。在很少的情况下，一侧的输卵管可能消失。例如，一种小蜥蜴（*Lipinia rouxi*）缺少左侧输卵管。虽然东南王冠蛇（*Tantilla coronata*）的雌蛇具有有功能的左侧卵巢和右侧卵巢，但它的左侧输卵管退化，在身体的每一边，输卵管的长度可能不同，可能是在妊娠期间充分地利用机体的空间的缘故。

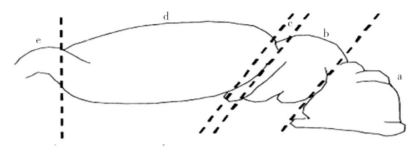

图 3-1-1　胎生壁虎（*Hoplodactylus maculatus*）输卵管分区的模式图

a：漏斗部；b：子宫管；c：峡部；d：子宫；e：阴道

（引自 Girling，2002）

爬行动物输卵管的结构如下：

（1）漏斗部。

漏斗部位于输卵管的最前端，是一个薄弱的、松弛的区域，接受从卵巢排出的卵（通过漏斗形峡部开口到体腔）。在排卵之前，漏斗部朝卵巢移动。漏斗部的上皮细胞由具纤毛和无纤毛的上皮细胞混合组成。朝向子宫管处，黏膜通常通过折叠逐渐增加高度（图 3-1-2、图 3-1-3）。在有些种类，黏膜细胞的改变可分为漏斗前部和漏斗后部。

漏斗部显然是一个分泌区域。在佛罗里达灌木丛蜥蜴（*Sceloporus woodi*），分泌物的沉积在卵进入输卵管后立即进行。不同的爬行动物，其漏斗部的结构不同。

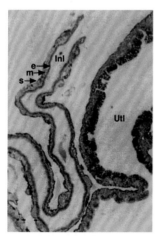

图 3-1-2　土尔其蜥虎（*Hemidactylus turcicus*）漏斗部的组织结构

Inl：漏斗部的腔；e：上皮细胞；m：肌层；s：浆膜；Utl：子宫管的腔

（引自 Girling，2002）

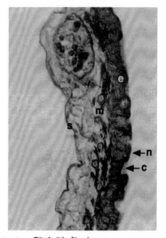

图 3-1-3　卵生壁虎（*Saltuarius wyberba*）漏斗部横切面的组织结构

s：浆膜；m：肌层；e：上皮细胞；n：无纤毛细胞；c：纤毛细胞

（引自 Girling，2002）

（2）子宫管。

有鳞类爬行动物的子宫管的黏膜由覆盖有上皮细胞的结缔组织形成皱褶（图 3-1-4）。

内衬管腔的上皮细胞由柱状纤毛和无纤毛上皮细胞构成。这些细胞的染色反应与漏斗部的不同，说明它们的功能不同。位于子宫管后部，在黏膜折叠的基础上形成颗粒状的隐窝，其内的腺体细胞含许多分泌颗粒。某些爬行动物的隐窝也起储存精子的作用。龟鳖和鳄鱼的子宫管负责生产清蛋白，但有鳞类爬行动物则不是，它们存在单纯的有纤毛和无纤毛的上皮细胞。然而，在黏膜中挤满了无数的腺体，它们占子宫管全部厚度的80%～90%，负责生产清蛋白。这些腺体可能是管泡状的、分枝管状的或分枝腺泡状的（图3-1-5）。密西西比短吻鳄（*Alligator mississippiensis*）的腺体细胞含有不同电子密度的球形颗粒，且腺体细胞被许多微绒毛所覆盖。

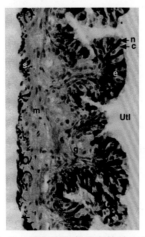

图3-1-4　土耳其蜥虎子宫管的组织结构

n：无纤毛细胞；c：纤毛细胞；s：浆膜；e：上皮细胞；m：肌层；Utl：子宫管的腔；g：腺体

（引自Girling，2002）

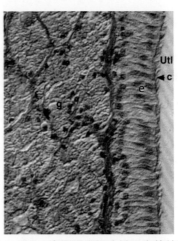

图3-1-5　密西西比短吻鳄子宫管的组织结构

g：腺体；e：上皮细胞；Utl：子宫管的腔；c：纤毛细胞

（引自Girling，2002）

（3）峡部。

峡部位于子宫管和子宫的连接处，通常具有这两部分的特征。地鼠穴龟（*Gopherus polyphemus*）的峡部是无腺体的，而对于印度缘板鳖（*Lissemys punctata punctata*），相似于子宫管中的管泡状腺体被发现，但仅在产卵时出现。对于壁虎（*Hoplodactylus maculatus*，*Saltuarius wyberba*和*Hemidactylus turcicus*），峡部用肉眼看不见，形态上相似于子宫管和子宫，但细胞学上是可以区分出峡部的，不像邻近区域的上皮细胞，对PAS（Periodic acid-Schiff reagent）和阿利新蓝（Alcian blue）不染色。对于壁虎（*Tarentola mauritanica mauritanica*），峡部和子宫管的上皮对PAS和阿利新蓝染色阳性，峡部的黏膜腺体相似于子宫管和子宫中的黏膜腺体。

（4）子宫。

卵生有鳞类的典型子宫具有有纤毛和无纤毛的柱状上皮细胞（图3-1-6）。用糖类物质染色时，无纤毛上皮细胞在不同种类有不同的结果。这可能是不同种类的子宫产生不同类型的卵壳的原因。胎生有鳞类子宫的结构与卵生的不同，在黏膜中很少腺体（图3-1-7），虽然这些腺体细胞仍含有不同电子密度的分泌颗粒。与卵生种类一样，胎生种类的子宫也含有具纤毛的和无纤毛的上皮细胞，在上皮层下面，黏膜中有许多血管。不像子宫管，子宫的上皮覆盖一层厚的含许多黏膜腺体（管泡状的、管状的、分枝囊状的或分枝腺泡的），这些腺体含许多分泌性颗粒，具有产生卵壳的功能。黏膜下是内层的环肌和外层的纵肌。肌肉的收缩可帮助产卵。龟鳖的子宫相似于上面描述的卵生有鳞类的子宫。然而，对于密西西比短吻鳄，子宫分成功能性不同的2个独立的区域，子宫前部的黏膜腺体是分枝状的管状腺体，具有短的导管把它们连接到管腔，腺体细胞立方形，含有许多电子致密颗粒。子宫后部的黏膜也有许多腺体，但这些腺体缺少广泛分布的电子致密颗粒。这些区域结构的不同反映出鳄鱼卵壳产生过程的不同。有种小蜥蜴［*Lerista*（*Sphenomorphus*）*fragilis*］存在一种初期胎生的现象（即产出的卵几小时内即可孵化），子宫含非常少但发育良好的黏膜腺体。虽然子宫腺体细胞仍含有不同电子密度的分泌颗粒，但胎生有鳞类在子宫黏膜中含非常少的腺体。胎生和卵生种类的子宫上皮由具纤毛的和无纤毛的上皮细胞构成。上皮层下的黏膜具有丰富的血管。爬行动物不同种类子宫的组化特性和腺体细胞分泌颗粒数量的不同大概反映出不同种类中卵壳的结构和厚度不同。

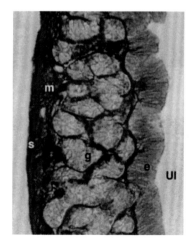

图3-1-6 土耳其蜥虎子宫的组织结构

m：肌层；s：浆膜；g：腺体；e：上皮细胞；Ul：子宫腔

（引自Girling，2002）

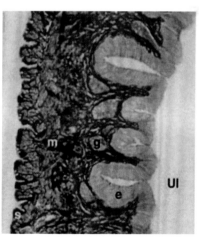

图3-1-7 *Hoplodactylus maculatus* 子宫的组织结构

m：肌层；s：浆膜；g：腺体；e：上皮细胞；Ul：子宫腔

（引自Girling，2002）

（5）阴道。

阴道为输卵管最后的部分，通往泌尿生殖道或泄殖腔的开口（图3-1-8），是一个厚的肌性器官，在怀卵期或怀孕期起括约肌的作用。黏膜陷入很深的皱襞中，这样可有效地减少阴道腔的体积。在后部，黏膜皱襞的高度可能降低，也可能升高，如在佛罗里达灌木丛蜥蜴（*Sceloporus woodi*）中观察到的那样。Cuellar（1966）提出，在产卵或分娩时，皱襞可增加黏膜的表面积。

黏膜上皮大部分是纤毛细胞，可能起输送精子或通过黏膜的运动来清除输卵管的碎屑的作用。无纤毛细胞含许多分泌颗粒，它对糖类物质染色起阳性反应。在新西兰常见的壁虎（*Hoplodactylus maculatus*）的阴道内，可见杯状细胞，里面充满了分泌颗粒。虽然腺体或存在于黏膜皱襞之间的腺体样隐窝可能出现在某些种类的阴道前部（与储存精子有关），但阴道通常无腺体。

在生殖周期中，输卵管经历了各个时期的改变，这些改变与季节性的激素变化有关。输卵管的发育发生在卵黄期或排卵前期，为妊娠做准备，上皮组织的高度和分泌性质增加。这时，黏液腺和肌层也增大，血管分布普遍增加。

许多爬行动物的输卵管组织会发生季节性改变，可能表现为重量的改变。伴随着它们性别的成熟，输卵管的重量会显著增加。

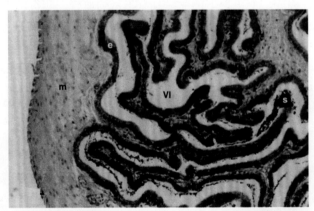

图3-1-8　壁虎（*Saltuarius wyberba*）阴道的组织结构
m：肌层；e：上皮细胞；Vl：阴道腔；s：精子
（引自 Girling，2002）

3. 泄殖腔

泄殖腔为爬行动物的消化管、输尿管和生殖管最末端汇合处的空腔，有排粪、排尿和生殖等功能。泄殖腔可分三个腔：粪道、尿殖道和肛道。粪道在最前面；尿殖道在泄殖腔的中间部位，输尿管和生殖系统开口于尿殖道；肛道位于泄殖腔的最尾部，是粪便和尿液废物排除前的储存器。

（二）雄性生殖系统的结构

爬行动物雄性生殖系统由睾丸（又称精巢）、附睾、输精管、副性腺及阴茎等构成。

1. 睾丸

睾丸又称精巢，是产生精子和分泌雄性激素的器官。左右各一，多呈卵圆形。精巢的外面有两层被膜，即固有鞘膜和白膜。鞘膜是由致密结缔组织所构成，是腹膜脏层的一部分，白膜为很厚的结缔组织被膜。精巢内部实质被结缔组织的中隔分为许多睾丸小叶。每个睾丸小叶内含有迂回盘旋的曲细精管。精子即由曲细精管的上皮细胞发育而来。曲细精管周边为一结缔组织薄层，由弹性纤维及一些平滑肌细胞组成。曲细精管的管壁由两类细胞组成：支持细胞（Sertoli cell）及各期的生精细胞（Spermatogenic cells）。生精细胞根据它们的发育阶段有规律地排列成多层，这一结构称为生精上皮（Spermatogenic epithelium 或 Serminiferous epithelium）。生精上皮由支持细胞及不同阶段的生精细胞高度有序排列组成，其组织的复杂性是上皮中独有的，包括非增殖状态的支持细胞及各期生精细胞。生精细胞包括精原细胞、初级精母细胞、次级精母细胞、圆形精子细胞及长形精子细胞，它们依序由曲细精管的基底部向管腔排列。支持细胞占成年生精上皮的 25%，生精上皮的基底膜由扁平的肌样细胞、成纤维细胞及胶原纤维组成。精原细胞有丝分裂进行增殖，部分细胞分化形成初级精母细胞，1 个初级精母细胞第一次减数分裂形成 2 个次级精母细胞，2 个次级精母细胞第二次减数分裂形成 4 个精细胞，精细胞经过变形以后形成成熟的精子。曲细精管之间的结缔组织中含有间质细胞，间质细胞能产生雄性激素。

爬行动物的睾丸大多数左右不对称，其大小和重量有差异。例如，扬子鳄（*Alligootor sinensis*）的睾丸是一对稍扁的、赤褐色的、表面光滑的大豆状器官，位于同侧肾脏的前端、脊柱的两旁；左右睾丸不对称，右侧睾丸比左侧睾丸略前和略长；睾丸结构紧凑，由盘曲的曲细精管组成；管壁由一薄层纤维性基膜及基膜上的生精上皮构成，内有各级生精细胞和支持细胞，小管之间具间质，内有血管和间质细胞。巨蜥（*Varanus salvator*）的睾丸右侧比左侧位置稍靠前。王锦蛇（*Elaphe carinata*）和蝮蛇（*Agkistrodon halysbrevicaudus stejneger*）的睾丸均为右侧稍靠前。

2. 附睾

附睾有 1 对，由输出小管（Ductuli efferentes）、附睾小管和附睾管构成，是运送和暂时贮存精子的管道，在运送过程中，精子继续发育终至完全成熟。附睾是细长屈曲的小管，附睾头直接和睾丸相连，主要由来自睾丸网的输出管组成。输出管由附睾头伸出后汇集成一条长而弯曲的附睾管，附睾管沿睾丸侧面和后端迂回盘旋形成附睾体和附睾尾。在渔游蛇（*Natrix piscator*）中，其输出小管是单层柱状上皮；附睾小管的上皮细胞呈低柱状，具纤毛；附睾管是假复层柱状上皮。

3. 输精管

输精管有 1 对，由中肾管变成。爬行动物以上的羊膜动物，中肾退化成为生殖系统的一些附属结构，如旁睾和附睾附件，而中肾管则专作输精之用。在渔游蛇中，输精管前细后粗，可分为前 2/3 的近端部分和后 1/3 的远端部分，近端的黏膜是单层柱状上皮，细胞矮，核居中，具微绒毛，且分泌细胞数量最多，与此部分之前、之后的假复层上皮显著不同，且管腔最大。远端是假复层柱状上皮，管壁向管腔突起形成发达的皱襞，大量的精子储存在输精管的近端，而输精管中还有未完全成熟的精子。

4. 阴茎

阴茎为雄性的交配器宫。蛇与蜥蜴的交配器，叫作半阴茎，由泄殖腔后壁伸出的一对可膨大的囊状物形成，平时半阴茎缩在体内，交配时，半阴茎竖立，囊的内面向外翻出体外，插入雌体泄殖腔内。蛇的半阴茎内壁上有许多小棘，棘的大小和数量因蛇的种类不同而不同，半阴茎的形状也因种类而异。雄性蜥蜴的半阴茎无刺，多环形褶，半阴茎不分叉，在顶端有一对大小不等的圆柱形的突起。而无蹼壁虎（*Gekko swinhonis*）半阴茎短且分叉，半阴茎前方有舌状突起及小刺状结构，有开放精沟，半阴茎后 1/3 具明显的海绵组织。雄巨蜥的交配器是两个呈囊状的半阴茎，与蜥蜴类的半阴茎相似，均为无海绵组织。龟鳖和鳄类的交配器只有一个，内有海绵组织，和哺乳动物的阴茎相似，也能勃起。

二、龟类生殖系统的结构

龟类生殖系统的结构既有爬行动物的共性，也有它们的特殊性。

（一）雌性生殖系统的结构

雌龟生殖系统的结构与其他爬行类相似，也包括卵巢、输卵管及泄殖腔等部分。

1. 卵巢

Yntema（1981）对刚孵出的鳄龟稚龟的卵巢进行了组织学观察。卵巢由皮质和髓质构成，皮质中可见生殖细胞、卵子和次级性索。次级性索由有条纹的立方形生殖细胞形成（图 3-1-9），可见原始卵泡。髓质中可见血管和初级性索（图 3-1-9）。初级性索上的细胞是鳞状上皮细胞，有时可见结缔组织浸润。在孵出 3 个月的鳄龟稚龟中，原始卵泡很明显（图 3-1-10），生殖上皮已变成鳞状上皮。

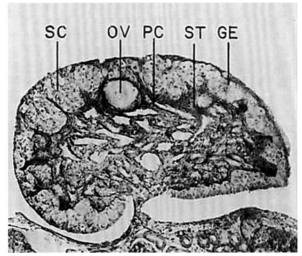

图 3-1-9　刚孵出的鳄龟稚龟卵巢的组织结构

SC：次级性索；OV：卵子；PC：初级性索；ST：基质；GE：生殖上皮

（引自 Yntema，1981）

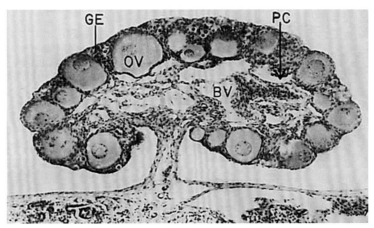

图 3-1-10　孵出 3 个月的鳄龟稚龟卵巢的组织结构

GE：生殖上皮；OV：卵子；PC：初级性索；BV：血管

（引自 Yntema，1981）

2. 输卵管

Palmer 等（1988）对雌性地鼠穴龟生殖系统的组织学结构进行了研究，结果显示，输卵管位于龟背部的两侧，由形态上有区别的 5 个部分构成：漏斗部、子宫管、峡部、子宫和阴道。在后端，两边的输卵管侧向连接成单一的泌尿生殖窦，然后开口于泄殖腔。输卵管的管腔上皮细胞有 3 种类型：纤毛上皮细胞、微绒毛分泌细胞和泡状分泌细胞（Bleb secretory cells）。

纤毛上皮细胞有位于中央的椭圆形核和颗粒状的嗜酸性胞浆，这种细胞存在于整个输卵管，起清除碎屑、运输精子和卵清蛋白的作用。

微绒毛分泌细胞对 PAS 染色和阿利新蓝染色呈阳性反应，阿利新蓝在 pH1.0 与 pH2.5 能对硫酸糖胺聚糖（GAGs）进行染色。微绒毛分泌细胞具有卵圆形的、基底的和有致密染色质的核，并具有许多顶端微绒毛。

泡状分泌细胞具有圆的、中央至顶端的核和丰富的无颗粒胞浆。这些细胞不着色，其顶端是平滑的，常表现为单个的泡状突起，仅在漏斗部发现。

（1）漏斗部。

漏斗部可分为膨胀的前部和一个收缩的后部管道部分。漏斗部的前部是薄的和松弛的，具有一个面对卵巢的漏斗形开口。漏斗部的后部是短的、狭窄的、无腺体的和稍微卷曲的，并逐渐过渡到子宫管。

虽然漏斗部末梢的边缘排列着一些分散的微绒毛分泌细胞和泡状分泌细胞，但主要排列的是低柱状的纤毛上皮细胞（图 3-1-11、图 3-1-12）。管腔中的上皮细胞沿着漏斗部末梢的边缘伸展和短距离地折回到外表面，随后管腔上皮变为子宫外膜（图 3-1-13）。在开口的内面，泡状分泌细胞排列成浅沟（图 3-1-14）。在后部，这些浅沟更明显，在折叠的末端具有纤毛上皮细胞，在基部有泡状分泌细胞。漏斗部固有层的疏松结缔组织用 PAS 和三色染色强烈着色，表明为胶原纤维。存在的少数细胞大部分是成纤维细胞和肥大细胞。漏斗部前部的固有层是无腺体的，但高度血管化。在输卵管壁的中央分布有小动脉和小静脉，也存在广泛的淋巴管。在漏斗部的前端未发现肌纤维。

漏斗部的后端在组织上是前端和子宫管的过渡类型。在形态上，它中等卷曲，但没有明显的像子宫管那样的质地或条纹。漏斗部后部的黏膜是纵行的沟，具有许多浅的分泌性隐窝。这些隐窝与黏膜皱褶的区别是保留了输卵管膨大的基部。黏膜皱褶的顶点覆盖着高的纤毛柱状上皮细胞和微绒毛分泌细胞。两种细胞类型的染色特征相似于子宫管的黏膜。然而，延伸的隐窝基部（在折叠之间）排列着漏斗部的特征性的泡状分泌细胞。漏斗部后部的固有层是无腺体的，基部含有许多小动脉和小静脉（漏斗部末梢为中央）。子宫肌层发育良好，作为平滑肌纤维紧密的一个环层。这一肌层的厚度比子宫管的要厚，子宫管仅有一分散于疏松结缔组织中的薄层的平滑肌。

在漏斗部后部的皱褶基部存在泡状分泌细胞，这些细胞具有一个平滑的顶点表面，糖类染色不着色。这些泡状细胞是独特的，但其功能尚不清。有学者认为它们可能涉及顶浆分泌或局部分泌（Palmer 和 Guillette，1988）。在黄体形成晚期和怀卵期，漏斗部和它的孔的开口膨大，在排卵之前，漏斗部可能盖住卵巢。

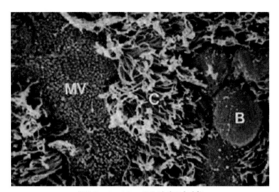

图 3-1-11　漏斗部末梢

MV：微绒毛分泌细胞；C：纤毛柱状上皮细胞；
B：泡状分泌细胞

（引自 Palmer 等，1988）

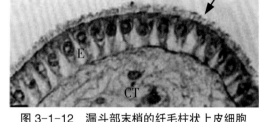

图 3-1-12　漏斗部末梢的纤毛柱状上皮细胞

E：纤毛柱状上皮细胞；→：纤毛；CT：结缔
组织

（引自 Palmer 等，1988）

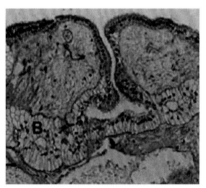

图 3-1-13　子宫外膜隐窝

B：隐窝基部

（引自 Palmer 等，1988）

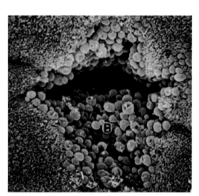

图 3-1-14　泡状分泌细胞（B）排列成的浅沟

（引自 Palmer 等，1988）

（2）子宫管。

子宫管为输卵管中最长的部分，高度卷曲，腺体状。前端与漏斗部连接的地方是狭窄的，后端子宫管的直径以及壁的厚度均增加。壁薄，外面有纵行条纹，相似于黏膜的折叠类型。因为壁薄和黏膜的低度折叠，管腔较大。

子宫管的黏膜纵向起沟，具有低的丰满的折叠，互相之间侧向相对，形成隐窝。在后部终点，黏膜折叠增高。黏膜上皮由微绒毛分泌细胞和纤毛上皮细胞构成，相似于盖在漏斗部后部折叠的纤毛柱状上皮细胞，然而，这部分的纤毛上皮细胞更高和微绒毛分泌细胞对 PAS 和阿利新蓝染色强烈着色。在黄体生成期的后期和怀卵阶段，这些细胞膨胀和高度泡状。这些细胞侧向压缩纤毛细胞，把它们压成顶端膨大的喇叭形。

子宫内膜腺体为分枝腺泡状到分枝管状。这些腺体广泛分布，填满了大部分子宫管中间区域的固有层，但在两边端点的 10% 处大小和数量均减少。子宫内膜腺体的细胞是棱形的，具有圆的基底核和丰富的胞浆，胞浆高度泡状化和稍微嗜酸性。子宫内膜腺体开口到子宫管腔具有两种方式：第一种方式为腔道上皮细胞突然向内折叠，这样产生了一个中空的、锥体形的腺体开口。第二种方式为在黏膜隐窝基部的管腔上皮细胞延伸到子宫内膜腺体，使黏膜隐窝的管腔与腺体相连。单一腺体的细胞对 PAS 染色有不同的反应，即有些细胞染色，而另一些细胞不染色。腺体对阿利新蓝染色无反应。

由于腺体的广泛侵入，大多数子宫管的固有层的结缔组织减少（图 3-1-15）。这一层形成一个连续的覆盖物，覆盖于腺体的外部和把结缔组织延伸进黏膜折叠。在固有层的外面，发现有小动脉、小静脉和淋巴管，在黏膜上皮细胞和子宫内膜腺体之间有毛细血管。

在前端，子宫肌层大大减少，以致肌纤维只是简单地分散在结缔组织的纤维中。在后端，这一层更广泛和形成一致密环层。

子宫管的子宫内膜腺体和上皮细胞在组织学上相似于鸟类产生蛋清的"大酒瓶"（Magnum，Tube），可能功能上也是一致的。

龟鳖的子宫管负责生产清蛋白。在锦龟中，子宫管和子宫的管泡状腺体在排卵前期出现显著的生长（Abrams Motz 和 Callard，1991），同时伴有最高血浆水平的雌二醇和孕酮。输卵管组织的厚度维持到排卵后，这时，虽然腺体内的物质和上皮细胞的小颗粒已从子宫管排出，但孕酮的水平仍很高。产卵后，子宫管和子宫显著退化，雌二醇和孕酮下降到基础水平。

在地鼠穴龟，在卵黄生成期间，子宫管和子宫黏膜上皮细胞的高度和厚度均增加。在妊娠期间，上皮保持增生，但子宫黏膜的厚度下降。在妊娠期间，血浆孕酮的浓度达到高峰。

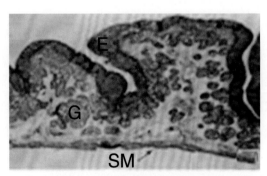

图 3-1-15　子宫管的组织结构
SM：平滑肌；G：腺体；E：上皮细胞

（3）峡部。

峡部是短的，其主要特征是缺乏子宫内膜腺体，稍微卷曲，外观为子宫和子宫管之间狭窄的连接。黏膜相似于子宫管，为纵向起沟，但折叠较小和分枝状（图 3-1-16A、图 3-1-16B）。上皮细胞由微绒毛分泌细胞和纤毛上皮细胞混合构成，其高度不及子宫管。分泌细胞对阿利新蓝染色反应不强烈，胞浆的空泡较少，而且它们不侧向挤压纤毛细胞。

峡部的子宫肌层是致密的环行和纵行的平滑肌。肌层比子宫管更广泛但比子宫的薄。

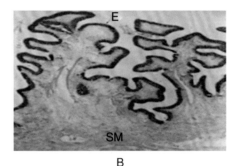

图 3-1-16　子宫管到峡部的组织结构与超微结构

A. 子宫管到峡部的扫描电镜图

B. 从子宫管过渡到峡部的组织结构　SM：平滑肌；E：上皮细胞

（引自 Palmer 等，1988）

（4）子宫。

子宫具有直的、肌性的壁，为输卵管中第二长的部分和最厚的部位，具有大的管腔。它的黏膜是腺体状的且形成高的、随机的折叠。在怀卵期间，卵保留在子宫内。子宫壁相对较直，没有输卵管末端类的皱褶。外观上，壁似乎是平滑的，但在内部，黏膜形成随机的突起，而不是明显的纵行折叠。

子宫黏膜的突起互相面对，在它们之间留下很深的隐窝。上皮细胞由相同类型的分泌细胞构成。上皮细胞矮于子宫管。分泌细胞仅对 PAS 和 pH2.5 的阿利新蓝染色起反应，表明存在无硫酸化 GAGs 产物。分泌细胞比纤毛细胞多，纤毛细胞没有被侧向压缩。

在上皮细胞底部的固有层中，有许多分枝状的管状腺分布（图 3-1-17A、图 3-1-17B）。这些腺体通过一薄层具有短管渗透的结缔组织把它们与上皮细胞隔开（图 3-1-17B）。这些管的细胞立方形，具有圆形的核和 PAS 及 pH2.5 的阿利新蓝轻度染色的胞浆。管状腺的细胞呈棱形，具有圆形的基底核，细胞内含许多分泌颗粒（图 3-1-17C、图 3-1-17D）。这些颗粒强烈嗜酸性，对 PAS 着色，但对阿利新蓝不着色。

子宫内膜腺体仅占固有层的一小部分，在上皮细胞下形成一薄层。固有层的大部分是疏松结缔组织和相关的脉管系统（动脉、静脉和淋巴管）。在固有层的基部，淋巴管是丰富的，而在腺体和上皮细胞之间和腺体基部的结缔组织中，毛细血管最丰富（图 3-1-17B）。在怀卵期间，固有层膨胀。子宫保留卵直到产出，可能形成纤维和钙质卵壳。子宫内膜腺在组织学上相似于鸟类峡部的子宫内膜腺（这些腺体已知分泌纤维和卵壳）。在黄体生成期，这些腺体增生，但在怀卵期排空。子宫的上皮细胞能给卵清提供水分以及运输钙离子，以便形成卵壳。在鸟类中，卵壳纤维由峡部产生，而钙质层由子宫产生。在龟类中，子宫具这两方面的功能，可形成卵壳的纤维膜和钙质层。

子宫肌层发育良好，具有内环外纵的平滑肌层。在发育程度上，两层基本相等，但在组织学标本上，可能有很大的变化。纵肌层的外部边缘具有扇形的外观。在两层肌层之间具有富含动脉和静脉的疏松结缔组织。

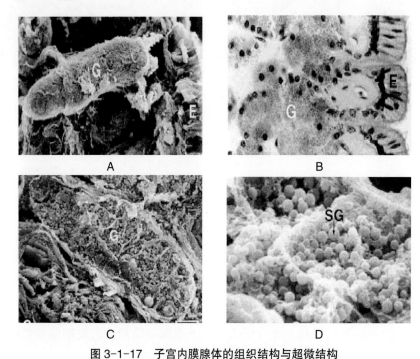

图3-1-17　子宫内膜腺体的组织结构与超微结构

A. 上皮细胞下面的子宫内膜管状腺体的扫描电镜图　G：腺体；E：上皮细胞

B. 分枝的管状腺体和导管的组织结构　G：腺体；E：上皮细胞

C. 管状腺体横切面的扫描电镜图　G：腺体

D. 具有许多分泌颗粒的腺体细胞的扫描电镜图　SG：分泌细胞

（引自Palmer等，1988）

（5）阴道。

阴道是输卵管最后端的部分，相对较短。它位于子宫的末端并将输卵管连接到泌尿生殖窦。阴道壁非常厚，管腔是收缩的。在这一区域的子宫内膜无腺体，形成非常高和薄的纵行皱褶。阴道和邻近区域的分界是突然的。泌尿生殖窦不是输卵管部分，而是一个短的管道，输卵管和膀胱中的尿道独立开口于其内。泌尿生殖窦在其腹面通过一个开口通入泄殖腔。

阴道黏膜很高，薄的纵行皱褶具有二级分枝（图3-1-18A、图3-1-18B）。阴道黏膜突入泌尿生殖窦，其上皮细胞主要由纤毛立方细胞和少数的分散的分泌细胞构成。分泌细胞对PAS和阿利新蓝轻度染色。固有层很广泛，在黏膜皱褶下面无腺体。

阴道的子宫肌层比子宫中的发达，如子宫一样，由2层平滑肌构成。环层的肌纤维分散在疏松结缔组织中，而纵层的肌纤维是致密的。

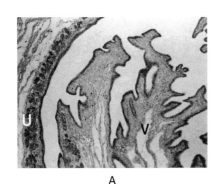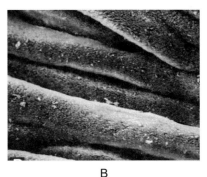

A　　　　　　　　　　　　B

图3-1-18　阴道的组织结构与超微结构
A. 由子宫（U）过渡到阴道（V）
B. 阴道黏膜皱褶的扫描电镜图
（引自Palmer等，1988）

（二）雄性生殖系统的结构

如前所述，龟类的雄性生殖系统由睾丸、附睾、输精管、阴茎等构成。但在不同的龟类中，其雄性生殖系统的结构具有一定的差别。如四眼斑水龟的睾丸呈卵圆形，位于腰带前方背面两侧，由很短的精巢系膜连在腹膜上；而且其睾丸的组织结构具有明显的季节性变化。凹甲陆龟的睾丸扁平，呈不规则的椭圆形；两侧睾丸的大小基本一致，位于肾脏腹面的前中部。四爪陆龟的睾丸黄色，呈扁平椭圆形或卵圆形，位于腰带前方背面两侧，由很短的精巢系膜连在腹膜上，同一个体的两侧睾丸大小和重量均有差异，位置也不对称，左侧睾丸离脊柱的距离较近，靠近胸腹膜腔的腹面；右侧睾丸离脊柱的距离较远，靠近胸膜腹腔的前面。

三、鳖类生殖系统的结构

鳖类生殖系统的结构虽然与龟类很相似，但也有其结构特点。

（一）雌性生殖系统的结构

鳖类雌性生殖系统的结构相似于龟类，也包括卵巢、输卵管和泄殖腔等部分。其卵巢和输卵管有鳖类的特殊结构，泄殖腔与龟类相同。

1. 卵巢

中华鳖的卵巢大多数为长锥形，位于盆腔上方，可分为皮质和髓质，皮质在外，髓质在内。皮质由生殖上皮所构成，可见原始卵泡、不同发育阶段的卵泡、闭锁卵泡及黄体。髓质由结缔组织构成，有血管和腔隙系统。

2. 输卵管

鳖类的输卵管和龟类一样，也分为5部分，即漏斗部、子宫管、峡部、子宫和阴道，每部分均有其特殊性。

（1）漏斗部。

印度缘板鳖的漏斗部在非繁殖期是小的和管状的片段，具有狭窄的口（图3-1-19）。在排卵前的繁殖期，漏斗部变宽，其口呈漏斗状（图3-1-20）。在非繁殖期，漏斗部的黏膜折叠成平行的初级纵行皱褶，互相之间广泛分离（图3-1-21）。内膜内衬短柱状纤毛细胞。在排卵前，黏膜展示出更复杂的折叠和丰富的卷绕（图3-1-22）。在排卵期和排卵后，上皮细胞的高度显著增加。这时，上皮细胞中出现一些分泌细胞，胞浆中有一些PAS染色阳性的颗粒。产卵后，细胞高度又下降，分泌细胞从黏膜内衬中消失。在排卵期和排卵后的早期，固有层有由锥形细胞构成的管泡腺，但在排卵后的后期及非繁殖期，这些腺体消失。

中华鳖的漏斗部很薄，具有假复层柱状上皮，固有膜中无腺体，但有丰富的血管，肌层较薄。上皮细胞含丰富的线粒体，细胞核不规则。

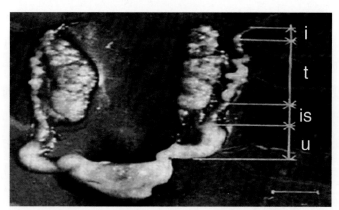

图3-1-19　印度缘板鳖非繁殖期输卵管的结构
i：漏斗部；t：子宫管；is：峡部；u：子宫
（引自 Sarkar 等，1995）

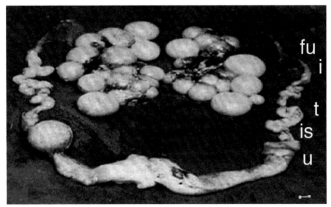

图 3-1-20　印度缘板鳖繁殖期输卵管的结构

fu：漏斗部的口；i：漏斗部；t：子宫管；is：峡部；u：子宫

（引自 Sarkar 等，1995）

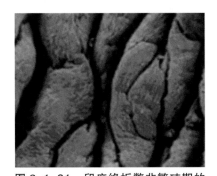

图 3-1-21　印度缘板鳖非繁殖期的
漏斗部，示初级纵行黏膜皱褶

（引自 Sarkar 等，1995）

图 3-1-22　印度缘板鳖繁殖期的漏斗部，
示卷曲的和分枝的黏膜皱褶

（引自 Sarkar 等，1995）

（2）子宫管。

印度缘板鳖在非繁殖期，子宫管中的黏膜皱褶比漏斗部的黏膜皱褶稍宽，而且为纵向排列（图 3-1-23）。但在繁殖期，黏膜皱褶变得更卷曲、呈叶状。从退化期到复苏期，有一些地毯样致密的纤毛床存在于腔道黏膜上，其中有许多酒窝样的凹陷（图 3-1-24）。在黄体生成高峰期，微绒毛分泌细胞出现在纤毛细胞中间。管腔上皮细胞由假复层柱状纤毛上皮细胞构成。上皮细胞的高度在准备期是低的，复苏期稍高些，排卵前阶段显著增加，随后下降。繁殖期的上皮细胞有两种类型：一种为无纤毛的分泌细胞，核位于基底部，胞浆具 PAS 阳性颗粒；另一种为无分泌功能的纤毛细胞，有伸长的中央核，胞浆PAS 染色阴性。产卵后，在退化期，分泌细胞的数量下降，上皮细胞的高度减少，在静止期最低。单一的管泡腺由多角形细胞构成。从退化期到复苏期早期，腺体是小的，表现为泡状细胞。但在繁殖高峰期，腺体广泛增大和膨胀，具有大的含分泌颗粒的呈多角形细胞。在排卵时和排卵后的早期，腺体通过破裂的上皮细胞释放分泌物质，但在排卵后的晚期，腺体不分泌。子宫管的腔道表面在排卵时，在腺体的顶端可见许多球形的分泌小囊泡。产卵后，腺体因颗粒的排空而缩小。在退化期和静止期，腺体进一步缩小。

中华鳖子宫管的上皮细胞较厚，并形成大量与结缔组织相连的皱褶。固有膜中的腺体较厚，呈管状、管泡状或分支管状，腺体腔面有许多微绒毛，腺体通过腺管与输卵管管腔相通。腺体由腺细胞构成，腺细胞核位于基底部。子宫管的上皮细胞由高柱状的纤毛细胞和分泌细胞组成。纤毛细胞核圆形或卵圆形，较大，位于细胞中央。纤毛细胞中含有少量分泌颗粒。分泌细胞较纤毛细胞多，其细胞核多呈圆形，位于基底部，胞质中含大量分泌颗粒，顶端分布大量微绒毛。

图 3-1-23　印度缘板鳖非繁殖期的子宫管，示黏膜皱褶
（引自 Sarkar 等，1995）

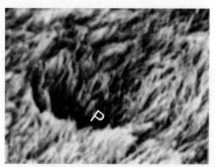
图 3-1-24　印度缘板鳖繁殖期的子宫管，示黏膜凹陷（P）
（引自 Sarkar 等，1995）

（3）峡部。

在印度缘板鳖中，与漏斗部比较，峡部的黏膜皱褶较小，而且非纵向排列。在非繁殖期，这些皱褶卷曲并呈峰样（图 3-1-25）。但在繁殖期，皱褶增大和增宽（图 3-1-26）。覆盖腔道黏膜的纤毛细胞相似于子宫管。峡部腔道中的上皮细胞比子宫管的高。在固有层中，有一个宽的结缔组织层，仅在排卵期间发现少数相似于子宫管的管泡腺。在生殖阶段的其他时期，这些腺体完全消失。

中华鳖峡部的管壁较薄，黏膜上皮形成许多隐窝，结缔组织中无腺体。

图 3-1-25　印度缘板鳖非繁殖期峡部的黏膜皱褶
（引自 Sarkar 等，1995）

图 3-1-26　印度缘板鳖繁殖期峡部的黏膜皱褶
（引自 Sarkar 等，1995）

（4）子宫。

印度缘板鳖非繁殖期子宫的黏膜形成不规则、浅的、分枝少的皱褶（图 3-1-27）。而在繁殖期，黏膜皱褶广泛分枝和卷曲（图 3-1-28）。在季节性生殖周期中，除了纤毛上皮细胞在怀卵期较少外，腔表面形态非常相似于输卵管的其他部分。在非繁殖期，子宫腔道内衬假复层柱状纤毛上皮细胞，纺锤形核的细胞位于中部或顶部，圆形核的细胞位于基底部。在繁殖期的排卵阶段到排卵后阶段，上皮细胞膨大，大的球形核位于中央。在怀卵期，大多数这些上皮细胞钙染色阳性。细胞高度也出现显著变化，在排卵前最高，静止期最低。在非繁殖期，固有层出现小的、圆形或卵圆形的腺体，具有核位于中央的小细胞，而在子宫管和峡部的腺体较大。在繁殖活动的高峰期，腺体广泛增大，侵入几乎整个黏膜下层。腺体细胞增大，腺体导管通过内陷的上皮细胞开口于管腔。在管腔表面，腺体开口以小囊泡形式排出分泌物，表明子宫内膜腺体具顶端分泌。这种分泌活性仅在怀卵鳖中被观察到，产卵后结束。随后，上皮下的腺体退化和萎缩。

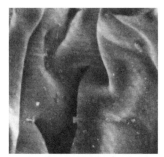 

图 3-1-27　印度缘板鳖非繁
殖期的子宫，示黏膜皱褶
（引自 Sarkar 等，1995）

图 3-1-28　印度缘板鳖繁殖
期的子宫，示黏膜皱褶
（引自 Sarkar 等，1995）

（5）阴道。

中华鳖的阴道肌肉发达。上皮细胞和腺体在形态上相似于子宫，但胞质中含有较少的分泌颗粒。分泌细胞呈梨形或锥形，纤毛细胞的分布多靠近于腔面。

（二）雄性生殖系统的结构

雄性鳖类生殖系统的结构与龟类相似，也由睾丸、附睾、输精管和阴茎等构成（图 3-1-29）。

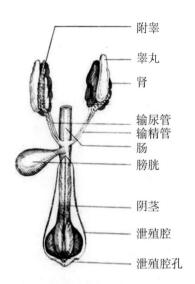

附睾

睾丸

肾

输尿管
输精管
肠

膀胱

阴茎

泄殖腔

泄殖腔孔

图 3-1-29　雄鳖生殖道结构示意图
（引自 Kumar 等，1985）

1. 睾丸

中华鳖的睾丸管状，位于体腔背壁的后方、肾脏的前面，是一对黄白色、长卵圆形的结构。睾丸的表面被覆一薄层致密结缔组织，实质由许多管状的曲细精管和疏松结缔组织构成。曲细精管的管壁内衬生精上皮，生精上皮外有一层特殊的固有层包绕，为复层上皮，有 2～5 层细胞，其中一类是处于不同发育阶段的生精细胞，另一类为支持细胞。支持细胞贴近基膜，数量较少，染色较浅，核较大，核仁清晰。生精细胞数量较多，体积较小，核染色较深。生精上皮从基膜到管腔各类生殖细胞排列的顺序是：精原细胞、初级精母细胞、次级精母细胞、精细胞和精子。曲细精管管腔内有分泌物及精子。固有层为一层由弹性纤维和胶原纤维构成的纤维网，其外围有一层类肌细胞。类肌细胞扁平形，核呈梭形。在结缔组织中有丰富的血管和淋巴管。间质细胞的胞浆嗜酸性，细胞核较大和淡染，核仁明显。

2. 附睾

中华鳖附睾的表面被覆一薄层致密结缔组织，实质主要由附睾管和疏松结缔组织构成。附睾管迂回盘绕，管腔内有许多精子及分泌物。附睾管很粗，约为曲细精管的 2 倍。附睾管的管壁由黏膜、肌层及外膜构成，黏膜上皮为假复层柱状上皮，表层的柱状上皮细胞数量较多，核椭圆形，染色较深。基底层细胞数量较少，核圆形，染色较淡，核仁清晰。固有层较薄。肌层较厚，分为内环肌和外纵肌两层。外膜由极少量结缔组织构成。

印度缘板鳖附睾的前端可见两种类型的细胞：微绒毛上皮细胞和无微绒毛的表面平滑上皮细胞。在 7 月（生殖道活动的最高峰期），微绒毛上皮细胞膨胀，在其顶端可见分泌颗粒聚集。表面平滑上皮细胞出现分泌小滴，使细胞表面出现凹陷。在 1 月 （生殖道活动的最低期），微绒毛上皮细胞中的微绒毛变成丝状，在细胞的顶端缺少分泌物质。在这时，表面平滑上皮细胞也缺少分泌小滴。

印度缘板鳖附睾的后端仅出现高的、表面平滑的上皮细胞。在 7 月，表面平滑上皮细胞顶端膨大，形成巨大的分泌泡 （图 3-1-30）。一些分泌泡离开细胞，看上去就像圆形的小滴 （图 3-1-31）。在 1 月，由于脱落的原因，大多数表面平滑上皮细胞缺乏分泌性物质，留下一个破裂的顶端，具有一个"火山口样"的表观 （图 3-1-31）。

图 3-1-30　印度缘板鳖附睾的后端，示表面平滑上皮细胞的分泌泡 （SB）
（引自 Kumar 等，1985）

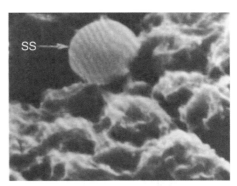

图 3-1-31　印度缘板鳖附睾的前端，示球形的分泌泡 （SS）
（引自 Kumar 等，1985）

3. 输出管

在印度缘板鳖，输出管 （Ductuli efferentes）位于睾丸和附睾之间 （图 3-1-32），具有三型上皮细胞：第一型具有数簇长纤毛；第二型具有数簇短纤毛；第三型具短的微绒毛。这些细胞明显的区别在 7 月 （图 3-1-33）。然而，在 1 月，两类纤毛上皮细胞的纤毛缩短。微绒毛上皮细胞在 7 月和 1 月无明显改变。

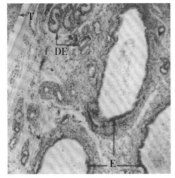

图 3-1-32　印度缘板鳖的输出管 （DE）位于睾丸 （T）和附睾 （E）之间
（引自 Kumar 等，1985）

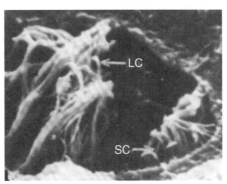

图 3-1-33　印度缘板鳖的输出管，示长纤毛上皮细胞 （LC）和短纤毛上皮细胞 （SC）
（引自 Kumar 等，1985）

4. 输精管

中华鳖的输精管（Vas deferens）很细，其管径相似于附睾管，但管壁比附睾管厚。输精管的管壁结构与附睾管相同，但其中的内环肌较薄，外纵肌较厚。输精管的管腔较规则，内有大量的精子和分泌物。

印度缘板鳖的输精管在 7 月表现出广泛的纵行皱褶和上皮细胞内折，由两型细胞构成。第一型外形不规则，表面平滑，含有小的分泌性小滴。第二型细胞纺锤形，表面具有少量短的微绒毛。两型细胞混在一起。在 1 月，这些细胞的表面结构没有明显的区别。

5. 阴茎

中华鳖阴茎的表面有一层被膜，为泄殖腔黏膜在阴茎上的延续，由外面的复层柱状上皮细胞和内层的固有层构成。复层柱状上皮细胞通常有 3～5 层细胞，表层柱状上皮细胞的细胞核卵圆形，染色较淡，核仁清晰；细胞质染色较淡，呈空泡状。固有层由致密结缔组织构成。阴茎的主体由相似于软骨的组织和海绵体构成，软骨位于阴茎的腹侧，白色，由大量胶原纤维、弹性纤维和少量平滑肌纤维构成。海绵体是位于前者背外侧的一对纵嵴，其间有一凹沟，即阴茎沟。海绵体中有许多网状的小梁，其间含有丰富的胶原纤维、弹性纤维和平滑肌纤维，网眼内衬扁平上皮细胞。

第二节　生殖系统的季节性变化

在脊椎动物中，雌性和雄性的生殖系统均随着生殖活动的进行而发生变化。

一、龟类生殖系统的季节性变化

（一）雌性生殖系统的季节性变化

Georges（1983）对克氏澳龟（*Emydura kreflii*）生殖系统的季节性变化进行了观察。克氏澳龟广泛分布于澳大利亚的昆士兰州，昆士兰州位于澳大利亚的东北部，约有 54% 的面积位于南回归线以北，降雨量少，气候温暖，阳光明媚。克氏澳龟栖息在大的河流或大的水坑中。

克氏澳龟的卵巢周期可分为卵泡胀大期、排卵期、输卵管期和静止期。卵巢在 12 月和 1 月处于静止期，大多数的卵泡是小的，直径很少超过 5 mm。在 2 月，卵泡开始发育，不断增大，一直到排卵前。排卵前的卵泡首先出现在 6 月初，但小的卵泡继续发育，要到 10 月或 11 月才能达到排卵前的卵泡的大小。排卵最早在 8 月，最迟 12 月，但通常在 9 月、10 月和 11 月。

在排卵后，萎缩的卵泡变成颗粒状的黄体。黄体杯形，透明白色，可区别于其他的卵巢结构。妊娠期雌性的卵巢具有黄体的数量与输卵管中卵的数量相等或更多。黄体的大小依排出卵子的时间而异，时间越短，黄体越大，时间越长，黄体越小。含有最大黄体类型的数量相当于在输卵管中卵的数量，表明这些大的黄体在最近的排卵中排出的卵子变成了输卵管中的卵。4 个新形成的黄体的直径平均为 7.2 mm，已知与排卵有关的黄体的平均最大直径为 5.9 mm。由于小的黄体与硬壳卵的形成有关，说明卵仍在输卵管时，黄体就开始变小。产卵完成后，黄体开始退化。产卵后，黄体的直径为 2.6～5.6 mm，平均为 4.0 mm，比新形成的黄体小得多，也明显小于卵存在于输卵管时的黄体。这说明在产卵后，黄体在短期内退化。

黄体可产生黄体酮（孕酮），黄体酮可通过抑制卵巢的生长来抑制排卵，可诱导排卵后的卵巢萎缩。由于已知黄体酮能阻止龟类输卵管平滑肌的收缩，因此可阻止未成熟卵的流产，从而发挥控制产卵时间的作用。黄体在卵清分泌、壳膜形成和卵壳钙化等方面起作用。

在繁殖季节，保留在卵巢中的卵泡出现退化，有些卵泡出现闭锁。闭锁卵泡为小的球形体，深橙色（正常卵泡为黄色），直径小于 4 mm。卵子从卵巢释放后，先进入龟的体腔，然后才被输卵管的漏斗部摄取，有时卵子可进入对侧的输卵管，这种情形称为"横过体腔移行（Trans-coelomic migration）"，有助于两侧输卵管中含卵量的平衡。

克氏澳龟产白色的、硬壳的和椭圆形的卵。卵的长径为 28.8～37.0 mm（平均 33.7 ± 2.4 mm）；宽径为 17.5～20.9 mm（平均 19.3 ± 1.4 mm）；卵重为 5.2～8.7 g（平均 7.44 ± 0.14 g）。稚龟的平均体重为 4.6 g（± 0.1，n = 5）；平均背甲长为 29.5 mm（± 0.3，n =15）；平均背甲宽为 26.4 mm（± 0.3，n = 15）。稚龟具有卵齿。

淡水龟每窝卵的多少主要由两个因素所决定：①母体的大小决定每窝卵的最大数量。②可利用的资源。这使雌龟意识到它们的生殖潜力的发挥只有在有利的资源情况下才能实现。这些资源包括食物来源、天敌情况和竞争情况等。

克氏澳龟窝卵的大小与其背甲长度成正比。一窝卵 4 枚是最低数（背甲长 150 mm 的雌龟），背甲每增加 16 mm，可增加一枚卵。每窝卵最多 10 枚。克氏澳龟的生殖潜力达到成熟时为大约每年 12 枚卵（3 窝，每窝 4 枚）。随着雌龟的生长，它们的生殖潜力最大约每年产 30 枚卵（雌龟背甲长达到 250 mm）。

因雌龟产卵后黄体迅速萎缩，最大黄体数量与输卵管中的现存卵数量基本一致，故可通过卵巢发育周期来估算产卵潜力（多少窝，每窝多少枚）。如存在 3 种类型的黄体：近期排卵后形成的大的黄体、中期排卵后形成的中等大小的黄体和远期排卵后形成的小的黄体，即表明雌龟已产 3 次卵。如果大的黄体有 4 个，即表示现在输卵管中有 4 枚卵。也就是说每年可产 3 窝卵，每窝卵有 4 枚。

Palmer 等（1990）对地鼠穴龟的生殖器官在生殖周期中的变化进行了研究，标本采自美国的佛罗里达州。

地鼠穴龟的黄体形成开始于 9 月底和 10 月初之间，这时卵巢开始增大。在卵巢重量增加的同时，输卵管也显著膨大。在秋天，黄体形成进展缓慢。在春天，产卵前卵黄形成迅速加快，卵巢重量也显著增加。在卵黄形成后期，输卵管的膨大达到顶峰。地鼠穴龟每年只产一窝卵，其怀卵期从 3 月底到 6 月中旬。排卵后，由于成熟卵子的排出，卵巢重量减少。在怀卵期，输卵管没有进一步膨大，输卵管的重量与黄体形成期相似。随着怀卵期的到来，生殖静止期出现在夏季中期的月份中。

在生殖周期中，地鼠穴龟输卵管上皮细胞的高度发生变化，尤为显著的是子宫内和子宫管内的上皮细胞。子宫内的上皮细胞在黄体形成期间，其高度显著增加，但在怀卵期，没有进一步增加。在子宫管，上皮细胞从静止期到黄体形成晚期表现出逐渐增加，但在怀卵期间保持不变。

在静止期和怀卵期，输卵管内可见不同形态的上皮细胞（图 3-2-1A、图 3-2-1B）。在静止期，主要为纤毛上皮细胞，而在怀卵期，主要为高度分泌型上皮细胞。在怀卵期，分泌细胞的胞浆比黄体形成期具有更多的颗粒，其顶端表面具有许多泡状的微绒毛。在子宫和子宫管的上皮细胞的高度具有显著的差异。在形态上，子宫管中的分泌细胞比子宫中的分泌细胞具有更多的空泡。

在子宫和子宫管中，纤毛上皮细胞的纤毛的长度也有明显的区别。当卵黄形成进行时，子宫中的纤毛上皮细胞的纤毛显著变长，在卵黄形成后期和怀卵期达到最长。相反，子宫管纤毛上皮细胞的纤毛在生殖情况下没有显著的变化。在黄体形成早期，子宫中的纤毛上皮细胞的纤毛显著短于子宫管中的纤毛上皮细胞的纤毛，但当生殖阶段进展时，由于子宫中的纤毛上皮细胞的纤毛不断增长，已达到后者的长度或稍长。

当黄体形成进行时，子宫和子宫管中的腺体层显著增厚。在怀卵期，子宫中的腺体层显著变薄，而子宫管中的腺体层在怀卵期没有显著的变化。除了在黄体形成晚期（这时子宫管中的腺体层明显增厚），子宫和子宫管中的腺体层的厚度没有显著区别。

在黄体形成期，子宫中的子宫内膜腺体的直径明显增加。在怀卵期，腺体的直径与黄体形成晚期无明显差别。然而，这时腺体已排空，伴随着腺体细胞高度的减低和腺腔内直径的增加（图 3-2-1C、图 3-2-1D）。子宫管中的腺体的直径在生殖季节中无明显改变。子宫管腺体的直径显著大于子宫中腺体的直径（表 3-2-1）。

从地鼠穴龟的生殖周期中可知，当黄体形成进行时，子宫和子宫管中的上皮细胞的高度显著增加，同时伴有分泌颗粒数量的增加和泡状微绒毛的增加，提示合成分泌产物的增加。在鸟类中，输卵管中的大酒瓶部位的上皮细胞分泌抗生物素蛋白（一种蛋清蛋白的成分）。已知抗生物素蛋白在有鳞目的子宫管中产生。对于地鼠穴龟，子宫管的上皮在组织化学上染色相似于鸟类的大酒瓶，提示能产生相似的分泌产物。在地鼠穴龟的怀卵期，其子宫中的上皮细胞具有高度分泌性，提示其可能参与卵壳钙层的形成。这时分泌细胞的比率也最大，提示随着雌激素的刺激，孕酮引起管腔上皮细胞从纤毛型上皮细胞转变成分泌型上皮细胞。

在怀卵期，子宫中的子宫内膜腺体层的厚度下降，可能由下列因素引起：①因为怀卵，组织出现延伸；②雌激素分泌减少；③分泌物的排除。

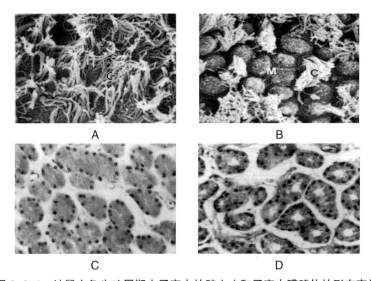

图 3-2-1 地鼠穴龟生殖周期中子宫中的腔上皮和子宫内膜腺体的形态变化

    A. 静止期子宫中的纤毛上皮细胞（C）

    B. 怀卵期子宫中的纤毛上皮细胞（C）和微绒毛分泌细胞（M）

    C. 黄体发生后期子宫中的子宫内膜腺体

    D. 怀卵期子宫中的子宫内膜腺体

    （引自 Palmer 等，1990）

表 3-2-1 在相同生殖季节子宫和子宫管的形态比较

生殖季节	子宫与子宫管	上皮细胞高度（μm）	纤毛长度（μm）	腺体层的厚度（μm）	腺体的直径（μm）
静止期	子宫	19.0 ± 1.4	5.7 ± 0.2	143.1 ± 15.2	28.0 ± 0.4
	子宫管	43.5 ± 5.6	6.6 ± 0.3	167.5 ± 13.0	53.5 ± 0.7
黄体形成早期	子宫	18.0 ± 0.7	5.8 ± 0.1	191.4 ± 3.9	30.7 ± 0.7
	子宫管	54.7 ± 2.8	6.6 ± 0.3	197.7 ± 13.2	58.6 ± 1.1
黄体形成晚期	子宫	27.5 ± 0.7	6.7 ± 0.2	223.2 ± 9.6	33.5 ± 1.0
	子宫管	64.1 ± 5.7	6.6 ± 0.1	269.2 ± 12.9	57.4 ± 1.7
怀卵期	子宫	27.0 ± 1.9	6.8 ± 0.2	183.0 ± 11.0	33.2 ± 1.1
	子宫管	60.2 ± 3.8	6.5 ± 0.2	236.2 ± 21.6	57.4 ± 2.5

Altland（1951）研究了东部箱龟（*Terrapene carolina carolina*）每年生殖周期中卵巢和输卵管的变化，标本采自美国宾夕法尼亚州。东部箱龟的卵巢周期开始于7月和8月，这时卵原细胞在位于卵巢周围附近分散间隙的生殖嵴中分裂和生长。新的卵泡在这时形成，在秋天通常有2～8个聚集的卵黄，为翌年春天产卵做准备。在5月，卵巢最重。产卵后，倒塌的卵泡转变成黄体，形成了两种类型的黄体细胞：黄体膜细胞和黄体粒层细胞。后者占大部分，位于黄体中心的索状组织中。黄体膜细胞较大，以1～5个细胞组成的群体出现，主要位于卵泡膜内膜的内界，少数嵌入卵泡膜外膜内。两种细胞均含有不同大小的脂质小滴。颗粒状的黄体在6月被发现，这时卵在输卵管中。到8月中旬，黄体完成退化。产卵后，卵泡闭锁。卵泡闭锁主要出现在7月和8月。

（二）雄性生殖系统的季节性变化

克氏澳龟分布于澳大利亚的昆士兰州，其生发细胞在11月开始增殖，这时精原细胞分裂，出现细线期和偶线期的精母细胞。随着夏季的进展，初级精母细胞的所有阶段大大地增加，在12月至翌年3月达到高峰，这时次级精母细胞偶然可见，未分化的精子细胞很丰富。在秋天（3月、4月），精原细胞和精母细胞的数量下降，到冬天（6月）数量为0，整个分裂增殖过程结束。

精子形成开始在1月和2月，首先出现的是未分化的精细胞。在2月和3月，已经分化的精细胞已很常见，但它们零散地分布在睾丸内。到了3月下旬和4月，精子形成代替了分裂增殖，成为主要的过程。未分化的精细胞的数量很多，其他的精细胞也很丰富。精子形成在6月底完成。

精子的排出出现在3月底和4月，嵌入支持细胞的胞浆中的成熟精细胞是丰富的。排精持续到冬天的中期。一直到翌年春天，精子在管腔中均很丰富。

在春天和夏天的前期，克氏澳龟的睾丸是静止的，生发细胞没有增殖的迹象。精原细胞是唯一存在的生发细胞，支持细胞大大地多于生发细胞，管腔几乎完全被支持细胞的胞浆所填满，管腔中无精子。

睾丸指数和曲细精管的平均直径均表现出季节性的变化。睾丸和其中的小管在春天（9月、10月）静止期期间是最小的，在生发细胞增殖的早期（11月、12月）也是如此。在这期间，睾丸是黄色的和致密的。在仲夏（1月），睾丸的大小和曲细精管的直径快速地增加，在秋天（4月）达到高峰，同时，精子形成也达到高峰。睾丸的血管增多，淡红色。在冬天期间，睾丸的大小和曲细精管的直径持续下降，到翌年春天，它们的大小和直径达到最低值。

精子在成熟雄龟的附睾中终年保存，但它们的丰度随季节的变化而变化。在夏天（12月、1月），在附睾中的精子和未知的细胞物质数量最少。到秋天（4月），当精子形成和排精变成主要过程时，附睾是白色的和部分膨胀，表明精子从睾丸中释放到管腔后，很快就进入附睾中。在 5 月，附睾被精子塞得满满的，并一直保持到 11 月。由于精子在曲细精管很丰富并持续到 8 月，它们可能整个冬季均从睾丸进入附睾。精子在睾丸中几乎完全不动，只有进入附睾时才开始运动。克氏澳龟的交配在秋天、晚冬和春天。

东部箱龟的性周期通常在 6 月开始，随后精原细胞的数量大量增加，到 6 月 22 日，出现许多初级精母细胞、少数变形的精细胞及在罕见的情况下，出现成熟的精子。支持细胞卵圆形，沿着基底膜散在分布，长约 16 μm，宽约 11 μm，细胞核含有嗜酸性的核仁，直径约 9 μm。在这时，支持细胞与精子没有接触。在 7 月，许多初级精母细胞出现，整个精子发生过程大大加速，大量成熟的精子进入附睾，许多精子直接与支持细胞的胞浆接触，由于邻近细胞的挤压，支持细胞的外形是不规则的。睾丸的重量及睾丸与体重的比率（Testis/body weight ratios）在 7 月和 8 月最高。在 8 月的前 2 周，曲细精管主要由次级精母细胞、精细胞和精子构成。在 7 月，精原分裂（Spermatogonial divisions）逐渐减少，到 8 月终止。到 9 月中旬，当上皮细胞退化到相对薄的一层，仅含少数几个发育中的精子阶段时，精子发生的高峰期已过。这时，由于生发细胞数量的减少，支持细胞很明显。1—5 月，睾丸与体重的比率均很低，曲细精管的主要成分是支持细胞、精原细胞和一些残余的精细胞和精子。在 5 月，支持细胞大，卵圆形，长约 20 μm，宽约 15 μm，含球形核，核的直径约 9 μm。这些细胞常常位于曲细精管的中央。在支持细胞中未发现有丝分裂。支持细胞可含分散的嗜锇小滴，也可见一个大的、蓝染的、卵圆形的近核均质体（Juxta-nuclear mass）（图 3-2-2）。这一近核均质体仅在 5 月份的龟的睾丸中发现。

附睾的最大重量在 5 月，到夏天它的重量显著下降，保留这种状态直到新的精子形成。一年中任何时候均可在附睾中见到成熟的精子。

在 5 月和 6 月初，管间组织（Intertubular tissues）是最显眼的。在这时，血管形成增加，睾丸间质细胞（Leydig cells）增生，这些细胞单独排列或数层排列或被胶原结缔组织分隔成数组。有时，这些细胞在接近曲细精管处可达 3～4 层，曲细精管主要由支持细胞和类脂碎片构成（图 3-2-3）。在 5 月，曲细精管的直径平均为 128 μm。这时，如没被邻近细胞压缩，睾丸间质细胞的直径平均为 19 μm，其球形的细胞核的直径约 9 μm，具有一个嗜酸性的核仁，胞浆充满了不同大小的脂滴。杆状的线粒体分散在胞浆中。

当精子发生周期在 7 月和 8 月初达到其高峰时，管间组织被大大地压缩。睾丸间质细胞极大地退化。曲细精管增大，直径约 284 μm。在秋天，当曲细精管到达精子发生周期的最后阶段时，睾丸间质细胞更为明显。

东部箱龟的精原细胞在 5—7 月分裂，初级精母细胞出现在 6 月，7 月达到高峰，随后数量减少，7 月可见成熟分裂和精子形成。在 8 月初，这两个过程大大地增加，精子形成在 9 月中旬达到高峰。在这期间以后，生精上皮大大减小。在春天，在冬眠后，睾丸主要由支持细胞、类脂碎片和精原细胞构成。一年中的所有时间附睾均有精子。在 5 月，睾丸间质细胞是大的且含有丰富的脂质。在 7 月和 8 月，在精子发生的活跃期，它们是小的且含有少量的脂质。在秋天，间质细胞增大，但脂质很少增加。

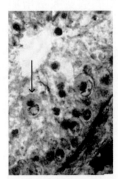 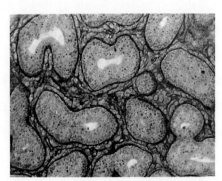

图 3-2-2　东部箱龟睾丸中的曲细精管，示支持细胞（→）

（引自 Altland，1951）

图 3-2-3　东部箱龟睾丸中的睾丸间质细胞

（引自 Altland，1951）

二、鳖类生殖系统的季节性变化

（一）雌性生殖系统的季节性变化

Sarkar 等（1995）对印度缘板鳖的生殖周期进行了研究。结果表明，根据卵巢重量的改变、卵泡形成和类固醇激素的生成，可将印度缘板鳖成熟雌性的季节性生殖周期分成 5 个时期：

（1）准备期（3—6 月）。随着卵泡形成的开始，卵巢含有一些小的（5～10 mm）和中等大小的（10～15 mm）含卵黄的卵泡。卵巢的重量逐渐增加（平均为 6.69 ± 1.68 g），血清中的 17-β 雌二醇含量缓慢地升高（平均为 30.55 ± 2.45 pg/ml）。

（2）复苏期（7 月）。小的、中等大小的和大的（15～20 mm）含卵黄的卵泡数量更多。卵巢重量进一步增加（平均为 20.43 ± 1.20 g），血清中的 17-β 雌二醇含量也进一步升高（平均为 97.25 ± 7.0 pg/ml）。

（3）繁殖期（8—9 月）。含卵黄的卵泡进一步增大，许多含卵子的卵泡（大于 20 mm）发育。卵巢重量（平均为 55.03 ± 10.04 g）和血清中的 17-β 雌二醇含量（平均为 282.58 ± 42.64 pg/ml）均达到峰值

（4）退化期（10—11 月）。含卵黄的卵泡数量减少，卵巢重量（平均为 13.49 ± 1.09 g）迅速减少，血清中的 17-β 雌二醇含量（平均为 23.71 ± 0.79 pg/ml）下降至基础水平。

（5）静止期（12月—翌年2月）。卵巢外观呈叶状，仅含无卵黄的卵泡。卵巢重量（平均为 4.7 ± 0.38 g）最轻，血清中的 17-β 雌二醇含量（平均为 15.44 ± 0.45 pg/ml）最低。

除了繁殖期，孕激素在其他所有期中的浓度均是低的（准备期平均为 87.77 ± 6.80 pg/ml；复苏期平均为 81.42 ± 5.50 pg/ml；繁殖期平均为 394.87 ± 60.18 pg/ml；退化期平均为 78.34 ± 3.42 pg/ml；静止期平均为 77.02 ± 2.63 pg/ml）。

根据排卵和产卵的情况，繁殖期又可分为 4 个阶段：

（1）产卵前阶段。在这一阶段中，卵巢出现数量众多的大的含卵黄的卵泡，血清中的 17-β 雌二醇含量保持高水平。

（2）产卵阶段。在这一阶段中，卵巢出现最多的含卵子的卵泡，血清中的 17-β 雌二醇含量达到峰值。这一阶段开始排卵，子宫中有一枚或两枚具壳的卵，卵巢可见相应数量的新鲜的黄体。

（3）产卵后阶段。在这一阶段中，鳖浮出水面，到陆地上产卵。鳖的子宫中含有具壳的卵，卵巢具有相应数量的成熟黄体。血清中的 17-β 雌二醇含量迅速下降。

（4）产后阶段。在这一阶段中，卵巢具有少数的含卵黄的卵泡和残余的萎缩黄体。血清中的 17-β 雌二醇含量进一步下降。

孕激素浓度在产卵前阶段保持低水平，产卵阶段升高，刚产完卵时达到峰值，随后下降。

输卵管的重量在准备期是较轻的，在复苏期逐渐增加，繁殖期刚产完卵时达到高峰，之后，输卵管的重量迅速下降。

（二）雄性生殖系统的季节性变化

Lofts 和 Tsui（1977）对雄性中华鳖的生殖周期进行了研究，可分三个时期：

（1）繁殖期（3—4月）。在这一时期进行交配。当精子从附睾排出后，附睾的重量减少约 48%。睾丸的重量是轻的，在这一时期无显著改变。曲细精管仍保留退化状态，精子发生不活跃。生发上皮仅含支持细胞和精原细胞（图 3-2-4）。在组化染色中，小管严重脂质化，在支持细胞中具有大量的苏丹染色的小滴，对 3β-HSD（Δ^5-3β-hydroxysteroid dehydrogenase activity）和 17β-HSD 的染色为阴性。

与配子发生静止期的小管相比，相邻的间质组织对 3β-HSD 起阳性反应和脂质小滴基本耗尽。睾丸间质细胞较大，细胞核圆形，表现出高度的分泌活性。附睾管内衬上皮细胞发育充分（图 3-2-5）。

（2）交配后精子发生复苏期（5—10月）。这一期的显著特征是精子发生活动的复苏，导致睾丸重量的增加。精子发生开始于5月，到5月中旬，生发上皮含有许多可区分的精原细胞、精母细胞和少数精细胞（图3-2-6）。在精子发生开始时，管内脂滴迅速清除。伴随着脂类的耗尽，小管开始对 3β-HSD 试验起阳性反应。到5月底，小管也开始对 17β-HSD 起阳性反应。

在6—7月，精子发生继续，伴随着小管直径的显著增加。随后，到8月底，精子发生的分裂活动开始下降，很少能看到有丝分裂相。9月，精子发生更为显著，到10月，生发上皮主要由精细胞和精子构成，许多游离的精子填满了膨胀的曲细精管的管腔（图3-2-7）。后者大部分是无脂质的，不再对 HSD 试验起阳性反应。

在曲细精管中的精子发生活动和睾丸间质组织的分泌活性在这一时期不一致。当精子发生活动在曲细精管中开始时，睾丸间质细胞开始变成严重的脂质化且类固醇脱氢酶活性下降。这些雄激素分泌下降的表现，伴随着间质细胞核大小的下降，附睾的重量也下降。附睾管变小，大部分已排出其所含的精子，内衬上皮细胞高度的下降反映出雄激素滴度的下降。

到6月，间质细胞深度苏丹染色，胞浆充满致密的无定形的脂质块，与邻近的几乎无脂质的曲细精管形成鲜明的对照。

到8月，间质细胞的分泌功能恢复，胞浆脂质逐渐排空，这种情形一直继续到9月和10月初。伴随着类固醇脱氢酶活性的重现。

（3）冬眠期（11月—翌年2月）。在这一时期，睾丸的重量和曲细精管的直径快速下降。伴随着精子发生的结束，精子从曲细精管进入附睾管。这时，虽然在一些管腔中有时可看到一些残存的游离精子，但在退化小管的生发上皮内仅有休眠期精原细胞和支持细胞。到2月，大多数小管的管腔被肿胀的支持细胞所摧毁。支持细胞深度苏丹染色。退化的小管 HSD 反应阴性。

在12月，睾丸间质细胞中的脂质快速集聚，但这些脂质在下一个月中被逐渐消耗掉，到翌年2月，睾丸间质细胞中仅含中度脂质，对 3β-HSD 染色起强烈反应。

在11—12月，当越来越多的精子开始储存在附睾管中时，附睾的重量逐渐增加。到12月达到最大值，保持这种状态直到接下来的繁殖期和到其中的精子及内容物被排空时。

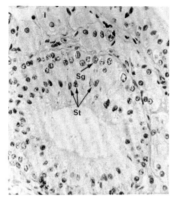

图 3-2-4　中华鳖睾丸中的曲细精管，示精原细胞（Sg）和支持细胞（St）

（引自 Lofts 和 Tsui，1977）

图 3-2-5　中华鳖附睾管中内衬的上皮细胞（EP）和管腔中的精子团（S）

（引自 Lofts 和 Tsui，1977）

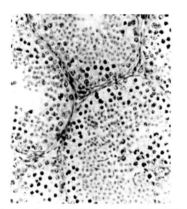

图 3-2-6　中华鳖睾丸中的曲细精管，含许多精原细胞、精母细胞和少数精细胞

（引自 Lofts 和 Tsui，1977）

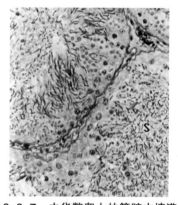

图 3-2-7　中华鳖睾丸的管腔中填满了游离的精子（S）

（引自 Lofts 和 Tsui，1977）

第三节　卵子发生

卵子（卵）为球形，有一个核，由卵黄膜包被着，是雌性龟鳖的生殖细胞。卵子发生（Oogenesis）是指动物卵子的发育和成熟的整个过程，包括由原始生殖细胞形成到卵原细胞（Oogonia），再由卵原细胞形成到成熟卵细胞的整个过程。卵子发生的过程从胚胎发育早期开始，经过胚胎期、出生和生长发育，直到性成熟时才完成。

卵子的发生以卵泡为基础，卵泡由卵母细胞、来自性索上皮的颗粒细胞层和来自间质的卵泡内膜细胞构成。卵母细胞的发育，根据其发生的不同时期，可分为卵原细胞、初级卵母细胞、次级卵母细胞和成熟卵母细胞。卵母细胞的发生起始于原始生殖细胞（Primordial germ cell，PGC），PGC 在胚盘原条的尾部形成，后到达内胚层，随后以阿米巴样运动迁移到胚胎两侧的生殖嵴上皮内。在迁移过程中，PGC 不断分裂增殖，并进一步迁移到未分化性腺的原始皮质中，与其他生殖上皮细胞一起形成原始性索。PGC 到达生殖嵴后，发生形态学变化，转化为卵原细胞。卵原细胞进行有丝分裂，大量增殖，此后大多数卵原细胞死亡，剩下的进行减数分裂，停止在偶线期成为初级卵母细胞。初级卵母细胞从细线期经偶线期、粗线期、双线期，到达核网期（为延长的双线期状态，此时卵母细胞仍保持核）后细胞分裂周期被打断，此时卵母细胞的核较大，成为生发泡（Germinal vesicle），并处于静止状态。此时卵母细胞周围包有一层扁平的前颗粒细胞，形成原始卵泡，并由它们形成初级卵泡。此后卵泡进入生长和发育阶段，而卵母细胞在卵泡内生长发育直至成熟排卵。

在性成熟个体的卵巢内，含有不同发育阶段的卵泡，一般将其划分为原始卵泡（Primordial follicle）、初级卵泡、次级卵泡和成熟卵泡 4 个时期。初级卵泡与次级卵泡合称生长卵泡。

原始卵泡由一个处于双线期的初级卵母细胞和其周围的单层扁平的卵泡细胞组成。由原始卵泡发育成初级卵泡不需要激素的调节。初级卵泡为没有卵泡腔之前的生长卵泡，主要变化为透明带形成及各种细胞器开始形成。初级卵泡中的卵母细胞增大，细胞内出现 RNA 与蛋白质的合成。卵泡细胞变成立方形或柱状后，迅速增殖成多层。在卵母细胞与卵泡细胞之间形成一层厚膜，称透明带（Zona pellucida），为凝胶状的糖蛋白复合体。卵母细胞表面的微绒毛和卵泡细胞的突起可伸入透明带内，这有利于卵泡细胞将营养物质输送给卵母细胞。透明带在精子种的识别上及阻止多精入卵均具有重要作用。卵泡细胞继续增殖，卵泡细胞之间的小腔隙逐渐融合成一个较大的卵泡腔，腔内充满卵泡液，内含透明质酸、雌激素和营养物质，这时为次级卵泡。随着卵泡液的不断增多和卵泡腔的不断扩大，卵母细胞及其周围的一些卵泡细胞被挤压至卵泡的一侧，并向卵泡腔突出，称为卵丘，这时为成熟卵泡。其余构成卵壁的卵泡细胞密集排列成数层，称粒层细胞。紧靠透明带的一层柱状卵泡细胞，呈放射状排列，称放射冠。卵泡周围的结缔组织形成两层卵泡膜，内层卵泡膜细胞多，富含毛细血管，内层细胞与卵泡细胞均可分泌雌激素。外层卵泡膜富含纤维。

卵子发生要经过增殖期、生长期和成熟期 3 个发育期。

（1）增殖期：卵原细胞经过一定次数的有丝分裂，从而增加其细胞数量。卵原细胞经多次细胞分裂后，形成初级卵母细胞。

（2）生长期：初级卵母细胞进行生长和发育，同时积累各种营养物质，进行卵质分化和结构建造，合成和贮存胚胎早期发育所需的各类物质。由卵原细胞形成初级卵母细胞，接着细胞核开始出现减数分裂前期染色体的变化。大多数脊椎动物初级卵母细胞的第一次成熟分裂进行到前期的双线期即停止，进入延长的双线期。初级卵母细胞的生长期缓慢，可持续数日至数月，有的可长达数十年。生长期卵母细胞核内的核仁增大和增多，合成活跃，细胞核膨大，胞质中合成并贮存核糖体及各种核糖核酸，线粒体大量增加。这时，初级卵母细胞体积增大。

（3）成熟期：初级卵母细胞完成生长后，要进行两次分裂。第一次分裂为减数分裂，形成一个次级卵母细胞和一个体积很小的第一极体；第二次分裂为有丝分裂，形成一个卵细胞和一个第二极体。

卵子的发生与成熟是伴随着卵泡的成熟而完成的。卵子与精子的结合称为受精，受精过程包括以下步骤：①精子与卵子相遇，两者接触后，精子穿过卵子外层的颗粒细胞层；②精子与卵子的透明带结合，通过顶体反应引起透明带溶解，进入卵子细胞质后引起透明带反应，阻止其他的精子进入；③进入卵子细胞质的精子核激活，同时刺激卵子完成第二次成熟分裂，雄原核、雌原核形成；④两原核融合，形成合子。

爬行动物卵泡的发育过程可分为卵黄形成前期及卵黄形成期。

（1）卵黄形成前期。

在卵母细胞外周，由滤泡细胞包绕，滤泡细胞最终发育成后期的颗粒层。这时，卵母细胞核染色质为粗线期，外周卵泡细胞为单层扁平上皮（龟鳖类、鳄类）或立方上皮（蜥蜴类、蛇类）。卵泡进一步增大，卵泡周围的结缔组织转变为复层的卵泡鞘。蜥蜴类和蛇类早期颗粒层为单层上皮，可见梨状细胞（Pyriform cell）及一些小细胞。卵母细胞的细胞质此时变化不大，仍为均质构造，核内染色质变为点状或细小的纤维状。此后，卵母细胞的细胞质由点状变为短丝状，在中间排列疏松，靠近边缘部分排列紧密；核内染色质变为条状的染色体，核偏位。颗粒层梨状细胞增大，形状更规则，由原来两种细胞构成的单层上皮，变成由梨状细胞、中间细胞及小细胞构成的复层上皮，细胞之间紧密排列。而龟鳖类和鳄鱼类的滤泡细胞自始至终均为单层细胞，只不过由最初的单层扁平上皮细胞变为后来的单层立方上皮细胞。

（2）卵黄形成期。

卵泡发育快速，卵黄之间有一环形的卵黄腔，卵泡鞘内毛细血管增生，颗粒层细胞的解体与卵母细胞的细胞质的浓缩形成了卵黄小板（Yolk platelet），这些卵黄小板形态各异，大致分为3种类型：第1种位于最外层，体积较小，中间具透明物质，外有一层膜包被。第2种的体积较第1种大，靠近第1种小板层，内有一些纤维状物质，有膜包被。第3种靠近中央部分，卵黄小板呈规则的四边形、五边形或六边形，内为均质的致密物质。卵黄小板的发育时序是从第1种到第2种，然后到第3种。龟鳖类的卵黄小板呈圆形，而鳄类的卵黄小板为六边形。

一、龟类的卵子发生

在东部箱龟的大的卵泡之间分布的不规则的生殖嵴中发现有卵原细胞（图 3-3-1）。在 7—8 月，卵原细胞分裂数量最多。当卵原细胞增大时，它们被扁平的基质细胞所包绕，后者以后形成典型的卵泡细胞。在卵母细胞分化时，发育中的卵泡向内移行。随着卵母细胞的生长，胞浆首先出现颗粒，然后以卵黄填充，最后用卵黄体填充。在这个转变中，卵泡显著增大。在秋天，可见不同大小的卵泡，但聚集大量卵黄的卵泡仅见 2～8 个。

在排卵前，透明带是厚的，含有许多条纹和细的卵黄小滴。粒层细胞（Granulosa cells）是致密的和扁平的，覆盖着薄层结缔组织（50～78 μm）。结缔组织的内部包含毛细血管和成纤维细胞，以后为黄体的卵泡膜内膜（Theca interna）的区域。在 5 月下旬或 6 月，排卵后，卵泡转变成不规则形的黄体，长 5～7 mm，宽 2～4 mm。

在新近形成的黄体中，其结缔组织覆盖物分化成卵泡膜内膜和卵泡膜外膜。卵泡膜内膜，宽大约 30 μm，由胶原纤维和网状纤维构成，有丰富的毛细血管和载脂细胞（Lipoid-laden cells），它们不是出现在结缔组织纤维之间就是出现在中央上皮细胞部分和卵泡膜内膜之间（图 3-3-2）。这些细胞称为黄体膜细胞（Theca-lutein cells）。卵泡膜外膜约 150 μm 厚，由胶原纤维和大的血管组成。黄体的中央上皮细胞由大的细胞构成，可能起源于粒层细胞，因此被称为黄体粒层细胞（Granulosa-lutein cells）（图 3-3-3）。这些细胞排列成索状组织（Cord-like groups），宽 150～200 μm。龟的黄体的一个显著特征是在腺体的中央上皮细胞部分缺乏血管分布，毛细血管与粒层黄体细胞无联系。

在黄体细胞中，最多的是黄体粒层细胞，显然它们也是黄体的主要分泌细胞。在这些细胞中未见有丝分裂，但在卵母细胞释放后，它们增大很多。黄体粒层细胞是卵圆形的，约 16 μm × 20 μm（图 3-3-3、图 3-3-4）。常常由于邻近细胞的压缩，它们出现变形，小于正常细胞，细胞核为球形。黄体粒层细胞的胞浆含有细的嗜锇性物质，在其中可发现杆状的线粒体，这些小体长约 1.5 μm，呈弯曲形态。

黄体膜细胞比黄体粒层细胞少，但它们更显眼，这是源于它们的分布、大小及染色反应。它们通常以 1～5 个细胞的群体被发现，位于卵泡膜内膜的内缘（图 3-3-2）。它们单独出现或以 2 组或 3 组的形式出现，包埋在卵泡膜内膜中，在少数情况下，出现在卵泡膜外膜。黄体膜细胞卵圆形，当没被其他细胞或围绕的结缔组织压缩时，它们的大小约 21 μm × 26 μm。当位于卵泡膜内膜时，它们长 7～17 μm，宽 5～10 μm。所有的黄体膜细胞的胞浆均被大的、直径约 9 μm 的脂质小滴所充满，没有线粒体和高尔基体。

在黄体细胞中，含有脂质物质的黄体仅在 6 月和 7 月初出现，这时在输卵管中可见卵。黄体细胞闭锁的早期阶段可以通过脂滴的丧失及位于腺体中央部位的黄体粒层细胞的收缩来区分。当这个过程继续的时候，中央区域被来自卵泡膜内膜的毛细血管、余留的黄体细胞及空泡化的区域所填充。当黄体组织被吞噬时，它们逐渐收缩，核固缩，染色体降解，最后，黄体粒层组织消失（图3-3-5）。所有粒层物质消失后，结缔组织仍保留，但在夏天，它们也逐渐与卵巢结缔组织覆盖物融合在一起。

卵泡闭锁常出现在8月。这一退化特征是小的粒层细胞被巨细胞消除。巨细胞长约155 μm，宽约100 μm，它们侵入卵泡的中心部位（图3-3-6）。这些巨细胞的来源不清楚。巨细胞溶解、消化和排除卵泡的卵黄内容物，当这个过程继续进行时，这些巨细胞占据余留卵泡的中央部位的2/3。来自卵泡膜内膜的毛细血管和结缔组织朝内移动，当物质被吸收后，卵泡逐渐变小，覆盖的膜松弛，大大地变厚。最后，剩余组织与卵巢组织融合在一起。

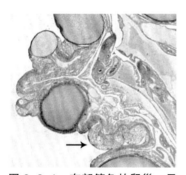

图 3-3-1 东部箱龟的卵巢，示生殖嵴（→）

（引自 Altland，1951）

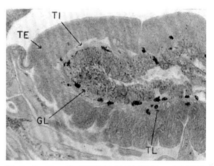

图 3-3-2 东部箱龟的腺黄体，示卵泡膜内膜（TI）、卵泡膜外膜（TE）、黄体粒层细胞（GL）和黄体膜细胞（TL）

（引自 Altland，1951）

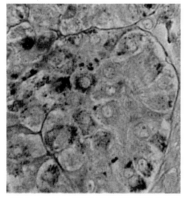

图 3-3-3 东部箱龟的黄体粒层细胞，有结缔组织

（引自 Altland，1951）

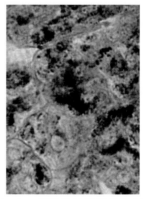

图 3-3-4 东部箱龟的黄体粒层细胞，示嗜锇小滴包绕

（引自 Altland，1951）

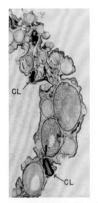

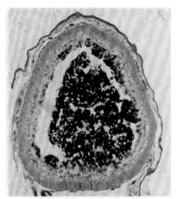

图 3-3-5　东部箱龟的卵巢，示
退化的黄体（CL）
（引自 Altland，1951）

图 3-3-6　退化的卵泡
（引自 Altland，1951）

二、鳖类的卵子发生

根据中华鳖卵黄形成特点将其卵子发生过程分为卵黄发生前期和卵黄发生期，又根据滤泡细胞以及透明带等结构的特点将卵子发生细分为 10 期。

（1）卵黄发生前期。

第Ⅰ期：卵细胞开始生长，细胞质均匀透明，卵黄核（亦称巴尔尼氏卵黄体 Balbian's vitelline body，指在各种多细胞动物的卵细胞里，特别是在多黄卵母细胞的细胞质中，呈球形或形状不规则的嗜碱性部分。在卵母细胞生长到一定阶段时，卵黄核即分散和消失）很小，嗜碱性，卵圆形，靠近核膜。细胞核处于第一次减数分裂的双线期，为纤丝状的染色质，核仁单一且浓染。每个卵细胞周围均有少量扁平滤泡细胞，但未形成完整的滤泡细胞层。

第Ⅱ期：卵细胞圆形或椭圆形，体积增大，但核质比变小。细胞质淡染并含细小的纤维或颗粒样结构。中央的球形细胞核内出现灯刷染色体，卵黄核明显位于卵核一侧。包围卵细胞的扁平滤泡细胞数量增多，但仍未形成完整的滤泡上皮。

第Ⅲ期：在卵细胞中，嗜碱性的细胞质由细小的颗粒构成。卵黄核比前一阶段着色浅，细胞核偏心，属于外周核，即许多核仁分布在核膜周围，核内灯刷染色体更明显。滤泡细胞为单层扁平上皮，并完整地包围在卵子表面，形成颗粒层。在颗粒层外面是一薄层的成纤维细胞层，以后成为卵泡鞘。

第Ⅳ期：卵细胞的形态相似于前一阶段，但卵黄核消失。透明带位于卵细胞外周，很薄。颗粒层细胞由单层扁平上皮细胞变成单层立方上皮细胞，细胞核圆形，位于细胞的中央。原始的成纤维细胞卵泡鞘已经形成。

第Ⅴ期：此阶段卵细胞和粒层细胞没有明显变化，而透明带变厚，且分化为两层，内层为垂直于卵膜的梳子状（放射层），外层为均质透明的带状。PAS 反应为强阳性。

（2）卵黄发生期。

第Ⅵ期：在卵黄发生的初期，卵细胞外周的细胞质包有微小的颗粒，靠近外层由小空泡形成一条带，空泡的数量在靠近中央处逐渐增多，与此同时，外周小泡包围的细小颗粒也增多。粒层细胞由一层单层立方上皮细胞构成，细胞核位于中央。卵泡鞘发育良好，并存在小的窦腔。

第Ⅶ期：卵细胞外周的细胞质有很多细小的嗜酸性颗粒，其余部位的细胞质大多呈空泡状，空泡直径要比第Ⅵ期的大很多，包有一个或多个嗜酸性卵黄小球。粒层细胞还是单层立方上皮细胞。透明带的厚度增加，且拥有明显的放射层和透明层。与前几个卵黄发生阶段相似，卵泡鞘和大的腔隙平行地排列在卵泡外周。

第Ⅷ期：卵细胞直径很大，若干个卵黄小球构成一个卵黄小板。根据卵黄小板的大小可将卵黄小板的分布分成 3 个环形区域：区域 1 在外周，卵黄小板很小；区域 2 位于中间，卵黄小板较大；区域 3 靠近细胞核，卵黄小板又变小。粒层细胞是单层立方上皮细胞，卵泡鞘有大的血管、丰富的胶原纤维及扁平的腔隙。

第Ⅸ期：卵细胞中较大的卵黄小板充满整个细胞质。卵黄小板呈球形，包含许多不同大小的透明卵黄小球。卵细胞中央的卵黄小板的直径大于外周的卵黄小板的直径。粒层细胞恢复为单层扁平上皮细胞，透明带和卵泡鞘无明显变化。

第Ⅹ期：卵细胞处于排卵前期。卵黄小板的直径仍在增大。这些卵黄小板均质、透明和嗜酸性强。与前几个阶段相似，中央卵黄小板大于外周的卵黄小板。粒层细胞为单层扁平上皮细胞。卵泡鞘急剧加厚，且分层明显，由网状的成纤维细胞、胶原纤维、腔隙及平滑肌组成。

第四节　精子发生

一、龟鳖精子的形态结构

（一）龟类精子的形态结构

龟类的精子形似蚯蚓，可分为头部、连接段、中段、主段和末段 5 个部分（在哺乳动物中，精子的结构常分为头部和尾部两部分。尾部又可分为颈段、中段、主段和末段）。龟类精子的特征是：①具有覆盖在核前端上面的顶体复合体（Acrosomal complex）。顶体复合体（简称顶体）由顶体帽（Acrosomal cap）和顶体帽下面的顶体下锥构成；②具有围绕核基部的连接领（Connecting collar）；③具有近端中心粒和远端中心粒；④具有外面包裹 7～8 层板层膜的不寻常的球形线粒体。

Hess 等（1991）对西部锦龟的精子进行了超微结构的研究。结果显示，西部锦龟的精子是长形的（50～55 μm）和狭窄的（最宽处 0.9 μm），蚯蚓状。

1. 头部

头部弯曲且尖细（图 3-4-1），长 11～12 μm，最大宽度 0.9 μm。顶体帽前端 1/3 尖细，具有致密的和匀质的基质，基质以薄层向后连续，覆盖在顶体下锥和核前端的突出部分上面（图 3-4-2）。

顶体膜与其下面的质膜有一空隙。在顶体的后缘，质膜与核膜的表面密切接触并连在一起，从而关闭了头部前端质膜下的空隙。在顶体下面的区域，一个薄层的空隙把顶体帽和顶体下锥分开（图 3-4-3）。

顶体下锥含两种成分：①有一层薄膜覆盖的、由 2～3 个电子致密的杆状物构成的中央核心。②覆盖在核前部表面的颗粒性物质。电子致密的杆状物与核内小管相连接。核的顶端终止于顶体下锥的杆状物与核小管相接处。

精子核含有深度染色的、由一层黏连膜所包绕的染色质（图 3-4-2）。由核膜包裹的、直径 55 μm 的 2 条或偶然 3 条小管，从核的中央延伸出来，其延伸长度接近核长度的 3/4。在前端，这些小管含有一个致密的、呈三角形的核心，但在后端，其内部为电子透明。

2. 连接段

连接段为核陷窝后与近端中心粒之间的一段。在连接段，一个具有交叉条纹的连接片终止在核尾端的凹陷的植入窝（Implantation fossa）（核陷窝）中（图 3-4-4、图 3-4-5）。一个具有细密纹理的无定形物质的连接领嵌入第一个线粒体和核的基底部之间（图 3-4-5）。这些物质向侧面和向上伸展，形成围绕核的圆周领（图 3-4-5）。当精子在适当定位后进行切片时，可见一个垂直于远端中心体的近端中心体插入连接片的凹陷中（图 3-4-4）。

3. 中段

中段由近端中心体和远端中心体构成，它们由线粒体所包绕（图 3-4-5）。在扫描电镜下，膨胀的球形线粒体是很明显的。一个界限清楚的环面（Annulus）（终环）把中段和尾部区分开来。

中心体由外周的 9 组三联体微管和中央的 2 条单一微管构成，以针轮方式（Pinwheel fashion）排列，由致密物质包裹。三联体微管向尾部伸展至中段的 2/3。在中段的前部，一个致密的基质形成一个围绕远端中心体的环，并渗入微管之间的间隙。沿着中心体向尾部运动，从这个外部致密基质中发射出放射幅，形成三联体微管组与组之间的空隙来连接围绕在 2 条中央微管中的致密物质。在向远端的延伸中，可出现放射幅的解体。最后，仅有致密物质的残余物黏附在外面的 9 组二联体微管和中央的单一微管上。

龟精子的线粒体呈球形，有 5 排，每排 10 个。每个精子总共有 50 个线粒体。它们具有一个不寻常的结构，中心由厚壁的管状嵴构成。围绕线粒体中心的是 7～8 层脂质双层的同心层膜。同心层膜优先与柠檬酸铅结合，导致在层与层之间出现一个清晰的间隙。中段的质膜可直接与线粒体接触，或通过一薄层胞浆与它们隔开。

4. 主段

主段由质膜、纤维鞘和轴丝复合体（Axonemal complex）构成。轴丝复合体由数层具有圆形纤维的致密颗粒物质所包裹。靠近终环，这些纤维的直径是 24 μm，有几层。但接近末段时，它们变为 1 层。在主段的开始部分，具有被质膜所覆盖的、围绕着圆形纤维的有细密纹理的物质，但这些物质终止在末段的开始部位。在此处，轴丝复合体仅由质膜所包绕。

5. 末段

末段位于尾部最末端。微管的中心是透明的，最终，它们的轴丝结构也消失。有些仅含单一的 20 条微管。

图 3-4-1　西部锦龟精子的超微结构，示顶体、核和线粒体

（引自 Hess 等，1991）

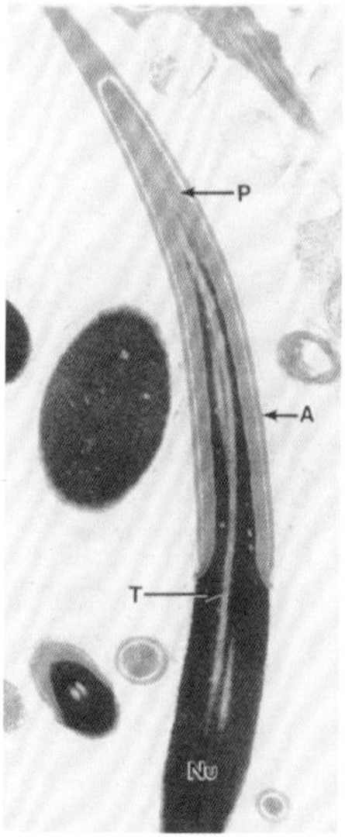

图 3-4-2　顶体帽（A）、顶体下锥（P）和核内小管（T）。核内小管是扭形的

（引自 Hess 等，1991）

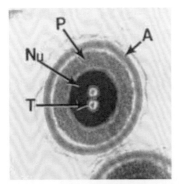

图 3-4-3　精子头部的横切面，示顶体帽（A）、顶体下锥（P）的颗粒性物质、核（Nu）和核内小管（T）

（引自 Hess 等，1991）

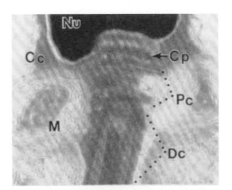

图 3-4-4　精子的颈部区域，示近端中心粒（Pc）、连接片（Cp）、连接领（Cc）、远端中心粒（Dc）、线粒体（M）和核（Nu）

（引自 Hess 等，1991）

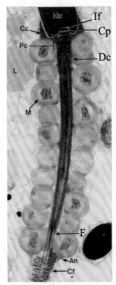

图 3-4-5　精子中段的纵切面，核（Nu）的基部形成植入窝（If），窝内有连接片（Cp）。连接领（Cc）围绕着核，连接领中的致密物质与近端中心粒（Pc）及远端中心粒（Dc）的致密物质相延续。球形和分层的线粒体（M）围绕中心粒排列。轴丝的外致密纤维（F）延续远端中心粒的致密区域。尾部的主段含有环形纤维鞘（Cf）。纤维鞘与线粒体的连接处可见环面（An）。精子旁边可见脂肪小滴（L）

（引自 Hess 等，1991）

乌龟精子的形态结构与西部锦龟相似，其头部也含有顶体复合体。线粒体鞘由 48～54 个线粒体组成。

（二）鳖类精子的形态结构

鳖类精子的形态结构相似于龟类的精子，均由头部、连接段、中段、主段和末段组成。头部细长弯曲似蚯蚓，由精子的细胞核和顶体复合体等构成。顶体复合体由顶体帽和顶体下锥组成。连接段构成头部和中段之间的区域。中段主要由近端中心粒、远端中心粒、线粒体鞘及终环等构成。主段由轴丝复合体、环行纤维鞘和细胞膜等构成。末段很短，环行纤维鞘消失。

二、龟鳖的精子发生

精子发生（Spermatogenesis）是指精原细胞（Spermatogonium）经过一系列的分裂、增殖、分化和变形，最终形成完整精子（Spermatozoon）的过程。精子起源于原始生殖细胞（Primordial germ cells，PGCs）。原始生殖细胞迁移到早期的性腺——生殖嵴（Genital ridge），在那里进行一段时间的有丝分裂繁殖，然后部分细胞进入减数分裂，并进一步分化为成熟的精子。睾丸是精子发生的场所，其间质组织中最重要的细胞是睾丸间质细胞（Leydig cell），可合成睾酮。此外，睾丸间质中还有免疫细胞、血管、淋巴管、神经、纤维组织和疏松结缔组织。睾丸外由一层囊膜包裹，囊膜为致密的结缔组织，囊膜向内延伸把睾丸分割为多个分隔间，分隔间充满了弯曲的上皮性管道，称为曲细精管（Seminiferous tubule），精子发生主要在此进行。曲细精管周边为一结缔组织薄层，由弹性纤维及一些平滑肌细胞构成。管壁由两类细胞组成：支持细胞（Sertoli cells）及各期的生精细胞（Spermatogenic cells）。

支持细胞比生精细胞大很多，不再分裂，附着于生精上皮的基底层，并穿过生精细胞间伸向管腔，为精子发生提供了一个合适的环境。支持细胞间存在着多种连接形式，其中的紧密或闭缩连接（Occluding junction）是血睾屏障（Blood-testis barrier）的结构成分。血睾屏障具有两个重要的功能：①隔离精子使其避免免疫系统的识别；②提供减数分裂和精子发生的特殊环境。

生精上皮（Spermatogenic epithelium 或 Serminiferous epithelium）由支持细胞及不同发育阶段的生精细胞构成。在哺乳动物，生精细胞可分为以下几个阶段：原始 A 型精原细胞（Primitive type A spermatogonium）、A 型精原细胞（Type A spermatogonium）、B 型精原细胞（Type B spermatogonium）、初级精母细胞（Primary spermatocyte）、次级精母细胞（Secondary spermatocyte）、圆形精子细胞（Round spermatid）、浓缩期精子细胞（Condensing spermatid）及精子（Spermatozoon）。初级精母细胞又分为前细线期精母细胞（Preleptotene spermatocyte）、细线期精母细胞（Leptotene spermatocyte）、偶线期精母细胞（Zygotene spermatocyte）和粗线期精母细胞（Pachytene spermatocyte）。

精子发育成熟释放到曲细精管管腔的过程称为精子释放。在曲细精管中形成的精子并没有完全成熟，需要进入附睾，在附睾管运行过程中，吸收多种物质，发生一系列形态、生理和生化方面的变化，完成成熟过程，形成具有一定活力的精子。

精子核的主要特征是其高度浓缩的核物质，由 DNA 和蛋白质组成。精子核体积远小于体细胞的细胞核。在通常的情况下，核的形状与头部的形状一致。

精子顶体（Acrosome）是由高尔基体形成的。精子细胞的高尔基体首先产生许多小液泡，然后这些小液泡融合变大，形成一个大液泡，称为顶体囊。顶体囊内含一个大的颗粒，称为顶体颗粒（Acrosomal granule）。然后由于液泡失去液体，致使液泡壁靠近核的前半部，形成双层膜，称为顶体帽，内有一个顶体颗粒。此后顶体颗粒物质分散于整个顶体帽中，这就是顶体，含多种水解酶。

在精子形成过程中，精细胞的线粒体体积变小和伸长，并迁移至中段，围绕中央轴丝形成螺旋状排列的线粒体鞘。在不同物种中，线粒体鞘的形态有很大差别。

在精子形成的早期，两个中心粒移至核的后方，当核的后端表面形成一个凹陷时，一个中心粒恰好位于凹陷之中，称为近端中心粒。它与精子长轴呈横向排列。另一个称为远端中心粒，位于近端中心粒的后方，它的长轴平行于精子长轴，由它产生精子尾部的中央轴丝。哺乳类动物的远端中心粒在颈段发育完成后，最终消失。有些哺乳类动物的近端中心粒在精子成形后也会丧失。

构成鞭毛型精子尾部的基本细胞器是中央轴丝，其外周还有致密的纤维和纤维鞘，这种粗大的纤维从精子中段起始，并不完全到达尾的末端。

精子细胞的大部分细胞质，在精子形成过程中成为残体（Residual bodies）而被抛弃。当细胞核前端形成顶体时，细胞质向后方移动，仅留下一薄层细胞质与质膜覆盖在细胞核上。当尾部的后端生长时，细胞质的大部分附着在精子中段。当线粒体围绕着轴丝时，该处的细胞质和高尔基体成为残余胞质而被抛弃，仅剩下一薄层细胞质包围着中断的线粒体。

（一）龟类的精子发生

Sprando 等（1988）和 Gribbins 等（2003）对红耳彩龟的精子发生进行了研究。红耳彩龟的精子发生始于 6 月和 7 月初，精原细胞位于生精上皮的基底部。大部分精原细胞在 7 月经历减数分裂，不进入减数分裂的精原细胞为休眠期精原细胞（Resting spermatogonia）。

在精子发生的早期阶段，在顶体囊形成期间，刚形成的圆形的精细胞的球形核位于细胞中央（图 3-4-6）。当顶体囊沿着胞浆膜变成扁平时，大多数精细胞的核开始偏离中央（图 3-4-7）。到核开始伸长和染色质开始浓缩时，核显著地偏离中央。当染色质浓缩和核伸长进行时，精细胞嵌入支持细胞内，在那里，大量的精细胞的胞浆出现在核的无顶体部位和原始鞭毛的侧面（图 3-4-8）。支持细胞中薄片状或指状的突起，称为渗透突（Penetrating processes），插入精细胞之间。它们围绕和分割精细胞的胞浆（图 3-4-9）。被分割的胞浆球或胞浆小袋常含有相似于在老鼠中发现的放射体（Radial bodies）的结构（图 3-4-10、图 3-4-11）。胞浆小袋从伸长的精细胞中分离（图 3-4-

10），然后被支持细胞包住和吞噬。直到精子发生的晚期，仍可见到在精细胞胞浆中的渗透突。伸长形精细胞的胞浆比圆形精细胞的胞浆更加浓缩，含有中等数量的脂质小滴，线粒体沿着精细胞头部的尾端出现聚集（图3-4-11）。

当精子形成开始进行时，精细胞从支持细胞的深部隐窝中逐渐转移到靠近管腔的部位。当这种情况发生时，胞浆朝前移动，形成胞浆兜帽（图3-4-12），它像一个延伸的衣领，盖在精细胞的头部上面。通过支持细胞含有的特化外质的突起，兜帽与精细胞的头部分离。胞浆中的兜帽没有覆盖精细胞的整体，仅从精细胞的中间或2/3处向前延伸（图3-4-13）。胞浆朝前移动时，兜帽在一边增大，形成叶状结构，称为胞浆叶（Cytoplasmic lobe）（图3-4-14）。胞浆叶通过胞浆茎连接到与头部紧密相连的含脂质少的胞浆中（图3-4-14）。随后，精细胞朝着曲细精管的管腔逐渐转移，胞浆叶则相对固定保留在原位（图3-4-14）。

当胞浆茎被切断后，脱离的胞浆叶形成大的残余体（直径2～4 μm）（图3-4-15）。还可见其他中等大小的胞浆叶从精细胞头部富含脂质的胞浆中突出来。许多中等大小的残余体（1～2 μm）从精细胞中分离出来。在大的残余体形成后不久，许多小的、富含线粒体的残余体（0.5～1 μm）也出现，它们自由地在管腔的边缘漂浮。镜下观察提示，这些富含线粒体的残余体从精细胞接近富含脂质的头部区域首先突出，随后出芽（图3-4-16）。富含线粒体的小的胞浆碎片显然从中等大小的残余体中出芽形成。排出的残余体由支持细胞包围和吞噬（图3-4-17、图3-4-18）。快要从支持细胞释放出来的精子的头部区域含有清晰的小囊泡和脂质（图3-4-19）。

精子的细胞总量与刚形成的圆的精细胞相比，减少79%。其中核物质减少84%，胞浆物质减少78%。

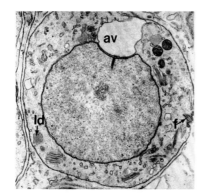

图3-4-6　刚形成的精细胞通常是圆形的，核位于中央，具有顶体囊（av）、脂质小滴（ld）和发育中的鞭毛（f）

（引自Sprando等，1988）

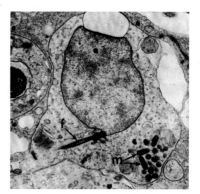

图3-4-7　在核延伸开始后，精细胞内的核偏离中心位置，顶体囊稍微变扁。在靠近鞭毛（f）处，细胞尾部的胞浆在核的侧面含成群的线粒体（m）

（引自Sprando等，1988）

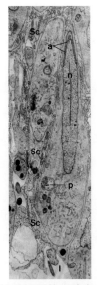

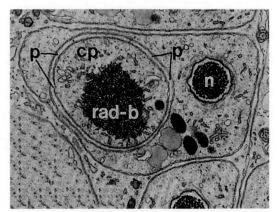

图 3-4-8　当核继续延伸和染色质进行浓缩时，精细胞中的顶体（a）变扁来适应核（n）顶端的形态，并进入支持细胞（Sc）的深部隐窝内。精细胞的胞浆在核的旁边，大部分位于接近曲细精管管腔（l）的尾部区域。在胞浆中可见渗透突（p）

（引自 Sprando 等，1988）

图 3-4-9　支持细胞的渗透突（p）分割一个延伸精细胞的胞浆，显然将精细胞核（n）附近的胞浆分割成小球。膜围起来的胞浆球或胞浆小袋（cp）中含有一个相似于哺乳动物的放射体（rad-b）结构

（引自 Sprando 等，1988）

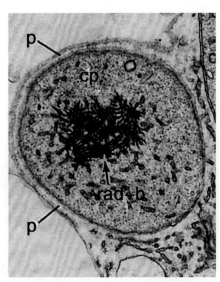

图 3-4-10　胞浆小袋（cp）常独立于精细胞，常嵌入支持细胞的薄片状的突起（p）中。在胞浆小袋中有类放射体（rad-b）结构

（引自 Sprando 等，1988）

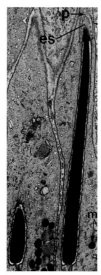

图 3-4-11　精细胞的纵切面。核进一步延伸，染色质进一步浓缩。胞浆朝前移动，围绕顶体区域形成兜帽或领状结构。围绕精细胞头部顶体区的支持细胞突起（p）含有特化的外质（es）。在精细胞头部尾端的侧面，可见脂质和线粒体（m）

（引自 Sprando 等，1988）

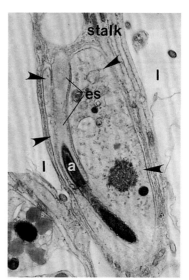

图 3-4-12　胞浆兜帽（➤）从没有顶体的区域朝前伸展。领状物围绕头部的顶体（a）区，含有特化外质（es）的支持细胞突插入其间。支持细胞突连接到精细胞，延伸进小管腔（l）的顶茎（stalk）中

（引自 Sprando 等，1988）

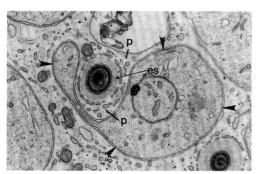

图 3-4-13　精子头部前面的横切面，示胞浆兜帽（➤）和插入的含有特化外质（es）的支持细胞突（p）

（引自 Sprando 等，1988）

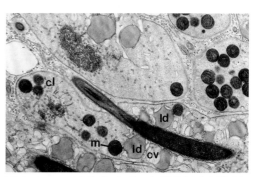

图 3-4-14　示胞浆叶（cl）朝精子头部伸展，脂质小滴（ld）和清晰的空泡（cv）沿着头部的顶体后区域排列，偶然可见线粒体（m）

（引自 Sprando 等，1988）

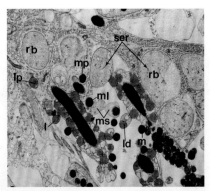

图 3-4-15　胞浆叶从精细胞的头部分离，形成一个大的残余体（rb）。残余体除了含有少量的滑面内质网（ser）外，一般不含其他的细胞器，也可见中等大小的残余体（ms）。从富脂胞浆突出的线粒体（m）和脂质（ld）包围着精细胞的头部。在曲细精管的管腔中，也可见线粒体（ml）和一些脂质（l）自由地漂浮在其中，而且一些线粒体（mp）和脂质（lp）被支持细胞吞噬

（引自 Sprando 等，1988）

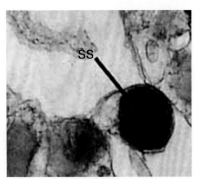

图 3-4-16　示线粒体（ss）出芽

（引自 Sprando 等，1988）

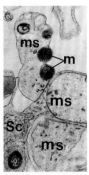

图 3-4-17　中等大小的残余体（ms）从精子中释放出来后，被支持细胞（Sc）吞噬。一些残余体包含线粒体（m）

（引自 Sprando 等，1988）

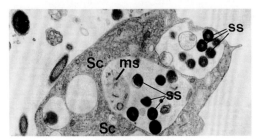

图 3-4-18　在线粒体中富含成束的小型残余体（ss），中等大小的残余体（ms）已被支持细胞（Sc）吞噬

（引自 Sprando 等，1988）

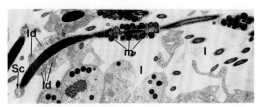

图 3-4-19　接近释放进入管腔（l）内的精子大部分无胞浆，但有中部的线粒体（m）和沿着头部的脂质小体（ld）。在精细胞头部和支持细胞（Sc）之间的唯一接触点是精细胞头部的顶端

（引自 Sprando 等，1988）

红耳彩龟精子发生中各期生殖细胞的特征和变化如下：

1. 减数分裂前的细胞

在红耳彩龟的生精上皮中存在着 3 种类型的精原细胞：休眠期精原细胞、A 型精原细胞 （Type A spermatogonia） 和 B 型精原细胞 （Type B spermatogonia）。

（1）休眠期精原细胞。

休眠期精原细胞靠近生精上皮的基底部，很少经历有丝分裂，整年中均可观察到，但在 9—10 月数量最多。在精原细胞中，休眠期精原细胞最小，其细胞核呈卵圆形，没有核仁，比 A 型精原细胞和 B 型精原细胞染色更深 （图 3-4-20）。

（2）A 型精原细胞。

A 型精原细胞在 5 月出现，持续到 7 月。比休眠期精原细胞稍大，含有 1 个或更多的清晰的核仁。细胞呈卵圆形，表面扁平，直接位于基底膜上 （图 3-4-21）。

（3）B 型精原细胞。

B 型精原细胞比休眠期精原细胞稍大，但其细胞核是圆形的，含有 1 个或 2 个清晰的核仁。B 型精原细胞出现在 6—8 月。在精原细胞增殖期，通过有丝分裂，在基底膜上产生大量的 B 型精原细胞，可排列成 5～6 层 （图 3-4-22）。

2. 减数分裂细胞

减数分裂细胞特征是：核和细胞质增大，核中的染色质逐渐浓缩为可区分的染色体。B 型精原细胞经历有丝分裂，在 6 月底和 8 月初之间，进入减数分裂 Ⅰ 的早期。

（1）前细线期精母细胞。

前细线期精母细胞 （Preleptotene spermatocyte）（图 3-4-23）在 6 月底出现，持续至 8 月，在 7 月数量最多。细胞核中具有清晰的核仁和纤细的颗粒状染色质。前细线期精母细胞以及第 1 期精细胞 （Step 1 spermatids） 是在生精上皮内最小的生殖细胞。这样，在生精上皮的基部，前细线期精母细胞与比它大的 B 型精原细胞很容易区分开来。

（2）细线期精母细胞。

细线期精母细胞 （Leptotene spermatocyte）（图 3-4-24）比前细线期精母细胞稍大且染色更深，细丝状的染色质纤维在核中聚集成团。它们在 7 月初出现，持续至 9 月，构成 8 月份生精上皮中初级精母细胞 （Primary spermatocyte） 群的主要部分。

（3）偶线期精母细胞。

偶线期精母细胞 （Zygotene spermatocyte）（图 3-4-25）在龟的生精上皮中罕见。它们的特征是细胞稍微增大和在核内有厚的细丝状染色质纤维。

（4）粗线期精母细胞。

粗线期精母细胞 （Pachytene spermatocyte）（图 3-4-26）首先在 7 月中旬出现，然后

保留在生精上皮中直到9月底。这些生殖细胞增大很多，其细胞核含有变粗的染色质。在精子发生期间，在生精上皮中看到最多的减数分裂生殖细胞就是粗线期精母细胞。

（5）终变期精母细胞、中期Ⅰ细胞、中期Ⅱ细胞和次级精母细胞。

终变期精母细胞（Diakinesis spermatocyte）（图3-4-27）、中期Ⅰ细胞（Metaphase Ⅰ）、中期Ⅱ细胞（Metaphase Ⅱ）和次级精母细胞（Secondary spermatocyte）（图3-4-28）是8—10月占优势的细胞。这4种过渡型的生殖细胞通常在生精上皮中一起出现，但它们出现的频率很低。终变期精母细胞的特征是具有粗的、充分浓缩的染色体，其核膜消失，染色体环形排列。中期Ⅰ细胞含有一丛致密的染色体，位于赤道板上。中期Ⅱ细胞与中期Ⅰ细胞的区别只是大小和在赤道板上排列的染色体数量。当与中期Ⅰ细胞相比时，中期Ⅱ细胞小很多且大约只有一半的染色体。次级精母细胞随机分布于中期Ⅰ细胞和中期Ⅱ细胞之间，其染色较浅，核位于中央。

3.精子形成细胞

基于Russell等（1990）对哺乳动物的术语和包括顶体系统的发育、核的延长及染色质的浓缩，精子形成（Spermiogenesis）可分为8个时期。

（1）第1期精细胞。

第1期精细胞（Step 1 spermatids）的出现标志着精子形成的开始。这期精细胞的特征是细胞小，高尔基带（Golgi zone）（早期发育的顶体系统）浅染，并排列于核表面。其细胞核为球形，位于中央，含有1个或更多的染色质体（Chromatin bodies）。从7月初到8月底，这期精细胞很丰富。

（2）第2期精细胞。

第2期精细胞（Step 2 spermatids）（图3-4-29）的特征是具有一个与核膜直接接触的顶体囊。通过顶体囊的切片可见明显PAS$^+$的、位于囊中央的顶体颗粒。第2期精细胞常与第6期精细胞一起出现，这可以帮助鉴定当突出的顶体颗粒不出现在顶体囊时的第2期精细胞。这期精细胞是最常见的圆形精细胞。它们从7月初到10月均能在生精上皮中被观察到，在8月份最丰富。

（3）第3期精细胞。

第3期精细胞（Step 3 spermatids）（图3-4-30）常与第2期精细胞同时出现。在它们发育的早期，一个极度延伸的顶体囊和有点卵圆形的核是第3期精细胞的特征。核和顶体的变形改变了生殖细胞的形态，使得很容易区分出第3期和第2期的精细胞。当存在顶体颗粒时，它们在延长的顶体囊内从中心位置转移到更为接近基部的位置，顶体囊的基部直接与核的顶端相接触。当第3期精细胞经过一段时间的发育后，在核顶端表面的顶体囊变得扁平和变宽。在顶体囊发育的后期，它们常使精子核的顶端变扁。

（4）第4期精细胞。

第4期精细胞（Step 4 spermatids）（图3-4-31）是一个临时的阶段，从圆形精细胞变成长圆形精细胞，它们的核是不规则的。核在其顶端部分开始延伸，因此，其直径比核的基部小很多。此外，顶体囊进一步变宽，进一步使核的顶端变扁。第4期至第8期精细胞从8月中旬出现，一直持续到11月中旬。

（5）第5期精细胞。

因为核的头部的进一步延长和在核顶端上面的顶体系统的扩展，第5期精细胞（Step 5 spermatids）（图3-4-32）与第4期精细胞相比，其外形更为管状化。而且，第5期精细胞的顶体囊在核的顶端上面进一步扩展，进而包裹核的顶端部分。

（6）第6期精细胞。

第6期精细胞（Step 6 spermatids）（图3-4-33）进一步伸长，比第5期精细胞长很多。顶体囊已发育成顶体，顶体包裹和覆盖核顶端的大部分。发育后期的第6期精细胞代表核延伸的终止，核的头部已达到它的最大长度30 μm或更长。

（7）第7期精细胞和第8期精细胞。

第7期精细胞（Step 7 spermatids）（图3-4-34）和第8期精细胞（Step 8 spermatids）（图3-4-35）的核进一步浓缩，已出现胞浆排除（Cytoplasmic elimination）。在这两期精细胞中，常见延伸进管腔中的鞭毛。这两期精细胞的核染色更深，它们的胞浆被排除。由于核的浓缩，第7期和第8期精细胞的直径和长度减小。同时，每一个精子核从其中间部分到顶端部分变得稍微有点弯曲。一旦第8期精细胞完成精子形成过程，它们作为成熟的精子被释放出来（图3-4-36）。到10月底，成熟的精子构成主要的生殖细胞群体。

在龟的生精上皮中，唯一的其他类型的细胞是支持细胞，它具有一个三角形的核。在整个精子发生期间，均可见到它们，因此，是曲细精管的永久成分。支持细胞位于曲细精管的外周，通常有1个或更多的清晰的核仁。

4. 生精上皮的季节性发育

精子发生开始于6月。在6月初，生殖细胞群体的主要部分是精原细胞（大部分是A型精原细胞，少数为B型精原细胞）和少数大的、分散的肥大细胞（Hypertrophic cells），这是残余的生殖细胞。在这时，仅有少数的减数分裂细胞（前细线期和细线期）出现（图3-4-37）。

到7月，大部分的A型精原细胞已分化成B型精原细胞（图3-4-38）。许多B型精原细胞已分裂形成细线前期精母细胞，这些细胞随后将进入减数分裂。少数的前细线期精母细胞已发育至细线期精母细胞。虽然有很多发育中的减数分裂细胞和精子形成细胞（Spermiogenic cells）出现在曲细精管中，但它们仅构成全部生殖细胞群体中的一小部分。

A型和B型精原细胞、前细线期精母细胞和细线期精母细胞构成生殖细胞群的主体。曲细精管的平均直径在6月份为140 μm，到7月份增至220 μm。

在8月的曲细精管中，处于有丝分裂和减数分裂期的精子形成大部分已完成（图3-4-39）。精原细胞群体显著下降，大部分的生殖细胞是休眠期精原细胞。此时，第1～4期圆形的精细胞构成生殖细胞群体的主体部分，它们分散在第6～7期精细胞之间。在晚夏，在龟的生精上皮中，可发现3～4个精细胞发育期同时出现。曲细精管继续增大，其直径平均为250 μm。

在9月，曲细精管中的大部分精细胞已发育到第6～8期（图3-4-40）。这些不同期的长形精细胞常以同心层的形式排列成束，并延伸至基底膜。它们从第6～8期有序地排列，第6～7期精细胞靠近基部，而第8期和偶然成熟的精子则靠近管腔。虽然大部分生殖细胞层状排列，但也有圆形的精细胞在生精上皮的基底部分散排列。随着发育的进行，各期精原细胞在生精上皮中消失，只剩下休眠期精原细胞。在曲细精管中只能看到少量的晚期粗线期精母细胞及双线期精母细胞等处于减数分裂期的细胞。这时，曲细精管的直径平均为300 μm。

到10月底，在曲细精管中的大多数生殖细胞群完成了精子发生过程（图3-4-41），曲细精管内最常见的生殖细胞是第7～8期的精细胞。在10月，龟睾丸中曲细精管的平均直径达到最大值，为320 μm或更大（约为6月曲细精管的2倍）。休眠期精原细胞、A型精细胞及B型精细胞构成与基底膜密切相连的单层细胞。

在11月初，睾丸曲细精管中的主要生殖细胞是成熟的精子（图3-4-42）。每一条曲细精管的管腔中均充满了成熟的精子。休眠期精原细胞、A型精原细胞和B型精原细胞仍以单层的形式排列在生精上皮的基底膜上。

在12月，睾丸生殖上皮中已无精子，但具有许多肥大的生殖细胞（图3-4-43）。在生精上皮内可见巨细胞，其形态相似于大的巨噬细胞。每一条曲细精管的管腔均非常小或闭合。精子从曲细精管排入附睾，导致曲细精管的平均直径减小，接近6月的曲细精管的平均直径（150 μm）。

在红耳彩龟睾丸的生精上皮中，生殖细胞为同轴分层排列，至少出现3层不同的生殖细胞（靠近曲细精管基底膜的精原细胞，中间的精母细胞和靠近曲细精管管腔的精细胞）。精原细胞的增殖在很短的时间（30～60天）内发生。随后的减数分裂和成熟事件在90天内完成。

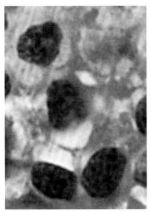

图 3-4-20　休眠期精原细胞
（引自 Gribbins 等，2003）

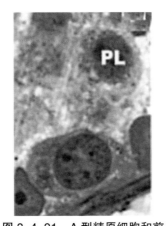

图 3-4-21　A 型精原细胞和前
细线期精母细胞（PL）
（引自 Gribbins 等，2003）

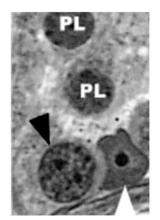

图 3-4-22　B 型精原细胞（黑
▶）、前细线期精母细胞（PL）
和支持细胞的细胞核（白 ▶）
（引自 Gribbins 等，2003）

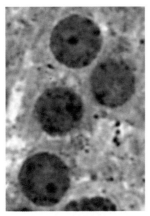

图 3-4-23　前细线期精母细胞
（引自 Gribbins 等，2003）

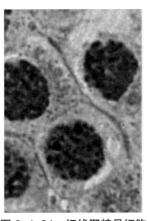

图 3-4-24　细线期精母细胞
（引自 Gribbins 等，2003）

图 3-4-25　偶线期精母细胞
（引自 Gribbins 等，2003）

图 3-4-26　粗线期精母细胞
（引自 Gribbins 等，2003）

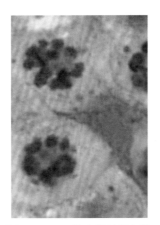

图 3-4-27　终变期精母细胞
（引自 Gribbins 等，2003）

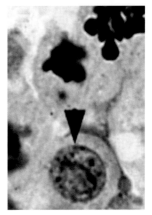

图 3-4-28　次级精母细胞（▶）
（引自 Gribbins 等，2003）

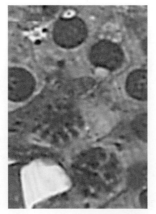

图 3-4-29　第 2 期精细胞
（引自 Gribbins 等，2003）

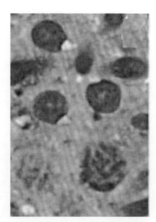

图 3-4-30　第 3 期精细胞
（引自 Gribbins 等，2003）

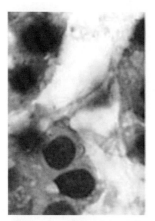

图 3-4-31　第 4 期精细胞
（引自 Gribbins 等，2003）

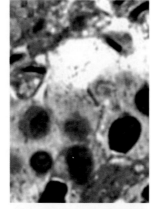

图 3-4-32　第 5 期精细胞
（引自 Gribbins 等，2003）

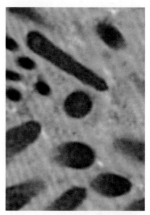

图 3-4-33　第 6 期精细胞
（引自 Gribbins 等，2003）

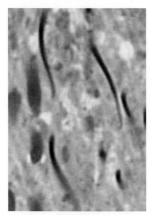

图 3-4-34　第 7 期精细胞
（引自 Gribbins 等，2003）

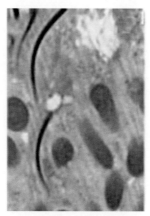

图 3-4-35　第 8 期精细胞
（引自 Gribbins 等，2003）

图 3-4-36　成熟精子
（引自 Gribbins 等，2003）

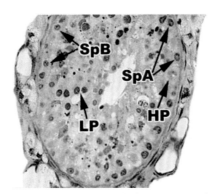

图 3-4-37 红耳彩龟在 6 月初的曲细精管。在曲细精管中的主要细胞类型是 A 型精原细胞（SpA）、
B 型精原细胞（SpB）和肥大的生殖细胞（HP），偶然出现细线期精母细胞（LP）

（引自 Gribbins 等，2003）

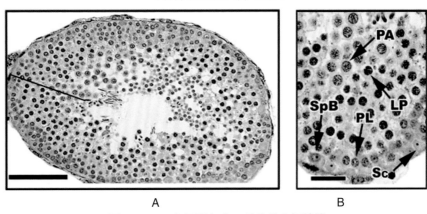

图 3-4-38 红耳彩龟在 6 月份的曲细精管

A. 曲细精管的横切面

B. A 图中曲细精管内黑线附近的曲细精管。生精上皮内大部分的细胞类型是 B 型精原细胞（SpB）、前
细线期精母细胞（PL）、细线期精母细胞（LP）。也可见粗线期精母细胞（PA）和支持细胞核（Sc）

（引自 Gribbins 等，2003）

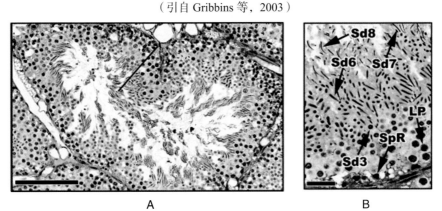

图 3-4-39 红耳彩龟在 8 月中旬的曲细精管

A. 曲细精管的横切面

B. A 图中曲细精管内黑线附近的生精上皮。在生精上皮内的大部分细胞类型是圆形的第 3 期早期精细胞
（Sd3），它们散布于第 6 期（Sd6）、第 7 期（Sd7）和第 8 期（Sd8）精细胞之间。也可见休眠期精原细
胞（SpR）和发育晚期的细线期精母细胞（LP）

（引自 Gribbins 等，2003）

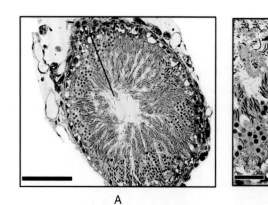

图 3-4-40　红耳彩龟在 9 月份的曲细精管

A. 曲细精管的横切面

B. A 图中曲细精管内黑线附近的生精上皮。在生精上皮内的大部分细胞类型是伸长的第 6 期（Sd6）、第 7 期（Sd7）精细胞。成熟精子（SM）位于管腔中，可见少数圆形的第 3 期（Sd3）精细胞和位于生精上皮基底部的休眠期精原细胞（SpR）

（引自 Gribbins 等，2003）

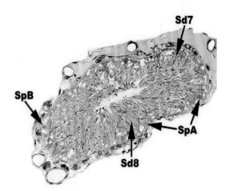

图 3-4-41　红耳彩龟在 10 月份的曲细精管的横切面。生精上皮内大部分的细胞类型是第 7 期（Sd7）和第 8 期（Sd8）精细胞。休眠期精原细胞、A 型精原细胞（SpA）和 B 型精原细胞（SpB）同层排列在生精上皮的基底膜上

（引自 Gribbins 等，2003）

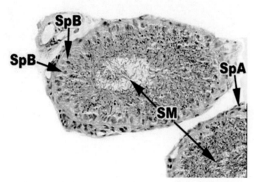

图 3-4-42　红耳彩龟在 11 月初的曲细精管的横切面。生精上皮内大部分的细胞类型是成熟的精子（SM）。位于基底膜附近的是 A 型精原细胞（SpA）和 B 型精原细胞（SpB）

（引自 Gribbins 等，2003）

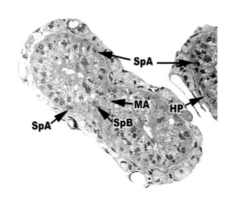

图 3-4-43　红耳彩龟在 12 月份的曲细精管的横切面。精子形成已完成，生精上皮处于静止期。代表性的细胞类型是巨噬细胞（MA）、A 型精原细胞（SpA）、B 型精原细胞（SpB）和肥大的生殖细胞（HP）

（引自 Gribbins 等，2003）

（二）鳖类的精子发生

鳖类的精子发生与龟类基本相同。原始生殖细胞经过精原细胞、精母细胞和精细胞阶段，最后发育为成熟的精子。精原细胞包括 A 型精原细胞和 B 型精原细胞。精母细胞包括初级精母细胞和次级精母细胞。

三、龟鳖的精子储存

在自然界中，大多数生物的雌性和雄性每年的繁殖周期是同步的，雌雄配子同时成熟。雌性和雄性配子有限的寿命也要求交配发生在排卵或接近排卵的时期。但有些动物的繁殖周期在雌性和雄性中是不同步的，这就要求在交配前或交配后，精子要在雄性生殖道中或雌性生殖道中储存一段时间，并要保持精子的活力和授精能力。精子储存可延长授精时间，有利于雌雄生殖周期不同步的动物的繁殖，可延长其繁殖期和提高繁殖的效率，而且也有利于雌性的选择和精子的竞争。

在雌性生殖道中的精子储存已在有颌类脊椎动物（包括鱼类、两栖类、爬行类、鸟类和哺乳动物）的所有纲中均有报道。在一般的情况下，精子储存在特化的器官——储精小管（Sperm storage tubule，SST）中。储精小管主要起保护精子的作用，而不是提供营养。储精小管的结构和位置依不同的动物而异。如鸟类的储精小管在子宫阴道连接处（Uterovaginal junction），而哺乳类要么缺乏储精小管，要么在子宫或子宫管（峡部）区域。储精小管在有鳞类、龟类、鸟类和哺乳类独立进化。

（一）爬行动物的精子储存

许多爬行动物的生殖周期是同步的，雌性和雄性配子的成熟发生在排卵时或接近排卵时，通常是在春天。然而，有一些爬行动物，交配不发生在配子成熟期。例如，雌性束带蛇在春天产卵，但交配可能在春天或秋天。在秋天交配时，进入雌性束带蛇生殖系统的精子要在输卵管中的子宫阴道连接处的皱襞中过冬，到翌年春天时给要产出的卵授精。

在蜥蜴、蛇类和龟鳖中，储精小管是常见的。但储精小管的位置是可变的，有些位于漏斗部，有些位于子宫阴道连接处，有些位于子宫管，有些位于峡部和漏斗部，有些位于子宫管和子宫，有些则位于子宫管和子宫阴道连接处。表 3-4-1 展示了 4 种爬行动物储精小管的特征。

表 3-4-1 　 4 种爬行动物储精小管（SST）的特征（引自 Sever 和 Hamlett，2002）

种类	位置	类型	内衬
黑沼泽蛇（*Seminatrix pygaea*）	漏斗部，阴道	管状	全部内衬纤毛上皮细胞和分泌细胞
束带蛇（*Thamnophis sirtalis*）	漏斗部	复合管泡状	前端为纤毛上皮细胞，后端为分泌细胞
蜥蜴（*Acanthodactylus scutellatus*）	漏斗部	管状	全部内衬纤毛上皮细胞和分泌细胞
沙氏变色蜥（*Anolis sagrei*）	子宫阴道连接处	管状	前端内衬纤毛上皮细胞和分泌细胞

爬行动物输卵管内精子储存的时间也是可变的，从几天到几年。

首先在变色蜥（*Anolis carolinensis*）中发现了储精小管。蜥蜴的输卵管由三部分构成：前端的漏斗部（壁薄，内衬纤毛和无纤毛柱状上皮细胞，无腺体）、中间的子宫（含卷曲的管状的壳腺）、后端的阴道（由前端薄的阴道管和后面厚的阴道小袋构成）。在阴道前 2/3 的纵沟的底部发现储精小管，并向厚的固有层的深部延伸，与阴道皱襞平行。在储精小管中可发现束状的精子。Conner 和 Crews（1980）发现储精小管位于子宫阴道交接处（Uterovaginal transition），以后称为子宫阴道连接处（Uterovaginal junction）。

Sever 和 Ryan（1999）报道了黑沼泽蛇（*Seminatrix pygaea*）中的储精小管，它们位于漏斗部（图 3-4-44、图 3-4-45）和子宫阴道连接处（图 3-4-46、图 3-4-47），为单一的小管或复合的小管。在这两个区域，小管的管腔全部内衬纤毛细胞和分泌细胞。腺体内衬细胞与邻近输卵管的内衬细胞无区别。子宫阴道连接处的储精小管相似于漏斗部的储精小管，但精子排列更有序，子宫阴道连接处储精小管的上皮细胞核有更多常染色质且分泌泡含有更多的絮凝物质。

在黑沼泽蛇的子宫后部含有精子的携带基质。这些基质主要由致密的胶状样分泌物构成，但也含有脱落的上皮细胞和膜样结构，至少有一些基质由内衬上皮和子宫腺分泌。基质也可能包括雄性的分泌物。携带基质有利于精子移动到漏斗部的储精小管。

在沙氏变色蜥（*Anolis sagrei*），储精小管位于子宫阴道连接处（Sever 和 Hamlett，2002）。此处导管的内衬上皮细胞由纤毛细胞和无纤毛分泌细胞构成（图 3-4-48）。这些内衬上皮细胞延伸至储精小管的颈部。储精小管的分泌活性与邻近导管内衬上皮的分泌活性有些差别，并与精子储存的数量有关。当储精小管储存较多精子时，具有大的分泌泡，并可能含有不同的分泌产物。然而，储精小管的后部含有缺乏分泌泡和纤毛的细胞。大部分精子位于储精小管后部的末端部分，这里是主要的储精区域。精子聚集成束（图 3-4-48）或分散分布（图 3-4-49），依精子密度而定。储精小管的基底层没有可收缩的物质结构，胶原纤维位于储精小管的表面，肌层很薄。储精小管后部的上皮细胞缺乏合成物质的细胞器，而且为多核体。大多数细胞的胞浆中仅见分散的致密的卵圆形线粒体及少数清晰的空泡。少数精子嵌入储精小管颈部区域的分泌细胞中。这些嵌入的部分包括精子的尾部及精子核。在分泌泡中和在胞浆中发现嵌入的精子，在嵌入精子的附近偶见微丝。在纤毛细胞和储精小管后部非分泌细胞中未发现精子。

纤毛细胞和分泌细胞被限制在沙氏变色蜥储精小管的颈部，而在储精小管的后部（精子集中的地方），缺乏纤毛细胞和分泌产物。储精小管的发现可与孤雌生殖（Parthenogenesis）区别开来。在爬行动物中存在孤雌生殖的现象。

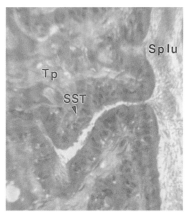

图 3-4-44　通过黑沼泽蛇漏斗部储精小管（SST）的矢状平面图

Splu：管腔中的精子；Tp：固有膜
（引自 Sever 和 Ryan，1999）

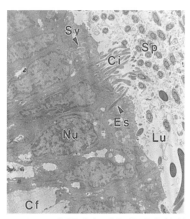

图 3-4-45　在漏斗部后部管腔中的精子、管腔内衬纤毛上皮细胞和分泌细胞

Sv：分泌泡；Sp：精子；Ci：纤毛；Es：嵌入的精子；Nu：核；Lu：管腔；Cf：胶原纤维
（引自 Sever 和 Ryan，1999）

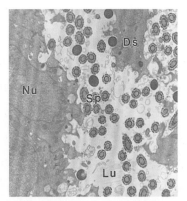

图 3-4-46　含有精子的子宫阴道连接处储精小管的前部

Ds：脱落的上皮细胞；Nu：核；Sp：精子；Lu：管腔

（引自 Sever 和 Ryan，1999）

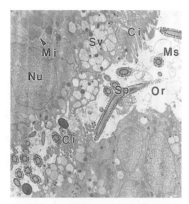

图 3-4-47　含有精子的子宫阴道连接处储精小管的后部

Ci：纤毛；Mi：线粒体；Sv：分泌泡；Ms：膜结构；Nu：核；Sp：精子；Or：开口

（引自 Sever 和 Ryan，1999）

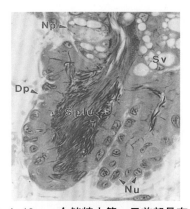

图 3-4-48　一个储精小管，示前部具有分泌细胞和纤毛上皮细胞的颈部和缺乏分泌细胞和纤毛上皮细胞的、作为主要的精子储存区域的后部。聚集成束的精子沿着它们的长轴排列

Np：储精小管的颈部；Sv：分泌泡；Dp：储精小管的后部；Splu：管腔中的精子；Nu：核

（引自 Sever 和 Ryan，1999）

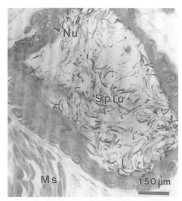

图 3-4-49　储精小管的后部，示精子随机排列

Nu：核；Splu：管腔中的精子；Ms：肌层

（引自 Sever 和 Ryan，1999）

（二）龟类的精子储存

温带地区的龟类具有一个不寻常的生殖周期，其精子发生和排卵不同步。精子发生一般在 6 月开始，精子离开睾丸进入附睾一般在 9—10 月。卵子发生大概与精子发生同时开始，但排卵要到翌年的春天。因此，作为春天或秋天繁殖的龟类，精子可能要在雄性的附睾中或雌性的输卵管中储存过冬，而且还要保持活力和授精力。

Gist 和 Jones（1989）用显微镜检测了 6 个不同科的 11 种龟鳖的精子储存小管，发现贮存精子的小管是输卵管的清蛋白分泌部分（子宫管）的后部的一小段区域。这个储存小管的位置，在卵巢和阴道的中途，在脊椎动物中是独特的。在雌龟与雄龟隔离 423 天后，仍可在雌龟的输卵管中发现精子。

精子储存在储精小管的腺体中，这些储精小管稀疏地分布在子宫管的后部（图 3-4-50）。储存精子的腺体，除腺腔可能稍微扩大外，在组织学上无改变。子宫管后部的上皮细胞形成复杂的小管系统，它们完全填满固有层。在精子储存区，分泌小管内未见可收缩的细胞，且围绕这一部分输卵管的肌层很薄（图 3-4-50）。储精小管通过导管与输卵管管腔相通（图 3-4-51）。储精小管的管腔内衬具纤毛的和无纤毛的上皮细胞，相似于整个子宫管内衬的上皮细胞。在储精小管中有不同数量的精子，通常精子的头部朝向储精小管的终端，但精子不与上皮细胞接触（图 3-4-51）。

在密西西比麝香龟（*Sternotherus odoratus*）和红耳彩龟中，精子储存于输卵管的子宫管和子宫边缘的黏膜下腺体的导管及未分化的小管中。

图 3-4-50　沙漠穴龟（*Gopherus agassizii*）子宫管的后部。这一区域管状腺的数量减少，腺体通过黏膜皱褶（M）基部形成的导管开口于子宫管腔（L）。精子储存在这些小管的管腔内（→）
（引自 Gist 和 Jones，1989）

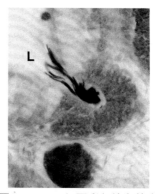

图 3-4-51　红耳彩龟输卵管内的贮精小管。示精子从输卵管腔（L）进入储精小管。精子团未与储精小管的上皮细胞接触
（引自 Gist 和 Jones，1989）

（三）鳖类的精子储存

在中华鳖、印度缘板鳖及刺鳖（*Trionyx spiniferous*）的雌性输卵管中均发现了储精小管。刺鳖的储精小管位于子宫管的后部，大部分精子储存在储精小管的后部。

在印度缘板鳖，精子储存器官为输卵管黏膜中内陷的、纵行的小管（Sarkar 等，2003）。小管通常分布在子宫管的后部与子宫的前部之间，大多数在峡部。然而，有些储存精子的少数短的小管在繁殖期也出现在漏斗部。储精小管位于输卵管壁的四周，逐渐变细，并以盲端的形式终止在输卵管壁上。储精小管与输卵管的管腔平行，但有时扭曲或变弯。在横切片上，储精小管表现出不同的形态，如椭圆形、扁平形、长方形及不规则形等。储精小管位于：①输卵管黏膜皱褶的基底部（图 3-4-52）；②输卵管黏膜皱褶的顶

端（图3-4-53）；③输卵管两个相邻黏膜皱褶的连接处。储精小管通过横向导管与输卵管管腔相通。储精小管内衬的上皮细胞相似于它所在的输卵管相应部位的管腔内衬上皮细胞。

在印度缘板鳖交配后4～6 h，输卵管中可见精子团，大多数位于子宫后部。在交配后18～24 h，精子朝前移动，进入峡部纵行黏膜皱褶之间的皱襞中，或进入峡部宽的黏膜皱褶中的内陷部位。在此之后，精子主要保留在峡部储精小管的管腔中，直到产卵前期。鳖在产卵前，携带基质的精子移到峡部的前部，然后进入子宫管和漏斗部。此时，在峡部，储精小管通过宽的导管开口于输卵管的管腔，精团从储精小管中逸出。在排卵之前或排卵时，在漏斗部，有时候在管腔中发现精子，有时在储精小管中发现精子。在静止期，在峡部的储精小管中可发现储存的精子，但在漏斗部的小管中未发现精子。

在产卵前期和产卵期间，可在峡部和漏斗部中发现许多头部朝向输卵管管腔的精子（图3-4-54、图3-4-55）。在产卵后，除非在偶然的情况下，通常在输卵管的管腔中看不到精子。

在雌性生殖周期中的退化期和静止期，用雌激素处理后，与对照组相比，输卵管黏膜变得更宽及折叠更多。在对照组中，狭窄的储精小管在输卵管黏膜的深部，而在处理组，小管变宽，通过横导管开口于输卵管的管腔。精子进入峡部的管腔中，有时位于峡部黏膜的纤毛床上，这说明即使在12月的最后一个星期，精子也能够从储精小管中释放出来。

在印度缘板鳖，储精小管主要存在于峡部，仅少数在生殖期暂时地出现在漏斗部。储精小管中上皮细胞的高度和分泌活性的改变，相似于输卵管上皮细胞在生殖周期中不同时期的改变。在整个非繁殖期（12月至翌年4月），上皮细胞是短的、具有纤毛和致密细胞核的柱形细胞。但在复苏期和繁殖期（7—9月），纤毛上皮细胞和无纤毛的分泌型细胞均变成高的和具有一个大核的细胞。

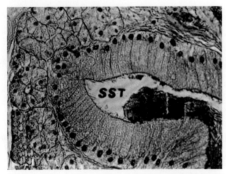

图3-4-52　繁殖期印度缘板鳖输卵管峡部的横切面。内衬高柱状上皮细胞的储精小管（SST）在大的黏膜皱褶中形成

（引自Sarkar等，2003）

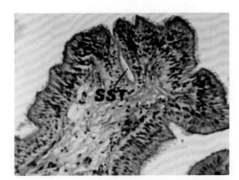

图3-4-53　准备期晚期印度缘板鳖输卵管峡部横切面。示一条储精小管（SST）在宽的黏膜皱褶顶端处形成

（引自Sarkar等，2003）

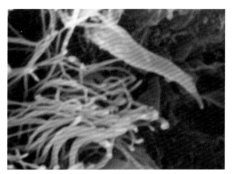

图 3-4-54 繁殖期印度缘板鳖输卵管峡部的扫描电镜图。示精子穿过上皮细胞直接面对管腔
（引自 Sarkar 等，2003）

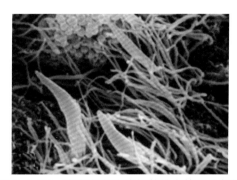

图 3-4-55 产卵期印度缘板鳖输卵管漏斗部的扫描电镜图。示精子的头部向输卵管的管腔突出
（引自 Sarkar 等，2003）

第五节 性决定机制

生物的性别是进化的产物。在生物的起源和进化过程中，由无生命的无机化合物合成有机化合物，由有机化合物再合成大分子物质——多糖、脂质、蛋白质和核酸，在此基础上形成了具有新陈代谢功能的生命体。刚形成的原始生物为单细胞生物，尚无性别的分化，以后随着时间的推移，原始生物不断进化，并出现了性别。性别的出现有利于生物的进化，有性生殖比无性生殖高级，可加速生物的变异和新种的形成。细菌的性别决定较简单，由是否含致育因子（F 因子）而决定，含有 F 因子的菌株相当于雄性，不含 F 因子的菌株相当于雌性。华枝睾吸虫（*Clonorchis sinensis*）、姜片虫（*Fasciolopsis buski*）及猪肉绦虫（*Taenia solium*）等无脊椎动物为雌雄同体，即两性位于同一个体中。在进化过程中，两性发生了分离，向雌雄异体发展。日本血吸虫（*Schistosoma japonicum*）为雌雄异体，但雌虫必须在雄虫的抱雌沟内才能发育成熟，因此，以雌雄合抱的形式出现。随着生物的进化，雌性和雄性完全独立为不同的个体。

性别决定一直是生命科学研究的热点，因其与种群的动态和命运息息相关，而且在物种保护和个体繁育方面，实现性别控制具有重大的现实和深远的意义。生物的性别是如何决定的？生物的性别决定机制复杂多样，不同的生物具有不同的性别决定机制。生物的性别决定机制有：①XY 型性别决定。此性别决定系统中，雄性个体有 2 条异型性染色体（XY），雌性个体有 2 条相同的性染色体（XX）。有些鱼类、两栖类、爬行类、全部哺乳类及雌雄异株的植物均属于 XY 型性别决定。②ZW 型性别决定。该性别决定系统中，雌性个体具有 2 条异型性染色体（ZW），雄性个体具有 2 条相同的性染色体（ZZ）。蝴蝶、某些鱼类和鸟类等属于 ZW 型性别决定。③XO 型性别决定。该性别决定系统中，雄性为异配性别，仅含 1 条性染色体（XO，O 代表缺少 1 条性染色体）；雌性为同配性别，体细胞中含有 2 条相同的性染色体（XX）。蟋蟀、蝗虫等直翅目昆虫和蟑螂等少数动物属于 XO 型性别决定。④ ZO 型性别决定。该性别决定系统中，雌性为异配性别，仅含 1 条性染色体（ZO）；雄性为同配性别，体细胞中含有 2 条相同的性染色体（ZZ）。鳞翅目昆虫中的少数个体属于 ZO 型性别决定。⑤染色体的单双倍数决定性别。蜜蜂、胡蜂、蚂蚁等的性别由细胞中的染色体倍数决定。雌蜂由受精卵发育而来，是二倍体；雄蜂由未受精卵发育而成，为单倍体。⑥环境条件决定性别。有些动物的性别，靠其生活史发育的早期阶段的温度、光照或营养状况等环境条件来决定。某些鱼类、两栖类及爬行类，其性别的决定均取决于卵孵化时的温度。⑦性转换。性转换指在一定条件下，动物的雌雄性别相互转化。这在鱼类中较常见，如黄鳝具有雌雄性逆转的特性，从胚胎期到初次性成熟时均为雌性，其生殖腺为卵巢，只产生卵子。但在黄鳝产卵后，其卵巢逐渐转变成精巢，从而产生精子。石斑鱼也具有性转换的特征，首次性成熟时全为雌性，次年再转换成雄性。

虽然生物的性别决定具有多种机制，但与其他性状一样，均为遗传和环境两大因素的作用。有些生物以遗传因素作主导，环境因素影响很小；而有些生物则是通过环境因素来影响基因表达的。因此，生物的性决定机制主要有两大类：一类是具有性染色体的种类，由异型性染色体决定性别，即基因型性别决定（Genotypic sex determination，GSD）机制；另一类是不具有性染色体的种类，性别由环境因素决定，即环境型性别决定（Environmental sex determination，ESD）机制。

一、基因型性别决定

基因型性别决定由基因决定，包括 XY 型性别决定系统、ZW 型性别决定系统、XO 型性别决定系统及 ZO 型性别决定系统等。鸟类和哺乳类动物的胚胎发育在恒温条件下进行，受外界环境影响极小，因此其性别决定为基因型性别决定。低等脊椎动物的性别决定则有基因型性别决定和环境型性别决定。

鱼类为最低等的脊椎动物，其性别决定机制具有原始性、多样性和易变性的特点。鱼类具有异形性染色体与非异形性染色体，存在基因型性别决定、环境型性别决定、雌核发育、雌雄同体与雌雄异体等性别决定机制与形式，并有性转换现象。其性别在胚胎发育期易受温度、外源激素及其他环境条件的影响。可见，遗传因素和环境因素共同作用于鱼类的性别决定与分化。鱼类是研究性别决定机制和性别控制方法的极好材料。例如，蓝鳃太阳鱼（*Lepomis macrochirus*）、黄颡鱼（*Pelteobagrus fulvidraco*）及罗非鱼（*Oreochromis spp*）等鱼类的雄性均比雌性生长快，养殖雄鱼比养殖雌鱼能取得更好的经济效益。故在养殖实践中，最好的效果是只养雄鱼，不养雌鱼，现可通过控制性别的分化而取得。

两栖动物也存在基因型性别决定与环境型性别决定，且以环境型性别决定中的温度依赖型性别决定（Temperature-dependent sex determination，TSD）为最主要的类型。如在适宜温度下，较高的培育温度可使泽蛙蝌蚪性别分化趋向雄性，而较低的培育温度则使蝌蚪雌性化。

爬行动物存在两类不同的性别决定机制，即基因型性别决定和环境型性别决定。在基因型性别决定中，其性染色体有几种不同的类型。在蛇亚目为 ZW 型，具有 W 染色体的胚胎将发育为雌性，无 W 染色体的胚胎发育为雄性。在蜥蜴类，具性染色体的种类有 XY 和 ZW 两种类型。在 XY 型中，具有 Y 染色体的个体将发育为雄性，无 Y 染色体的个体发育为雌性。在龟类，仅有少数龟类为基因型性别决定，如大麝香龟（*Staurotypus triporcatus*）、萨尔文麝香龟（*Staurotypus salvinii*）、木雕龟（*Glyptemys insculpta*）及布里斯班短颈龟（*Emydura singnata*）（Bull，1980）。

二、环境型性别决定

环境型性别决定指子代的性别取决于胚胎发育的环境因子而不是由受精卵的遗传因子所决定。影响胚胎性别的环境因子有温度、含水量、pH 值、密度及性类固醇激素等，其中孵化温度是最主要的影响因子，即温度依赖型性别决定。

三、温度依赖型性别决定

温度依赖型性别决定指动物的性别由胚胎发育时期的孵化温度所决定，在爬行动物中广泛存在。如何区分温度依赖型性别决定与基因型性别决定呢？异形性染色体曾是一个最重要的指标，即具有异形性染色体的物种被认为是基因型性别决定。但最近的研究表明，具有异形性染色体的物种，其性别也可受温度的影响，而某些基因型性别决定动物则无异形性染色体。因此，异形性染色体的存在与否，不是区分温度依赖型性别决定与基因型性别决定的最主要指标。那么，如何判定温度依赖型性别决定呢？在爬行动物中，可将卵在不同的温度下孵化，观察其后代的性比。如性比为 1∶1 或接近 1∶1，是基因型性别决定。如性比偏离 1∶1，则需排除如下因素：是否雌雄受精率不同？是否雌雄胚胎死亡率不同？是否性转换所导致？排除上述因素后才能判定该物种为温度依赖型性别决定。

（一）温度依赖型性别决定的类型

在爬行动物中，早期研究认为基因型性别决定与温度依赖型性别决定为 2 个独立的性别决定系统，而最近的研究表明，两者之间存在着一定的联系。一些基因型性别决定物种的后代，其性别可受温度的影响；而一些温度依赖型性别决定物种的后代，其性别的发育可受基因的影响。例如，澳洲松狮蜥（*Pogona vitticeps*）在孵化为雌性的温度下，拥有雄性基因（ZZ）的胚胎可发育成表型为雌性的后代（Quinn等，2007）。温度依赖型性别决定在蜥蜴类、龟鳖类和鳄类中的起源是不同的。根据后代性比的不同，温度依赖型性别决定可分为3种类型。

1. TSD Ⅰa型

TSD Ⅰa型又称MF模式，其特点是低温孵出雄性后代，高温孵出雌性后代。

2. TSD Ⅰb型

TSD Ⅰb型又称FM模式，其特点是低温孵出雌性后代，高温孵出雄性后代。

3. TSD Ⅱ型

TSD Ⅱ型又称FMF模式，其特点是低温和高温均孵出雌性后代，中间温度孵出雄性后代。

迄今为止，TSD Ⅰa型只存在于龟鳖类中，TSD Ⅰb型存在于楔齿蜥、蜥蜴和鳄类中，而TSD Ⅱ型则存在于蜥蜴类、鳄类和龟鳖类中，在蛇类中未发现温度依赖型性别决定（Valenzuela，2004）。

大部分龟类均属于温度依赖型性别决定，而且为TSD Ⅰa型。到目前为止，只发现鳄龟为TSD Ⅱ型，其受精卵在20℃与30℃的温度下孵化，均产生雌性后代；在26℃的温度下孵化则产生雄性后代（Yntema，1976；Yntema，1979；Yntema，1981）。

温度依赖型性别决定中存在一个关键温度（Pivotal temperature，Tpiv），在这个温度下孵化的后代，其性比为1∶1。不同物种的关键温度是不同的，如同为TSD Ⅰa型的物种，锦龟的Tpiv为27.5℃，乌龟的Tpiv为29℃，而巨型侧颈龟（*Podocnemis expansa*）的Tpiv则超过30℃（Valenzuela等，2004）。

在温度依赖型性别决定中，龟鳖后代的性比不仅与关键温度有关，而且与胚胎性别分化的温度敏感期（Temperature sensitive period，TSP）也密切相关。孵化温度对龟性别的影响其实是影响其温度敏感期，在此阶段，温度才对其性别的分化起作用。在温度敏感期的前、后，温度的变化对龟类胚胎的性别分化均无影响（Pieau等，1981）。不同龟类的温度敏感期不同，温度敏感期约处于孵化期的前1/3。Yntema（1979）研究了鳄龟的温度敏感期，发现在胚胎发育的第14～19期，30℃孵化时，子代全部雌性；在胚胎发育的第14～16期，20℃孵化时，子代全部雌性。用30℃与26℃交替温度试验，发现在第14～19期，26℃孵化时，子代全部雄性。用20℃与26℃交替温度试验，发现在第14～16期，26℃孵化时，子代全部雄性。暨南大学的一位研究生于1987年研究了乌龟的温度敏感期，发现在胚胎发育期间，雌性温度敏感期的开始为第16期。在第16期之前，31℃孵化温度对雌性性别分化不起作用。从第16期起，31℃开始对雌性性别分化起作用，直到第20期产生100%雌性。雌性分化的TSP为第16～20期。雄性分化的TSP为第 14～20 期，在此期间，孵化温度为 26 ℃时，产生的后代 100% 雄性。

（二）温度依赖型性别决定的调控机制

1.温度依赖型性别决定的生态调控机制

人们在实验室中发现了大多数龟类的性别由孵化温度所控制，那么，在野外，龟是如何选择产卵环境的，从而调节其后代的性比？对此，Vogt 和 Bull（1984）进行了野外考察。他们选取美国威斯康星州密西西比河边作为考察地，该地区在美国被称为"龟岛"。龟岛地处北纬 43°40′，西经 93°13′，宽为 4 km 的一片水域，有大小不等的各类岛屿杂于其间。自 1930 年以来，人们在岛上引种了大量的植物，远远看去，除了特意留下的一片沙地外，其余地方或草或木，布局错落有致，一派多姿的植被造就了一个多彩的繁殖环境，每当春天来临，大量龟类来此寻找营巢地点，成了岛上的客人。这些龟包括沃希托地图龟（*Graptemys ouachitensis*）、拟地图龟、地理图龟、锦龟和鳄龟。此外，刺鳖也上此岛产卵。

观察的时间为 1980 年 5 月 31 日至 6 月 28 日，在龟刚产完卵后进行标记。龟大部分在沙滩上或沙滩的周围产卵，少数在树荫下产卵。由于沙滩上植被的疏密，造成了巢位温度的差异，为了获得巢位的准确温度，在沙地以下 12 cm 处（约等于巢的深度）进行巢温的测量，并选取了近百个巢穴进行测量。测量时间是在一天中最热的时候，即下午 2：00 左右进行，并把巢穴分为热巢和冷巢两种。通过在解剖镜下观察稚龟的性腺来确定其性别。在各巢相继孵化出稚龟后，Vogt 等对其中 236 个巢穴的稚龟进行了性别检查，结果是令人鼓舞的。筑巢于沙滩之上，受到阳光直射的巢位，不仅孵化时间短（52～73 天，平均 56 天），且多为雌性；反之，筑巢于树荫之下者，不仅孵化时间长（58～85 天，平均 71 天），且多为雄性。就总的性比来说，在自然界中，雌性大大超过雄性，两者之比约为 3∶1。

既然大部分龟类的性别由卵孵化时的温度所决定，那么，同一种龟在北方和南方的地理条件下其性比如何？根据龟类孵化温度与性比的关系，如果其他条件相同，那么温度低的北方应该只产生雄性，温度高的南方应该只产生雌性。但 Vogt 等（1982）发现在美国北方雄龟所占的比例反而比南方多，其原因是龟类通过筑巢场所和位置的选择来控制种群的性比。亲代通过主动地选择产卵场地，间接地控制产卵巢内的温度，从而产生不同性比的后代。如果不是通过筑巢位置的选择等来调节性比，则种群内的性比将出现很大的地理差异。但也有研究表明，龟类选择巢位并不是为了控制子代的性别，而是一种为了缩短孵化时间，提高孵化率的自然选择结果。龟类特别喜欢在方向朝南的区域筑巢，这样孵化就将在温暖的环境中进行。由于龟卵的孵化时间长达 2～3 个月，有些甚至达半年之久，因此，尽量缩短孵化时间，是提高成活率的最佳方案。尤其在北方，夏季特别短，若稚龟不能在有限的时间内尽快孵出，就会使致死率升高。此外，孵化时间越长，受到敌害攻击的概率就越大。当同样地处朝南时，阳光直射区又比树荫下更受欢迎，因前者更暖和些。但如果朝南区域有限，个别龟也就不得不转移地点了，到温度较低的地方筑巢，这样就使所孵出的后代中有一定的雄龟。

以上为龟在自然界中产卵之前所做的生态调控，因龟不存在孵卵行为，产卵后无法调节卵所处的环境。雌龟通过选择适当的时间和适当的地点产卵、根据植被覆盖度预测巢址的温度及为卵提供适宜的热环境，从而优化后代的性比（Morjan，2003）。此为母体效应（Maternal effect）。母体还可通过卵黄和卵黄激素分配的生理途径来调节后代的性比，如澳大利亚三线石龙子（*Bassiana duperreyi*）的卵大小与后代性别密切相关，较大的卵孵出的幼体多为雌性，而较小的卵孵出的幼体多为雄性（Radder 等，2009）。

2. 温度依赖型性别决定的激素调控机制

温度依赖型性别决定对动物性别的调控，其实是孵化温度通过影响类固醇激素的水平，进而驱动卵巢或精巢的形成和发育，最终形成雌性个体或雄性个体。即在孵出雄性的孵化温度下，睾丸素（Testosterone，T）在 5α-还原酶（5α-Reductase）作用下转化为二羟基睾酮（Dihydrotestosterone，DHT），然后经过一系列反应，最终诱导胚胎发育成雄性个体；在孵出雌性的孵化温度下，T 在芳香化酶（Aromatase）作用下转化为雌二醇（Estradiol，E2），然后经过一系列反应，最终诱导胚胎发育成雌性个体（Crews 等，1996）。

3. 温度依赖型性别决定的基因调控机制

在生物体内，由一个复杂的调控网络来控制生物的性别，其中涉及诸多基因及与其产物之间的相互作用。在哺乳动物，其性别决定与性别分化是在以性别决定关键基因（Sex-determining region of the Y chromosome，*SRY*）为主导，*DAX1*、*SOX3* 等性染色体基因和 *SOX9*、*SF1*、*MIS* 等常染色体基因均参与的级联过程。但温度依赖型性别决定的基因调控机制目前尚未完全阐明，仍有待深入研究。

在爬行动物中尚未发现 *SRY*，类似于 *SRY* 作用的基因为 *SOX*（*SRY* related hMG-box gene）基因。*SOX* 家族作为参与胚胎发育的重要基因家族，在系统进化上高度保守，并在性别决定、胚胎发育、组织器官的形成与分化及其功能的维持等方面均发挥重要的作用。在爬行动物中，研究较深入的为 *SOX9* 基因。*SOX9* 基因主要参与性别决定，诱导足细胞发育，同时参与骨骼、心血管和神经系统的发育。在性腺发育早期，*SOX9* 基因在两种性别温度下的表达量并无差异，而到了 TSP 末期，*SOX9* 基因特异性的表达在雄性温度下孵化的胚胎的睾丸中。这表明在早期的性别决定过程中，*SOX9* 基因并不起作用，这一点类似于哺乳动物。*SOX9* 基因可能在睾丸的分化中起决定性的作用（Shoemaker 等，2009）。*DMRT1*（DM-related transcription factor 1）也是一种只在雄性中表达的基因，而且从 TSP 的早期到末期，*DMRT1* 都有表达。在密西西比短吻鳄和红耳彩龟中，*DMRT1* 在雄性温度下的表达量均显著高于雌性温度下的表达量。*DMRT1* 可能与睾丸的形成与分化有关，而且其表达早于 *SOX9* 基因的表达，可能在基因级联通路的最前端（Shoemaker 等，2009）。

类固醇合成因子（steroidogenic factor-1，*SF1*）基因在胚胎早期（此时性腺尚未分化）、TSP 及性腺分化期均有表达（Fleming 等，2001）。*SF1* 基因为性别决定级联反应通路的开关。在红耳彩龟中，无论在雌性还是雄性的孵化温度下，*SF1* mRNA 在 TSP 均有表达。而在锦龟中，*SF1* 除了在雄性孵化温度下胚胎发育的第 12 期高表达外，在其余的各个发育期中均无明显的雌雄差异表达。温度或性激素除了影响 *SF1* 的表达量外，还决定 *SF1* 的激活对象。在雄性孵化温度下，*SF1* 能激活缪勒氏管抑制素（Müllerian-inhibiting substance，*Mis*）基因的表达。*Mis* 基因可能与睾丸的发育有关，因其在雄性孵化温度下始终均有高表达量。*FOXL2*（Forkhead box protein L2）基因的表达也具有温度依赖性，其在雌性和雄性温度下孵化的胚胎肾上腺肾脏性腺复合体（Adrenal Kidney Gonad Complex，AKG）组织中，在 TSP 的早期均有表达，但在 TSP 的后期，雌性孵化温度下的表达量高于雄性孵化温度下的表达量。经原位杂交检测，发现 *FOXL2* 基因集中于正在发育的卵巢皮质上。因此，*FOXL2* 基因可能在卵巢发育中起作用（Shoemaker 等，2007）。

（三）温度依赖型性别决定的进化适应意义

温度依赖型性别决定有什么进化适应意义？在进化过程中，为什么有些生物采取基因型性别决定策略，而另一些生物则采取温度依赖型性别决定策略？在基因型性别决定中，生物后代的性比很少受环境因素的影响，通常处于 1∶1 平衡状态，生物能长久地进行有效的繁殖。但在一些低等的脊椎动物，其后代受食物、天敌、繁殖场所及气候等环境因素的影响较大，大部分幼体不能活到成体，故生物为了维持和增加其种群的数量，增加后代的繁殖数量是一种有效的策略。雌性多即可增加后代的繁殖数量，而增加雄性的数量是一种浪费，徒然增加能量的消耗，不利于种群的扩展。因此，在适宜的范围内，生物采取适当减少雄性的数量来应对环境的变化。这样，性比就产生了偏差。要使性比产生偏差，就不能采取基因型性别决定，只能采用温度依赖型性别决定。因此，从鱼类到爬行类，很多动物均采取温度依赖型性别决定的繁殖策略，大部分龟类也是温度依赖型性别决定。

基因型性别决定与温度依赖型性别决定在进化过程中哪一种先出现？基因型性别决定在无脊椎动物中即已出现，如在昆虫中就具有多种类型的基因型性别决定。温度依赖型性别决定在无脊椎动物中或许存在，但尚未见报道。故从现有资料分析，基因型性别决定的出现应早于温度依赖型性别决定。温度依赖型性别决定在楔齿蜥、蜥蜴类、龟类和鳄类等爬行动物中分别起源。如在蜥蜴类中，温度依赖型性别决定分别在壁虎科、睑虎科、蜥蜴科、鬣蜥科和巨蜥科等分支中有 5 个独立起源（Valenzuela 等，2004）。

对温度依赖型性别决定的进化适应意义，存在五种假说（Charnov 等，1977；Shine 等，1999；Warner 等，2008）：

（1）系统发生惰性假说（Phylogenetic inertia）。该假说认为，温度依赖型性别决定为一种原始性别决定模式，无进化适应意义。但这不符合爬行动物中温度依赖型性别决定多元起源的事实。

（2）近交回避假说（Inbreeding avoidance）。该假说认为，在同一窝幼体中，其性别相同则有利于回避近亲繁殖。但在寿命较长或年繁殖数窝的物种中，幼体性成熟后每年都会参与繁殖，故无法有效回避不同世代或同一世代不同窝之间个体的相互交配，仍会出现近亲繁殖。

（3）群体适应假说（Group adaptation）。该假说认为，在分散小种群情况下，当性比偏向雌性时，有利于提高群体的适应度。该假说假定温度依赖型性别决定种群比基因型性别决定种群小且分散，但尚无证据支持该假定是正确的。

（4）回避捕食策略假说（Predator-avoidance strategies）。该假说认为，在特定温度条件下孵出的雌雄后代，可有效地逃避天敌。如鳄龟在雌性或雄性孵化温度下孵出的个体活动性较低，而在 Tpiv 条件下孵出的个体活动性较高，较易被捕食者发现而被捕食。

（5）差分适合度假说（Differential fitness）（Charnov-Bull 模型）。该假说认为，当在相同环境条件下两性之间的适合度存在差异时，温度依赖型性别决定能通过调控不同性别胚胎发育的温度来提高后代的适合度，从而提高亲本的适合度。Charnov 和 Bull（1977）认为，受精后的环境决定性别比受精前或受精时的遗传决定性别有利。当卵在某一环境产下后，卵与环境之间就有一种是否适应的问题。因环境变化很大，而在各种环境中形成哪种性别的适合度是不同的。产卵时的环境如果形成雄性的适合度大于雌性，卵就发育成雄性，反之为雌性。澳大利亚科学家以鬣蜥（Amphibolurus muricatus）为研究对象，通过检验不同温度下孵出后代的成功率，成功地验证了这一假说。因此，此假说最有说服力。但这种理论目前还不能解释不管环境如何变化，TSD Ⅰ a 型龟类在低温下孵化时始终为雄性，高温下孵化时始终为雌性；而 TSD Ⅰ b 型龟类在低温下孵化时始终为雌性，高温下孵化时始终为雄性这些现象。故这一课题仍有待研究。

在正常的环境条件下，温度依赖型性别决定显然有利于龟鳖等低等脊椎动物的繁殖，但在极端环境下，会出现极其不利的情况。如持续低温或持续高温，温度依赖型性别决定生物的后代均可能为同一性别，可导致种群无法繁殖而灭绝。在人工繁殖条件下，如采用一种温度孵化（如高温孵化），则其后代可能只有一种性别，故应注意。

第六节　卵壳的形成

在生物进化过程中，生物的繁殖方式从无性生殖到有性生殖，从雌雄同体到雌雄异体，从体外受精到体内受精，从配子生殖到卵配生殖，从卵生到胎生。卵生是进化中的一个里程碑，在无脊椎动物的吸虫和线虫中即已出现，在昆虫中已进化出多种多样的卵，使昆虫能广泛地适应不同的环境。在脊椎动物中的鱼类和两栖类，卵产在水中并在水中孵化，卵中胚胎的发育离不开水，这些卵均无卵壳。

在脊椎动物中，具有卵壳的卵称为羊膜卵。羊膜卵的出现是脊椎动物进化史上的一个飞跃，完全解除了脊椎动物在胚胎发育中对水环境的依赖，使动物能在陆地上干燥的环境中孵化，这为动物登陆陆地并向各种不同的生境纵深分布创造了条件。目前，具有羊膜卵的动物为爬行类和鸟类。

一、卵壳的结构

卵壳的结构与功能相联系，不同动物的卵壳有不同的结构。

（一）卵壳的功能

1. 防止产卵过程中造成的损伤

龟鳖产卵时，雌性要先挖洞穴，然后将卵一个一个地产入洞穴中。这样，会引起卵之间的堆叠和互相碰撞。卵壳具有防止卵在堆叠和碰撞时受损的作用。

2. 防止机械震动造成的损伤

卵壳对机械震动具有缓冲和保护的作用，可避免因机械震动所引起的胚胎的损伤。

3. 防水

这涉及两方面：一是防止过多的水分进入卵内，避免胚胎受溺；二是防止水分从卵内渗出，避免胚胎因干燥而死亡。

4. 防止蚂蚁等昆虫的噬咬

卵的腥味可吸引蚂蚁，蚂蚁会造成对卵的损伤。以前我们在暨南大学爬行动物养殖场中曾经看见蚂蚁把卵壳中有缝隙的中华鳖卵咬破，吃光里面的卵内容物。

5. 防止微生物的感染

龟鳖产卵的场所常存在各种微生物，在它们之间，有些是致病性细菌，有些是致病性真菌。目前，已发现有些真菌可通过卵孔侵入卵内。

6.供给胚胎发育时所需的矿物质

卵壳含有胚胎发育所需的一些矿物质，特别是钙，起到一个仓库的作用。

（二）卵壳的层次结构

卵壳的结构因动物种的不同而变化很大，其卵壳的层数、厚度和形态均不同。卵壳形态的不同反映了负责分泌卵壳的输卵管的形态的不同，并取决于卵的大小、卵内胚胎发育的特性、产卵的环境及母体孵卵的习性等。

1.卵壳的物质构成

卵壳含蛋白质（胶原蛋白和角蛋白等）、黏多糖及矿物质等物质。矿物质中主要为碳、氧、钙和镁，少量的磷和微量的铜、硅、钠、硫、氯、钾、铝、铁、锌、锰。在卵壳的外表面，大部分均为钙质层，其钙质层的结构依不同的动物而异。蜥蜴、鳄鱼和鸟类的钙质层主要由碳酸钙以方解石的形式构成，而龟鳖的钙质层主要由碳酸钙以霰石的形式构成。

2.卵壳的分层

鸟类具有孵卵的习性，卵除了要抵抗环境的不利因素和胚胎发育中营养物质的储存和转化外，还要承受母体伏于其上的压力，其卵壳的结构可分为4层：表皮层、海绵层、乳突层和壳内层；也有分为3层的：钙质层、外壳膜和内壳膜；有些甚至分为2层：钙质层和壳膜层。

爬行动物的卵壳有些与鸟类很相似，有些则相差较大。如密西西比鳄的卵壳可分5层：钙质层、蜂窝层、有机层、乳突层和壳膜（图3-6-1）。蜥蜴的卵壳有些分为3层：钙质层、壳膜和内界膜（限制层）（如斑马尾蜥）；有些分为2层：钙质层、壳膜（图3-6-2）；有些则只有1层壳膜，缺乏钙质层（如 *Anolis*）。

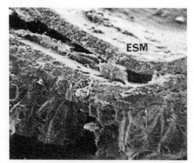

图3-6-1 密西西比鳄卵壳的扫描电镜图
ESM：壳膜
（引自 Fergus，1982）

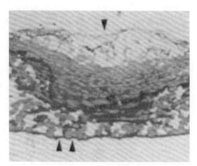

图3-6-2 斑马尾蜥（*Callisaurus draconoides*）卵壳的扫描电镜图。单箭头示钙质层，双箭头示壳膜
（引自 Packard，1982）

龟类的卵壳有些分为3层（图3-6-3）：钙质层、中间复合层和壳膜（如绿海龟）；有些分为2层（图3-6-4）：钙质层和壳膜（如鳄龟）。

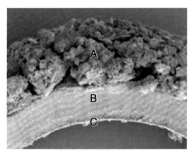

图 3-6-3　绿海龟卵壳的扫描电镜图
A：钙质层；B：中间复合层；C：壳膜
（引自 Al-Bahry 等，2009）

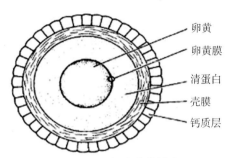

图 3-6-4　鳄龟卵壳的模式图
（引自 Packard，1980）

　　鳖类的卵壳分为 3 层（图 3-6-5）：钙质层、外壳膜和内壳膜（如刺鳖）。在中华鳖的卵壳中，可见清晰的卵孔结构（图 3-6-6）。

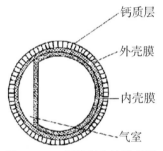

图 3-6-5　刺鳖卵壳的模式图
（引自 Packard 和 Packard，1979）

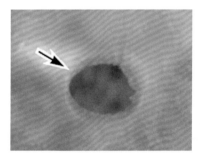

图 3-6-6　中华鳖卵壳中的卵孔（→）
（引自 Yasumasu 等，2010）

3. 钙质层

　　爬行动物卵壳的外表面大部分由钙质层构成，龟鳖类均为钙质层。钙质层的外表面和内表面的结构不同。

（1）外表面。

　　卵壳钙质层的外表面因组成的材料、排列不同而表现出不同的形态。有的表面有不同的饰纹（图 3-6-7、图 3-6-8），有的呈指状突起（图 3-6-9），有的呈蘑菇状（图 3-6-10），有的呈玫瑰花状（图 3-6-11），有的在壳单位上有很多小孔（图 3-6-12），有的表面平整（图 3-6-13），有的表面凹凸不平（图 3-6-14），有的壳单位排列紧密（图 3-6-15），有的壳单位排列疏松（图 3-6-16），有的表面有侵蚀坑（图 3-6-17），有的可见卵孔（图 3-6-18、图 3-6-19），有的壳单位呈杯形（图 3-6-20），可谓五花八门、多种多样。引起钙质层外表面结构多样性的原因除了遗传因素外，也存在孵化的因素，即不同的孵化时期，其卵壳出现不同的变化，钙质层也出现相应的变化。

图 3-6-7　黄动胸龟（*Kinosternon flavescens*）卵壳饰纹

（引自 Packard 等，1984）

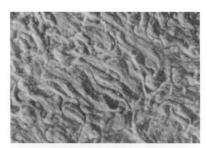

图 3-6-8　条纹动胸龟（*Kinosternon baurii*）卵壳饰纹

（引自 Packard 等，1984）

图 3-6-9　巨头麝香龟（*Sternotherus minor*）卵壳表面呈指状突起

（引自 Packard 等，1984）

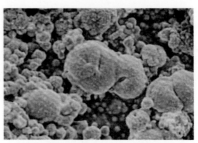

图 3-6-10　斑点楔齿蜥（*Sphenodon punctutus*）卵壳表面呈蘑菇状

（引自 Cree 等，1996）

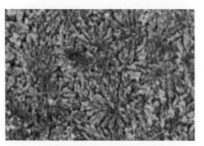

图 3-6-11　斑马尾蜥（*Callisaurus draconoides*）卵壳表面呈玫瑰花状

（引自 Packard 等，1982）

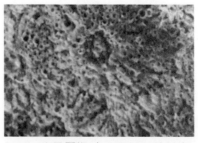

图 3-6-12　斑马尾蜥（*Callisaurus draconoides*）卵壳表面壳单位上有很多小孔

（引自 Packard 等，1982）

图 3-6-13　斑马尾蜥（*Callisaurus draconoides*）卵壳的表面平整

（引自 Packard 等，1982）

图 3-6-14　毛足动胸龟（*Kinosternon hirtipes*）卵壳的表面凹凸不平

（引自 Packard 等，1984）

图 3-6-15　鳄龟卵壳的壳单位排列紧密
（引自 Packard，1980）

图 3-6-16　绿海龟卵的壳单位（卜）排列疏松
（引自 Al-Bahry 等，2009）

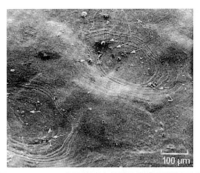

图 3-6-17　密西西比鳄卵壳表面的两个
相邻的侵蚀坑及坑内的微生物残体（→）
（引自 Ferguson，1982）

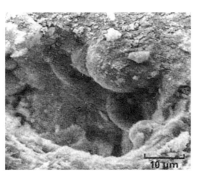

图 3-6-18　密西西比鳄卵壳上的卵孔
（引自 Ferguson，1982）

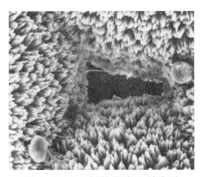

图 3-6-19　刺鳖卵壳上的卵孔
（引自 Packard 等，1979）

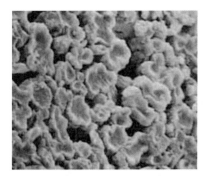

图 3-6-20　斑点楔齿蜥卵壳上的壳单位呈杯形
（引自 Cree 等，1996）

　　在密西西比鳄卵壳钙质层表面出现的侵蚀坑可由酸性物质的腐蚀而产生。酸性物质可来自两方面：第一个来源是微生物产生的酸性物质，因为在卵壳表面和周围腐烂的巢穴植物中存在许多微生物（杆菌、球菌和真菌），这些细菌可产生酸性物质；第二个来源是碳酸，产自卵壳表面的二氧化碳的水合作用。在孵化的环境中，有利于这两种酸性物质的产生。因为卵巢介质的发酵，很容易产生微生物，而鳄鱼卵孵化巢穴的温度和湿度适宜排出的二氧化碳起水合作用，从而产生碳酸。这些侵蚀坑的宽度、形状和深度由钙质层和蜂窝层中方解石晶体的排列组合所控制，通过这些晶体的不同特性和扩展来控制。这些侵蚀坑暴露出宽的基部，其下面有含大量泡状洞穴的蜂窝层，可内连整个卵壳中的其他空隙。因此，当孵化进行时，侵蚀坑的扩展使整个卵具有更多的孔洞。因侵蚀坑的底部无钙的覆盖，卵孔在此处变宽，有利于胚胎在孵化后期的呼吸。此外，这些侵蚀坑与方解石晶体移出有机层（用于胚胎的钙化）一起，逐渐使壳变得脆弱，引起壳破裂和卵壳膜及乳突层的裂开，以利于稚鳄鱼的孵出。

（2）内表面。

钙质层的内表面与壳膜等连接，其结构也多种多样。有的壳单位排列紧密（图3-6-21），有的壳单位排列疏松（图3-6-22），有的壳单位外形规则（图3-6-23），有的壳单位外形不规则（图3-6-24），有的壳单位呈放射状（图3-6-25），有的壳单位完整（图3-6-26）。

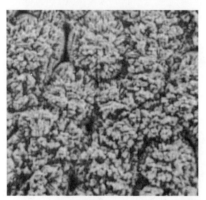

图 3-6-21　黄动胸龟卵壳的壳单位排列紧密
（引自 Packard 等，1984）

图 3-6-22　大头盾龟（*Peltocephalus dumeriliana*）卵壳的壳单位排列疏松
（引自 Winkler，2006）

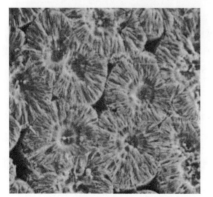

图 3-6-23　巨头麝香龟卵壳的壳单位外形规则
（引自 Packard 等，1984）

图 3-6-24　鳄龟卵壳的壳单位外形不规则，并可见清晰的中央凹陷
（引自 Packard，1980）

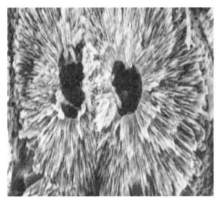

图 3-6-25　刺鳖卵壳的壳单位呈放射状
（引自 Packard 等，1979）

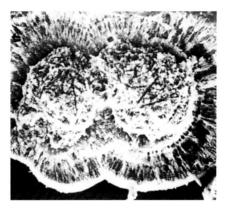

图 3-6-26　鳄龟卵壳的壳单位完整
（引自 Packard，1980）

（3）径向结构。

龟鳖卵壳的径向结构（Radial section）通常呈放射状（图 3-6-27、图 3-6-28、图 3-6-29），但也有不呈放射状的（图 3-6-30）。

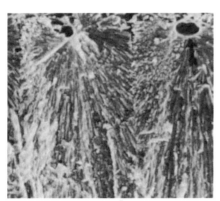

图 3-6-27　条纹动胸龟卵壳的径向结构
（引自 Packard 等，1984）

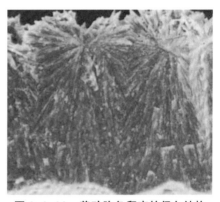

图 3-6-28　黄动胸龟卵壳的径向结构
（引自 Packard 等，1984）

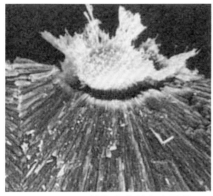

图 3-6-29　刺鳖卵壳的径向结构
（引自 Packard 等，1979）

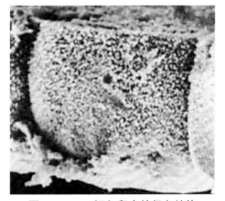

图 3-6-30　鳄龟卵壳的径向结构
（引自 Packard，1980）

绿海龟的钙质层由结节样的壳单位构成，这些壳单位表现出不同的形状和不同的大小，相互独立而无交联，因此导致在壳单位之间出现许多大小不等的空隙（图3-6-31）。这些结节性壳单位主要由放射状的骨板构成（图3-6-32），骨板由许多骨针堆叠而成（图3-6-33）。每一个骨板的中心具有一个孔或几个孔（图3-6-34）。绿海龟卵壳中的钙质层由3种形态的碳酸钙结晶构成，其中霰石为91%，方解石为6%，还有3%的球霰石。

图3-6-31 绿海龟卵壳的钙质层
（引自Al-Bahry等，2009）

图3-6-32 绿海龟卵壳上的放射状骨板
（引自Al-Bahry等，2009）

图3-6-33 绿海龟卵壳上的骨板（a）由骨针组成
（引自Al-Bahry等，2009）

图3-6-34 绿海龟卵壳骨板中心的孔（→）
（引自Al-Bahry等，2009）

4. 壳层

爬行动物的卵壳除了钙质层外，其余的结构属于壳层，包括中间复合层、蜂窝层、有机层、乳突层、壳膜和内界膜等结构。

（1）中间复合层。

中间复合层存在于绿海龟中（Al-Bahry等，2009），它与钙质层接触的表面是致密的（图3-6-35），但在层的中间可见许多小孔和间隙（图3-6-36）。中间复合层主要由不同大小的棒形微晶块构成，在微晶块之间排列着不同方向的纤维（图3-6-37），微晶块形成的网络贯穿整层。中间复合层很厚，可见数层结构（图3-6-38），它们由有机物、结晶霰石及少量的方解石混合构成。

图 3-6-35 绿海龟卵壳中间复合层的外表面
（引自 Al-Bahry 等，2009）

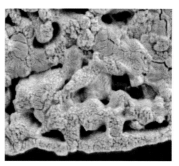

图 3-6-36 绿海龟卵壳中间复合层内部的扫描
电镜图
（引自 Al-Bahry 等，2009）

图 3-6-37 绿海龟卵壳中间复合层中的各种各样
的微晶块和纤维的扫描电镜图
（引自 Al-Bahry 等，2009）

图 3-6-38 绿海龟卵壳的中间复合层
（引自 Al-Bahry 等，2009）

（2）蜂窝层。

鳄鱼的卵壳具有蜂窝层。这一层含有较多的纤维有机质，是松散的和多孔的（图
3-6-39），形似蜂窝。纤维广泛交织在一起，形成许多空隙（图 3-6-40）。

图 3-6-39 密西西比鳄卵壳蜂窝层的表面
（引自 Ferguson，1982）

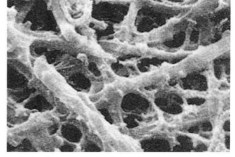

图 3-6-40 密西西比鳄卵壳蜂窝层的纤维结构
（引自 Ferguson，1982）

（3）有机层。

存在于鳄鱼中，位于蜂窝层的下面、乳突层的上面。有机质纤维广泛交织，由许多小
的方解石晶体包绕（图 3-6-41、图 3-6-42）。

图 3-6-41 密西西比鳄卵壳有机层中的纤维结构
（引自 Ferguson，1982）

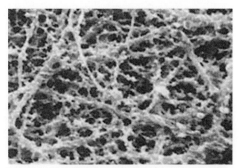

图 3-6-42 卵壳有机层中的纤维交织成网状
（引自 Ferguson，1982）

（4）乳突层。

密西西比鳄的乳突层由许多乳突样的锥体构成。这些锥体的基部面对有机层，锥体的顶端面对壳膜，并通过其中心（图 3-6-43）与壳膜相连。乳突锥体由方解石晶体构成，呈六角形（图 3-6-43）。卵孔存在于 4 个或更多的相邻乳突之间（图 3-6-44）。卵壳膜的纤维直接附着在乳突锥体中心。

图 3-6-43 密西西比鳄卵壳
乳突层的锥体中心（→）
（引自 Ferguson，1982）

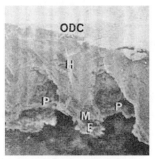

图 3-6-44 密西西比鳄卵壳的径向切面
ODC：钙质层；H：蜂窝层；P：卵孔；
M：乳突层；E：壳膜
（引自 Ferguson，1982）

（5）壳膜。

在鸟类和爬行类的卵壳中均存在壳膜。鸟类的壳膜包括外壳膜和内壳膜。密西西比鳄卵壳中的壳膜为单层结构，由向各个方向伸展的纤维构成。纤维朝向壳的外表面是圆的，但朝向内面是扁平的。这些纤维广泛交织在一起，形成纵横交错的网络。

斑马尾蜥蜴（*Callisaurus draconoides*）的壳膜由 4 层纤维构成，纤维层之间无明显分界，相互平行排列。斑点楔齿蜥卵壳的壳膜由几层扁平、带状的纤维构成。在每一层中，纤维是随机排列的。

鳄龟卵壳的壳膜几乎与钙化层一样厚（图 3-6-45），但未看到自然分层的现象，因此为单层。

绿海龟和放射陆龟卵壳的壳膜也为单层，而欧洲泽龟和刺鳖具有 2 层壳膜。刺鳖卵壳的壳膜可分成紧接蛋清的内壳膜和紧接钙质层的外壳膜，内壳膜与外壳膜可能分离，从而形成气室（Air cell），这相似于鸟类的卵。动胸龟卵壳的壳膜也为单层（图 3-6-46）。

图 3-6-45　鳄龟卵壳中的壳膜（M）
（引自 Packard，1980）

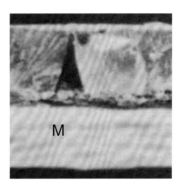

图 3-6-46　巨头麝香龟卵壳中的壳膜（M）
（引自 Packard 等，1984）

（6）内界膜。

内界膜也称限制膜，为一薄层组织，位于卵清蛋白的外面。它存在于所有研究过的爬行动物中，包括龟鳖、鳄鱼和蜥蜴。内界膜通常在光镜下表现为单层无细胞的膜，但在扫描电镜或透射电镜下，蜥蜴的内界膜由 2～3 层构成，组化技术证明，内界膜由黏多糖组成。

斑点楔齿蜥卵壳的内界膜厚约 10 μm（图 3-6-47），其内表面（面对蛋清的一面）存在许多大小和形态不同的钙晶（图 3-6-48）。当钙晶被溶解后，在内界膜表面留下压痕（图 3-6-49）。脱钙后的内界膜很平滑，偶见分散的压痕（图 3-6-50）。

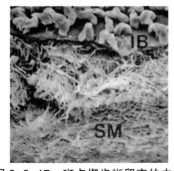

图 3-6-47　斑点楔齿蜥卵壳的内界
膜（IB）和壳膜（SM）
（引自 Cree 等，1996）

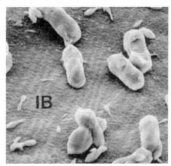

图 3-6-48　斑点楔齿蜥卵壳内界膜（IB）
上的钙晶
（引自 Cree 等，1996）

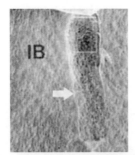

图 3-6-49 斑点楔齿蜥卵壳内界膜（IB）溶解钙晶后的压痕（→）（引自 Cree 等，1996）

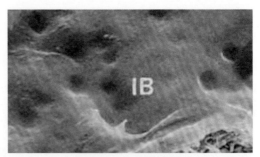

图 3-6-50 斑点楔齿蜥卵壳内界膜（IB）溶解钙晶后的平滑表面（引自 Cree 等，1996）

5. 卵孔

卵孔为胚胎与外界交换气体和水分的通道，对胚胎的发育至关重要。卵孔的大小和结构控制着水分的进出。在干燥环境下孵化的卵，一般卵孔较少和孔径较小。在湿度较大的环境下孵化的卵，其卵孔较多和孔径较大。

密西西比鳄卵壳的卵孔从乳突层锥体之间的空隙向上，穿过上面的各层，开口于壳的表面（图 3-6-51）。孔多数位于不透明区（Opaque zone）。当方解石中的孔充满空气时，它引起浑浊，由于在卵壳中央区具有更多的孔，孔中充满空气，故这一区域出现白色的带。进而，当侵蚀坑发展时，它们也会引起不透明。孔的开口有孔塞覆盖（图 3-6-51、图 3-6-52），孔塞大于孔的周径。孔塞也朝下伸展，可达蜂窝层的一半。孔塞由小球形的或棍棒形的泡状物组成。在产卵时，孔塞的表层很快被除去。当卵的孵化进行时，孔塞被移除或被降解，以便在孵化后期把卵孔打开，以利于气体交换。

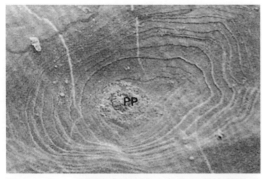

图 3-6-51 密西西比鳄卵壳上的卵孔及完整的孔塞（PP）（引自 Ferguson，1982）

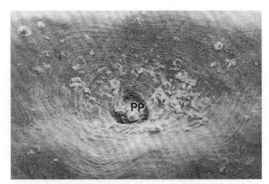

图 3-6-52 密西西比鳄卵壳上的卵孔及不完整的孔塞（PP）（引自 Ferguson，1982）

6. 白斑

在爬行动物中，刚产出的卵纯白色和透明。但随着孵化时间的推移，在卵壳上会出现一个白色不透明的区域，这个区域称为白斑。白斑可位于卵的中央，也可位于卵的一端，视不同的动物而定。在龟类，大部分位于椭圆形龟卵的中央（图 3-6-53、图 3-6-54），也有位于一端的（图 3-6-55）。而在鳖类，因卵是圆的，白斑的位置无法确定（图 3-6-56）。

图 3-6-53　黄喉拟水龟的受精卵

图 3-6-54　黑颈乌龟的受精卵

图 3-6-55　平胸龟的受精卵

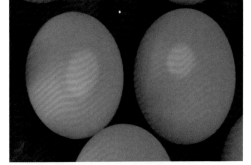

图 3-6-56　中华鳖的受精卵

7. 卵壳在孵化过程中的变化

卵壳的钙质层除了具有保护的作用外，也是储存钙离子的场所。在蜥蜴中，未发现胚胎在发育过程中从卵壳摄取钙的证据，一般认为卵黄已足够供应胚胎发育所需的钙，因此，卵壳的钙质层很薄，甚至没有钙质层也能孵出正常的后代。而在龟鳖中，其卵壳的钙质层较厚，在胚胎发育的过程中，胚胎可从卵壳摄取钙。故在孵化后期，钙质层可出现脱落，最终从卵壳中完全分离。如鳄龟在未孵化的和孵化 14 天的卵中，钙质层坚固地附着在壳膜上。然而，孵化 35 天后，钙质层有轻微脱落。孵化至 53 天，钙质层与下面的壳膜完全分离。

绿海龟的卵刚产出时，大部分的骨板折叠成堆状，结节状壳单位表面完整（图 3-6-57）。而在孵化过程中，一些骨板脱离，留下非常混乱的钙质层表面（图 3-6-58）。

图 3-6-57　绿海龟刚产出的卵的卵壳钙质层表面
├─┤：结节状壳单位；a：骨板
（引自 Al-Bahry 等，2009）

图 3-6-58　绿海龟孵化后期的卵的卵壳钙质层表面
（引自 Al-Bahry 等，2009）

卵壳在孵化过程中出现的变化的另一大特征是白斑的扩展。密西西比鳄卵壳上的白斑出现在卵壳的中央区域，该区域含有大量的卵孔，当卵孔充满气体后可使卵壳变浑浊，即出现白斑，如用手电筒等照明器材照明，可见有白斑的部位是不透明的（图 3-6-59）。当孵化进行时，白斑不断向两端扩展，最后到达两端（图 3-6-60）。当然，白斑的起源和扩展是由多种因素所引起的：①卵壳变干。由于含水的卵清蛋白向卵壳的两极移动和卵壳孔隙的增加，可减少卵内的水分，使该处的卵壳变得不透明。②卵壳中心区域具有许多卵孔，卵孔充气后使方解石变模糊。③侵蚀坑的扩展使方解石变模糊和改变卵孔开口的性质，使其开口扩大，气体容量增加。④在卵两端存在较少的乳突，而乳突间的空隙是卵孔的起源地，故两端的卵孔较中央区域少。⑤有机层中方解石晶体与有机质比例的持续减少。⑥围绕在壳内面的血管绒毛尿囊膜的扩展，因其可从卵壳中移走钙离子，用于胚胎的钙化，故可引起卵的壳膜变成垩白色。

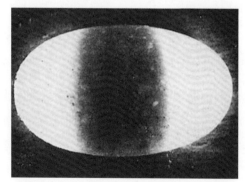

图 3-6-59　孵化 1 周后的密西西比鳄卵
（引自 Ferguson，1982）

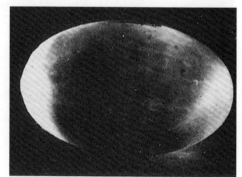

图 3-6-60　孵化 6 周后的密西西比鳄卵
（引自 Ferguson，1982）

二、卵壳的形成

根据卵壳的结构，爬行动物的卵可分革质卵和钙质卵。蛇的卵为革质卵，龟鳖的卵为钙质卵。革质卵的柔韧性比钙质卵强，能更有效地抵抗产卵洞穴中孵化介质的磨损，避免在卵与卵之间的挤压中由于脆性而破裂，因此，卵与卵之间能紧密地挨在一起。而且，爬行动物革质卵壳的特殊表面结构能够有效地防止孵化介质堵塞卵孔而导致的窒息。钙质卵壳的硬度强于革质卵壳的硬度，可保持卵壳不变形，有利于胚胎的发育。龟鳖的卵根据其卵壳的结构，又可分为刚性卵（硬壳卵）和柔性卵（软壳卵）。大多数龟类和鳖类的卵为刚性卵，少部分龟类（如鳄龟）和海龟的卵为柔性卵。刚性卵比柔性卵更有利于抵抗无脊椎动物掠食者和干燥环境，但消耗母体更多的钙，这是不利的。故很多爬行动物为了节约母体的钙，其卵均为球形，因球形卵的表面积最小，可减少卵壳对钙的需求量，因此是有利的，这是大多数产刚性卵的动物所采取的策略。椭圆形卵则有利于通过有限的泄殖腔的开口，这是小动物产较大的卵时所采取的策略。

在斑点楔齿蜥中，卵壳的形成首先是内界膜的形成，然后由蛋白质纤维形成壳膜层的内面，再由大部分蛋白质纤维及少量的钙晶形成壳膜层的外面。钙晶柱状，被蛋白质纤维包绕。壳膜层外面的钙化间歇性进行。在怀卵期的中期，在壳膜层的外表面沉积一层无定形物质，大的球形的钙晶出现并穿破无定形层。钙晶的穿出部分状如蘑菇，并逐渐在壳膜的外表面扩展。到怀卵期的中晚期，壳膜层的外表面出现小的钙化单位。到怀卵期的晚期，卵壳的外表面完全钙化，出现不同大小的帽状结构的壳单位。

龟鳖类的壳膜层由蛋白质纤维包裹而成。蛋白质纤维由子宫内膜腺体产生，它们在卵表面逐渐多聚化，首先表现为小的颗粒，然后逐渐增大，互相之间凝聚成一条条长的纤维。

龟鳖卵壳钙质层的形成是在有机物中心（钙化中心）的基础上进行的。如在黄动胸龟中，钙质层的形成是在壳膜的外表面上首先出现小的有机物中心，该中心起沉积钙晶材料的核心作用。在此基础上形成早期的壳单位，此时的壳单位是圆形的结节（图3-6-61）。壳单位侧向生长，被纤维包绕。壳单位之间松散排列（图3-6-62）。随着卵壳形成的进展，壳单位变成柱形，邻近壳单位的钙晶互相连锁，形成致密的钙质层（图3-6-63）。最后，当卵快要产出时，形成完整、成熟的钙质层（图3-6-64）。卵壳形成所需的钙来自雌龟骨骼的溶解。

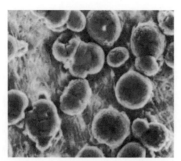

图 3-6-61　黄动胸龟卵壳早期的壳单位
（引自 Packard 等，1984）

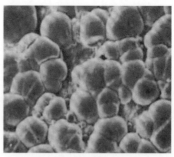

图 3-6-62　黄动胸龟卵壳的壳单位排列疏松
（引自 Packard 等，1984）

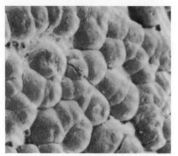

图 3-6-63　黄动胸龟卵壳的壳单位排列紧密
（引自 Packard 等，1984）

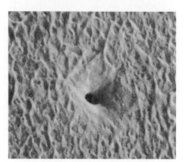

图 3-6-64　黄动胸龟成熟的卵壳，可见卵孔
（引自 Packard 等，1984）

三、孵化机制

在成熟的卵中，可检出 17 种氨基酸，并含有丰富的不饱和脂肪酸。在胚胎发育的晚期，胚胎通过产生孵化酶来消化卵黄膜和吸收卵清蛋白。中华鳖孵化酶 cDNA 全长为 1 555 bp，含一个编码 410 个前原酶氨基酸的开放阅读框。前原酶含 15 个氨基酸的信号肽、74 个氨基酸的前肽序列和 321 个氨基酸的成熟酶。成熟酶由 200 个氨基酸的虾红素蛋白酶结构域和 121 个氨基酸的 CUB（Complement subcomponent C1r/C1s，Uegf，Bmp1）结构域组成（Yasumasu 等，2010）。

在孵化晚期，卵壳从壳膜中分离，以利于成熟胚胎的出壳。在两种类型的卵壳中，成熟胚胎的出壳方式不同。革质卵和钙质卵的卵壳结构具有很大的差别，蛇的卵壳的外层是以角蛋白为基础的膜，覆盖着胶原蛋白网络，内膜由致密的、交织在一起的胶原蛋白构成。因此，蛇的卵壳的韧性很大。而龟的卵壳蛋白质的排列与蛇相反，壳膜外层由上面覆盖角蛋白基质的胶原蛋白层构成，内层具有致密的角蛋白层。卵壳表面有钙质层。龟的卵壳硬度较强。蛇在孵出时，用刀片样的卵齿切开和撕破它们坚韧的卵壳（图 3-6-65）。而龟在孵出时，使用钻样的卵齿来刺破僵硬的卵壳（图 3-6-66）。

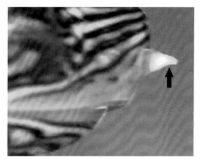

图 3-6-65　蛇在孵化时用刀片样的卵齿切开的卵壳　　图 3-6-66　中华花龟的卵齿（→）
（引自 Chang 等，2016）　　　　　　　　　　（引自 Chang 等，2016）

第七节　胚胎发育

一、胚胎发育的分期

　　龟鳖的胚胎发育依不同种类、不同的孵化环境（自然孵化或人工孵化）及不同的孵化温度而有很大的变化。如鳄龟卵在 20 ℃下孵化，其孵化期为 140 天；在 30 ℃下孵化，其孵化期为 63 天。龟鳖胚胎发育是一个连续的过程，胚胎发育的分期是人为的，是为了研究和比较不同龟鳖胚胎发育的事件。不同的研究者根据不同的标准对一些龟鳖进行了发育分期的研究，因此，报道了不同的研究结果，其中以早期研究的鳄龟胚胎发育的分期（Yntema，1968）为公认的标准。现将其介绍如下。

　　以鳄龟卵在 20 ℃ 温度下孵化的结果作为分期标准。因其发育较慢，便于观察。卵在产出之前已发育至肠胚（Gastrula）阶段，具有一个开放的脊索中胚层管（Chorda-mesodermal canal）。卵产出到孵出稚体的整个发育过程可划分为 26 期，这 26 期又可包含在 3 个大的时期内：无体节时期（第 0～3 期）、体节时期（第 4～10 期）和肢体时期（第 11～26 期）。这些时期是以孵化时间来划分的。

　　第 0 期：卵刚孵化（图 3-7-1、图 3-7-2）。胚盘位于透明区的末端，胚孔为相对较大的背部横裂，位于胚盘的后端。脊索中胚层管像隧道样延伸，开口在腹面。头突（Head process）出现在腹面。在胚盘深处，可见扇形的细胞床沿着它的半径向侧面和前面不规则延伸。在胚盘后缘，腹部表面上可见数簇细胞。原板（Primitive plate）面对胚孔，其后部的细胞覆盖卵黄区。腹部表面可见随机出现的卵黄颗粒。

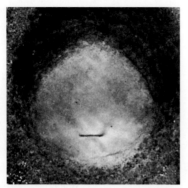

图 3-7-1　卵刚孵化胚胎的背面观
（引自 Yntema，1968）

图 3-7-2　卵刚孵化胚胎的腹面观
（引自 Yntema，1968）

第 1 期：孵化 1 天（图 3-7-3、图 3-7-4）。胚盘中的胚孔是窄的和稍微有点拱形。脊索中胚层管腹面开口的侧面具有更尖锐的角。在透明区，可见胚盘后面的中胚层，中胚层的边界形成一个前部不完整的环，外观呈镰刀形。在腹面观，一个中胚层的三角形凝块从原板向前延伸，被头突一分为二。

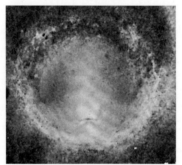

图 3-7-3　孵化 1 天胚胎的背面观
（引自 Yntema，1968）

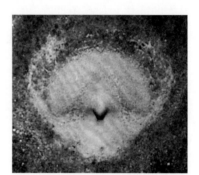

图 3-7-4　孵化 1 天胚胎的腹面观
（引自 Yntema，1968）

第 2 期：孵化 2 天（图 3-7-5、图 3-7-6）。由于中胚层的生长，胚盘的边界变得模糊。中胚层在胚盘周围形成一个偏中心的环，环的后半部更明显，并与原板汇合。在后部，细胞在卵黄区的背面播散，而在腹面，可见卵黄区和原板的连接。

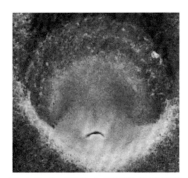 

图 3-7-5　孵化 2 天胚胎的背面观　　　图 3-7-6　孵化 2 天胚胎的腹面观
（引自 Yntema，1968）　　　　　　　　（引自 Yntema，1968）

第 3 期：孵化 3 天（图 3-7-7、图 3-7-8）。胚盘延长，胚孔变小。神经沟和头褶是浅的背窝。微小的脊索中胚层沟（Chordamesodermal groove）从腹面的管道向前延伸。中胚层向前端扩散到胚盘，在后端和侧面，它变成镰刀形，并与原板汇合。

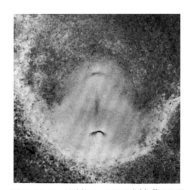 

图 3-7-7　孵化 3 天胚胎的背面观　　　图 3-7-8　孵化 3 天胚胎的腹面观
（引自 Yntema，1968）　　　　　　　　（引自 Yntema，1968）

第 4 期：孵化 4 天（图 3-7-9、图 3-7-10）。有 3 对体节。神经褶（Neural fold）已沿着胚胎的长度上举，它们在后面围绕胚孔（Blastopore）。脊索中胚层管在背面与神经沟相通，故改称为神经肠管（Neurenteric canal）。腹表面含有发育良好的头突。脊索中胚层沟从神经肠管向前延伸和前端张开。绒膜羊膜褶（Chorioamniotic fold）覆盖神经褶的前端。胚外中胚层在背面播散，但在腹面与卵黄区形成一个清晰的界限。

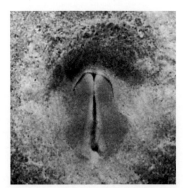
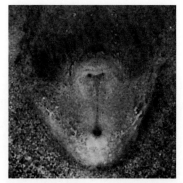

图 3-7-9　孵化 4 天胚胎的背面观　　　图 3-7-10　孵化 4 天胚胎的腹面观
（引自 Yntema，1968）　　　　　　　　（引自 Yntema，1968）

　　第 4+ 期：孵化 4+ 天（图 3-7-11、图 3-7-12）。有 4 对体节。神经褶在头部区域的后端和胚孔的上方轻度融合。在腹面，界限清楚的脊索（Notochord）与体节中胚层（Somitic mesoderm）侧向相接。肠门（Intestinal porta）的前部已经形成，与头部雏形的弯曲部分相连接。通过中胚层的卵形衤（Ovoid ring），血管区的外缘清晰可见。绒毛膜羊膜（Chorioamniotic membrane）覆盖雏形的前脑和中脑。

图 3-7-11　孵化 4+ 天胚胎的背面观　　　图 3-7-12　孵化 4+ 天胚胎的腹面观
（引自 Yntema，1968）　　　　　　　　（引自 Yntema，1968）

　　第 5 期：孵化 5 天（图 3-7-13、图 3-7-14）。有 5 对体节。神经褶向前端开口，但在大多数脊柱区尚未融合。绒膜羊膜褶覆盖后脑的前部。以前的透明区在背面观时变得不透明。在胚胎的侧面，含有不透明区细胞的卵黄的内缘明显可见。透明区比卵刚产下时小得多。在背面，胚胎的前面可见血岛（Blood islands）。

图 3-7-13　孵化 5 天胚胎的背面观　　图 3-7-14　孵化 5 天胚胎的腹面观
（引自 Yntema，1968）　　　　　　（引自 Yntema，1968）

第 5+ 期：孵化 6 天（图 3-7-15）。有 6 对体节。神经褶上举，向前面开口。颚咽弓（Mandibular pharyngeal arch）明显。颅弯曲大概 180°。

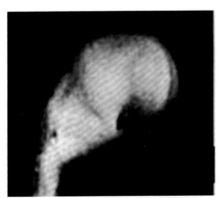

图 3-7-15　孵化 6 天胚胎的侧面观
（引自 Yntema，1968）

第 6 期：孵化 7 天（图 3-7-16、图 3-7-17、图 3-7-18）。有 8 对体节。前端的小神经孔持续存在，可见视泡（Optic vesicles）。下颌弓（Mandibular arch）在后面出现。血岛发生在模糊区，它们延伸到血管区。侧体褶（Lateral body fold）从胚胎前半部周围的前体褶处开始延伸。在胚胎一边的卵黄区已闭合，原板向腹面突出。

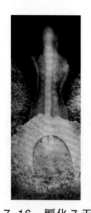  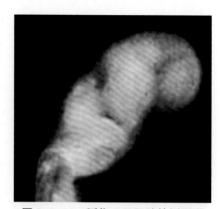

图 3-7-16 孵化 7 天胚胎
的背面观

（引自 Yntema，1968）

图 3-7-17 孵化 7 天胚胎
的腹面观

（引自 Yntema，1968）

图 3-7-18 孵化 7 天胚胎的侧面观

（引自 Yntema，1968）

第 7 期：孵化 9 天（图 3-7-19、图 3-7-20、图 3-7-21）。有 10 对体节。视泡和下颌弓更清晰。耳的雏形形成一个窝。神经褶在前端仍未完全融合。舌弓在下颌弓与心脏之间插入，呈 S 形。绒膜羊膜（Chorioamnion）的后缘位于血管区边缘的后面，后端羊膜管（Amniotic tube）已开始形成。血岛明显，在胚胎的侧面可见卵黄血管丛（Vitelline plexus）的血管。侧体褶与纵行的脊索中胚层窝（Chordamesodermal recess）接壤，可见原板和神经肠管的内部开口。

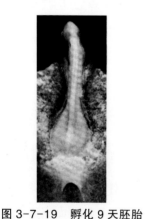  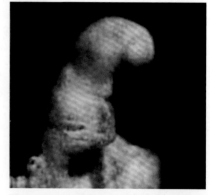

图 3-7-19 孵化 9 天胚胎
的背面观

（引自 Yntema，1968）

图 3-7-20 孵化 9 天胚胎
的腹面观

（引自 Yntema，1968）

图 3-7-21 孵化 9 天胚胎的侧面观

（引自 Yntema，1968）

第 8 期：孵化 12 天（图 3-7-22、图 3-7-23、图 3-7-24）。有 14 对体节。神经褶在前端完全融合，雏形的耳是杯状的，它的开口未收缩。在它的腹面，第 2 对咽沟（Pharyngeal groove）把舌骨与第 3 对咽弓（Pharyngeal arch）隔离开来。下颌弓在侧面和腹面是明显的。侧体褶已移位到中部。脊索中胚层窝缩小。后体褶已形成，并把原板抬高到外胚层膜的水平面。尾突（Tail process）产生，脊索中胚层窝被限制在后部。

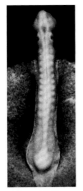

图 3-7-22　孵化 12 天胚胎的背面观
（引自 Yntema，1968）

图 3-7-23　孵化 12 天胚胎的腹面观
（引自 Yntema，1968）

图 3-7-24　孵化 12 天胚胎的侧面观
（引自 Yntema，1968）

第 9 期：孵化 16 天（图 3-7-25、图 3-7-26、图 3-7-27）。有 19 对体节。第 4 脑室的顶部已变薄，出现了晶状体窝（Lens pit）。耳杯（Otic cup）的开口已缩小。第 1 个咽裂（Pharyngeal slit）是开放的，第 3 个咽弓被限制在后部。口膜（Buccal membrane）已吸收。心脏突出，血液循环已于 2 天或 3 天前开始。卵黄血管丛是明显的，它们在肠门之间的腹面中线汇合。在侧体褶的前肢的雏形，通过羊膜腔的膨大而显示出来。肠门的后部已形成，并悬挂于尾突上。前面的肠门缩小。肠门之间在中线的融合已抹平其间的脊索中胚层窝，并携带卵黄血管丛的中间部分到中线汇合。

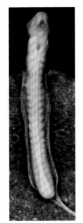

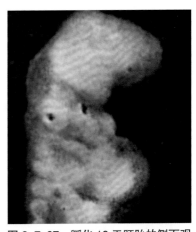

图 3-7-25　孵化 16 天胚胎的背面观
（引自 Yntema，1968）

图 3-7-26　孵化 16 天胚胎的腹面观
（引自 Yntema，1968）

图 3-7-27　孵化 16 天胚胎的侧面观
（引自 Yntema，1968）

第 10 期：孵化 20 天（图 3-7-28、图 3-7-29、图 3-7-30）。有 24 对体节。晶状体窝已消失。存在嗅窝（Olfactory pit）。耳泡（Otic vesicle）已闭合，内淋巴囊

（Endolymphatic sac）向背侧伸展。头2个咽裂是开放的，第4咽弓限于后部。下颌突（Mandibular process）向尾部伸展到第1裂缝。右边和左边前部的卵黄静脉形成良好。羊膜腔的扩张出现在肢体水平面，在此处，肢芽在侧体褶内出现。在背腹面，前肢雏形比后肢雏形更广泛，后肢雏形的基部有3个体节宽。尾突已变成长形，它的中胚层仅在基部分段。

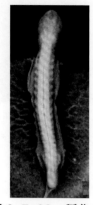  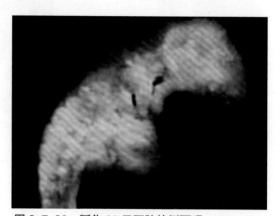

图 3-7-28 孵化 20 天胚胎的背面观（引自 Yntema，1968）　　图 3-7-29 孵化 20 天胚胎的腹面观（引自 Yntema，1968）　　图 3-7-30 孵化 20 天胚胎的侧面观（引自 Yntema，1968）

第11期：孵化25天（图3-7-31、图3-7-32、图3-7-33）。有31对体节。第1个咽裂仍开口在背侧，第2个咽裂被舌弓覆盖，第5咽弓限制在后部，上颌突朝眼睛方向伸展。右前方的卵黄静脉相对较小，正好在胚胎的前方，大部分卵黄静脉的血流分流到大的左侧静脉。尾突长度已增加，它的中胚层分段超过其长度的一半。后肢雏形的基部跨过5个体节，前肢雏形和Wolff嵴伸展超过9个体节。颈曲在胚胎转到它的左侧之前已经增加。

 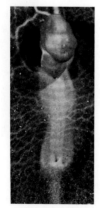 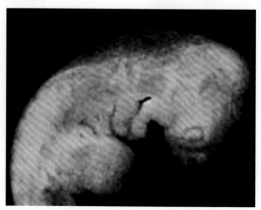

图 3-7-31 孵化 25 天胚胎的背面观（引自 Yntema，1968）　　图 3-7-32 孵化 25 天胚胎的腹面观（引自 Yntema，1968）　　图 3-7-33 孵化 25 天胚胎的侧面观（引自 Yntema，1968）

第 12 期：孵化 30 天（图 3-7-34、图 3-7-35、图 3-7-36）。胚胎位于左边，这与颈曲、背曲和骶曲的形成或增加有关。咽裂已消失，上颌突（Maxillary process）向腹面伸展，舌弓居先，限制了颈窦（Cervical sinus）。视网膜已经有色素 3 天。前部的卵黄静脉在头部后面的下面穿过，到达耳泡。肠门之间的距离大约为胚胎长度的 1/3。尿囊突出于后肢锥形之间，大小也与这些锥形相似。前肢的肢芽约 3 个体节宽，长度稍短于其宽度。肢体前面的 Wolff 嵴不明显。顶嵴（Apical ridge）开始形成。肢体轴向腹侧后面伸展。

  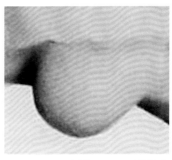

图 3-7-34　孵化 30 天胚胎的
右面观
（引自 Yntema，1968）

图 3-7-35　孵化 30 天胚胎的
左面观
（引自 Yntema，1968）

图 3-7-36　孵化 30 天胚胎的右
前肢芽
（引自 Yntema，1968）

第 13 期：孵化 5 周（图 3-7-37、图 3-7-38）。由于弯曲的增加，顶臀长度减少。上颌突在颚的后面伸展，由界线清楚的鼻泪沟（Nasolacrimal groove）在后面分界，结果产生一个很深的嗅窝（Olfactory pit）。鳃盖（Operculum）伸展超过颈窦（Cervical sinus）的前部。前部的卵黄静脉在头部眼和耳之间的下面穿过。卵黄囊（Yolk sac）的开口缩小，约为卵黄静脉前部直径的 4 倍。尿囊（Allantois）扩大，其直径大约为胚胎顶臀长度（Crown-rump length）的 1/3。前肢肢芽的长度稍大于宽度，其尾部比腹部更尖。顶嵴达到最大值。

 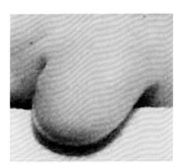

图 3-7-37　孵化 5 周胚胎的右面观
（引自 Yntema，1968）

图 3-7-38　孵化 5 周胚胎的右前肢芽
（引自 Yntema，1968）

第 14 期：孵化 6 周（图 3-7-39、图 3-7-40）。上颌与侧鼻突（Lateral nasal process）已融合，下颌突不明显，颈窦退化。尿囊的直径大于胚胎的顶臀长度。前部的卵黄静脉从脐带区向腹面延伸。尿囊血管位于静脉的后部，与静脉形成一个锐角。卵黄囊的开口约为前部卵黄静脉直径的 2 倍。前肢轴向尾部延伸，趾板（Digital plate）模糊，存在顶嵴。躯体侧面出现一条沟，指明背甲的界线。

图 3-7-39　孵化 6 周胚胎的右面观
（引自 Yntema，1968）

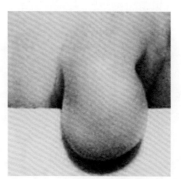

图 3-7-40　孵化 6 周胚胎的右前肢芽
（引自 Yntema，1968）

第 15 期：孵化 7 周（图 3-7-41、图 3-7-42）。下颌突延伸至眼水平面的后部，颈窦已闭合，可见额突（Frontal process）。由于卵黄囊从肠道收缩，部分肠道从体壁中脱出。前肢的趾板形成良好，不存在趾沟。在肢体的基部出现分散的色素细胞。背甲被限制在侧面，但不能区分前部与后部，中板和侧板轮廓模糊。沿着中线两边的一些中板，色素区域已形成。

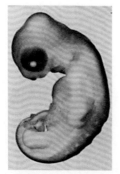

图 3-7-41　孵化 7 周胚胎的左面观
（引自 Yntema，1968）

图 3-7-42　孵化 7 周胚胎的右前肢
（引自 Yntema，1968）

第 16 期：孵化 8 周（图 3-7-43、图 3-7-44）。下颌正好终止在晶状体水平面的后面。巩膜乳头（Scleral papillae）明显，肠道仍脱出。前肢的趾板较大，边缘平滑。肢体充满色素，但其基部稀少。背甲的边缘被限制，中板和侧板轮廓仍模糊。在一些侧板中，色素区域已形成。

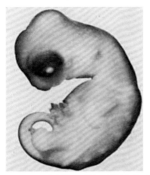

图 3-7-43　孵化 8 周胚胎的左面观
（引自 Yntema，1968）

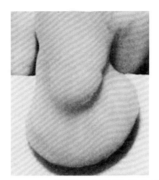

图 3-7-44　孵化 8 周胚胎的右前肢
（引自 Yntema，1968）

第 17 期：孵化 9 周（图 3-7-45、图 3-7-46）。下颌伸展超过晶状体水平面，但未到达额突。卵齿的雏形是一个靠近额突前端的细小的背部结节。巩膜乳头明显。前肢趾板的边缘稍呈锯齿状，5 个趾明显，色素细胞分散在趾板上。背甲的中板和侧板能清晰区分，但缘板不能区分。

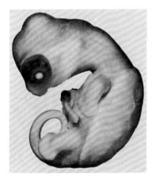

图 3-7-45　孵化 9 周胚胎的左面观
（引自 Yntema，1968）

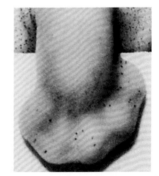

图 3-7-46　孵化 9 周胚胎的右前肢
（引自 Yntema，1968）

第 18 期：孵化 10 周（图 3-7-47、图 3-7-48）。下颌终止在额鼻沟（Frontonasal groove），出现下眼睑。皮肤乳突（Cutaneous papillae）出现在颈的背部上面。前肢的趾板已清楚地出现趾，趾突出，在边缘呈深度锯齿状。背甲的缘板具有清晰的分界。

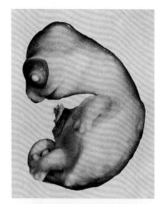

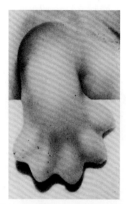

图 3-7-47　孵化 10 周胚胎的左面观　　　图 3-7-48　孵化 10 周胚胎的右前肢
（引自 Yntema，1968）　　　　　　　　　（引自 Yntema，1968）

第 19 期：孵化 11 周（图 3-7-49、图 3-7-50）。下颌的游离端是尖的，额鼻沟存在，下眼睑仍保留短的巩膜乳突，数排皮肤乳突出现在颈的背部上面。前肢的中央趾在蹼的后面突出一段距离，这段距离比它们在蹼中的厚度稍大，色素是稀少的。在背甲中板有一排色素点，缘板被界定。

图 3-7-49　孵化 11 周胚胎的左面观　　　图 3-7-50　孵化 11 周胚胎的右前肢
（引自 Yntema，1968）　　　　　　　　　（引自 Yntema，1968）

第 20 期：孵化 12 周（图 3-7-51、图 3-7-52）。额鼻沟已消失，下眼睑到达晶状体水平面，巩膜乳突不清晰。在颈背上，皮肤乳突形成数排的突出物。前肢的中央趾在蹼后面突出一段距离，约为它们在蹼中的厚度的 2 倍长。趾的基部出现色素，在前臂的背面出现了皮肤乳突。背甲的中板和侧板是灰色的，具有色素。在缘板上，色素是浅的。

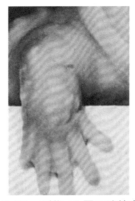

图 3-7-51 孵化 12 周胚胎的左面观　　图 3-7-52 孵化 12 周胚胎的右前肢
（引自 Yntema，1968）　　　　　　（引自 Yntema，1968）

第 21 期：孵化 13 周（图 3-7-53、图 3-7-54）。下眼睑穿过晶状体的下缘。前肢的爪在蹼的水平面从趾的其余部分分出来，它们轻度色素化。皮褶出现在前肢中轴前部的背面。背甲的中板和侧板稍起皱，色素点出现在缘板之间的沟中。

图 3-7-53 孵化 13 周胚胎的左面观　　图 3-7-54 孵化 13 周胚胎的右前肢
（引自 Yntema，1968）　　　　　　（引自 Yntema，1968）

第 22 期：孵化 14 周（图 3-7-55、图 3-7-56）。下眼睑覆盖大部分的瞳孔。前肢爪的色素仍浅但明显，中轴前的爪比中轴后的爪更黑。皮褶在中轴前的趾上，沿着前肢的中轴后边界及中轴前的背面延伸。背甲的色素已增加，但仍未到达黑色阶段。中板和侧板的皱纹已增加。

图 3-7-55　孵化 14 周胚胎的左面观
（引自 Yntema，1968）

图 3-7-56　孵化 14 周胚胎的右前肢
（引自 Yntema，1968）

第 23 期：孵化 15 周（图 3-7-57、图 3-7-58、图 3-7-59）。下眼睑通过一条裂缝与上眼睑分离开来。侧面观时，前肢的爪展示为同质的结构，爪的色素浓密，皮褶出现在前肢的背面。背甲的中板和侧板更粗糙，缘板的后部形成显著的锯齿状边缘，色素增加，壳为暗色。脱出的肠袢从第 15 期起已被拉回机体内。卵黄囊保持脱出。

图 3-7-57　孵化 15 周胚胎
的左面观
（引自 Yntema，1968）

图 3-7-58　孵化 15 周胚胎
右前肢的背面
（引自 Yntema，1968）

图 3-7-59　孵化 15 周胚胎
右前肢的第 1 指
（引自 Yntema，1968）

第 24 期：孵化 17 周（图 3-7-60、图 3-7-61、图 3-7-62）。背甲的中板形成背嵴，色素增加，导致背甲呈黑色。前肢的皮褶更明显，爪是钝的，以雏形的长度延伸。爪被相对透明的鞘所包裹。

图 3-7-60　孵化 17 周胚胎的
左面观
（引自 Yntema，1968）

图 3-7-61　孵化 17 周胚胎右
前肢的背面
（引自 Yntema，1968）

图 3-7-62　孵化 17 周胚胎右
前肢的第 1 指
（引自 Yntema，1968）

第 25 期：孵化 19 周（图 3-7-63、图 3-7-64、图 3-7-65）。背甲中的背嵴缩小。前肢的爪在其雏形内分化，形成比雏形短的尖的结构。存在脐疝，脐疝中含有部分卵黄囊。

图 3-7-63　孵化 19 周胚胎的
左面观
（引自 Yntema，1968）

图 3-7-64　孵化 19 周胚胎右
前肢的背面
（引自 Yntema，1968）

图 3-7-65　孵化 19 周胚胎右
前肢的第 1 指
（引自 Yntema，1968）

第 26 期：孵化 20 周（图 3-7-66）。背甲从卵壳出来时是扁平的。前肢的爪上面的鞘因使用而消失。脐疝可能消失，它的位置可能由腹甲软的区域所代替。而在另一些情况下，可能存在相对小的卵黄囊。

图 3-7-66　刚孵出的稚龟（孵化 20 周）
（引自 Yntema，1968）

二、原始生殖细胞的发育

原始生殖细胞（Primordial germ cell，PGC）是产生雌性和雄性生殖细胞的早期细胞。在不同的动物中，其早期胚胎内开始出现成群原始生殖细胞的部位不同。在蠵龟（*Caretta caretta*），其胚胎中发育到第 5 天或第 6 天时，可在卵黄囊内胚层中发现 PGC。在光镜下，可用过碘酸雪夫（Periodic acid-Schiff，PAS）技术鉴定 PGC，因其胞浆中的糖原颗粒染色阳性。PGC 很容易与体细胞区别，除了 PAS 染色阳性外，PGC 细胞是大的，具有大的、圆形的核（图 3-7-67），核中含相对少的染色质和 1 个或 2 个清晰的核仁。在胞浆中有脂滴、卵黄粒和糖原颗粒。许多游离的核糖体、粗面内质网和线粒体也出现在胞浆中。PGC 与邻近的内胚层细胞具有分界线（图 3-7-67），而内胚层细胞之间是没有分界线的。这个分界线为 PGC 与内胚层开始分离的标志。

在胚胎发育的第 6—7 天，PGC 从内胚层中分离出来。到胚胎发育的第 9 天，PGC 在背系膜（Dorsal mesentery）的根部和体腔角（Coelomic angle）聚集（图 3-7-68），它已到达将来的背系膜和背大动脉之间的区域。PGC 向前移动，其个体数量增加。此时，PGC 的平均直径为 16 μm，核的直径为 9～10 μm，糖原颗粒分散在胞浆中。

在胚胎发育的第 10—11 天，原肠（Primitive gut）和背系膜发育良好，生殖嵴（Genital ridge）在形成的初始阶段，表现为体腔上皮的增厚。部分 PGC 已到达尚在形成的生殖嵴中，但大部分仍停留在背系膜和体腔角中。

从胚胎发育的第 12 天起，PGC 从背系膜的根部区域移行到性腺原基（Gonadal anlage），移行持续到胚胎发育的第 13 天（图 3-7-69）。在胚胎发育的第 14 天，PGC 已完全定居在生殖原基（Gonadal primordium）中。

在生殖嵴的间皮或体腔角中，PGC 在侧面观是球形的。而在间质中的 PGC 通常为不规则形，具有伪足（Pseudopods）或胞浆突（Cytoplasmic processes）（图 3-7-70、图 3-7-71）。这些特征表明，PGC 具有活跃的阿米巴运动。在上皮和间皮中的 PGC，均被周围的体细胞所包围。

在移行过程中，PGC胞浆内的糖原颗粒逐渐减少，卵黄粒也逐渐减少，而且这两者在最后的定居阶段中消失，但脂滴在整个移行过程中均可见到。在PGC的晚期阶段，高尔基体、粗面内质网和线粒体等细胞器发育良好，许多游离的核糖体散布于胞浆中。在PGC移行的任何阶段，均未见血管内的PGC。这说明PGC只通过组织移行，不通过血管移行。

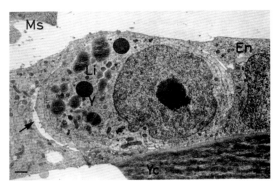

图3-7-67 位于卵黄囊内胚层（En）的PGC，开始与内胚层细胞分离（→）

Ms：间质细胞；Li：脂滴；Y：卵黄粒；Yc：黏在内胚层的卵黄

（引自Fujimoto，1979）

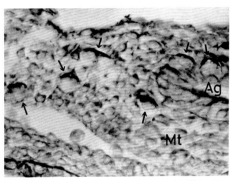

图3-7-68 胚胎发育第9天的横切面。PGC为PAS染色阳性的大细胞（→），位于背系膜（Mt）的根部和体腔角（Ag）

（引自Fujimoto，1979）

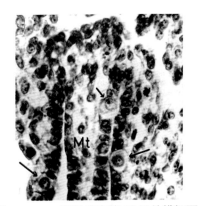

图3-7-69 胚胎发育第13天的横切面。示定居在生殖嵴的PGC（长→）和在背系膜（Mt）间皮中的PGC（短→）

（引自Fujimoto，1979）

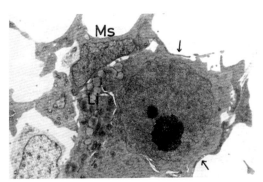

图3-7-70 不规则形的PGC。可见间质细胞（Ms）伸长的胞突（→）

Li：脂滴

（引自Fujimoto，1979）

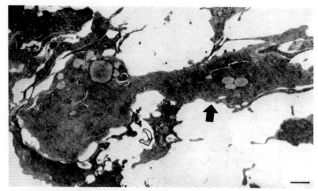

图 3-7-71　PGC 的伪足（→）

（引自 Fujimoto，1979）

三、心脏的发育

Bertens 等（2010）对欧洲泽龟的心脏发育进行了研究。龟类心脏结构的示意图见图 3-7-72。龟类心脏的解剖结构示意图见图 3-7-73。心脏起源于生心区中胚层的围心腔（Pericardiac coelom）和生心板。

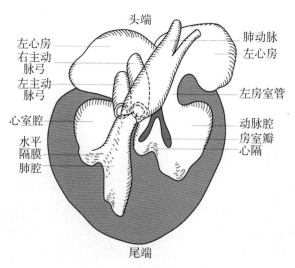

图 3-7-72　龟类心脏结构示意图

（引自 Bertens 等，2010）

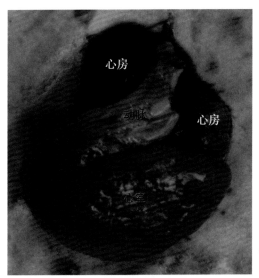

图 3-7-73　龟类心脏的解剖结构示意图

欧洲泽龟胚胎发育的分期参照鳄龟（Yntema，1968）的分期标准。胚胎发育至第 6 期，有 8 对体节，小的颅神经孔持续存在。心内膜管（Cardiac endocardial tube）刚融合，心房的背心系膜（Dorsal mesocardium）存在，但仍未发现间质细胞。可见围心腔，有少量心胶质（Cardiac jelly）。

胚胎发育至第 8 期，有 14 对体节。在颅骨，神经褶完全关闭。心襻（Cardiac looping）清晰可见，S 襻（S-looping）有进展，但处于早期阶段。流出道（Outflow tract）的前部在心脏的右边，总心房（Common atrium）在左边，在心脏背面的原始心管（Original heart tube）的尾端终止于一个将形成心耳的褶中。心室和流出道位于原始心管的颅腔方向。在这一部分原始心管中，出现一个清晰的弯突。一旦离开原始心室，原始心管首先经过颅端，随后向尾端弯曲，到达左侧，在那里形成第一个近端弯曲。然后，它又朝颅端和左侧弯曲，形成第二个远端弯曲。弯曲开始把流出道和肺腔从心室的其余部分分开，并负责水平隔膜（Horizontal septum）的进一步发育。在流出道，可见 2 个远端的和 2 个近端的垫。在心室中存在心胶质。可见小肉柱（Trabeculae carneae）。房隔（Interatrial septum）仅表现为在心房壁的心室部分稍微增厚的嵴，这个嵴被垫组织覆盖，形成"间充质帽"（Mesenchymal cap）。虽然位于肺窝（Pulmonary pit）上面的心内膜仍未出现孔，但肺嵴（Pulmonary ridge）是厚的，心房仍开放，与心室连接。在总心房和心室之间的通道中，可见 2 个厚的心内膜垫（Endocardial cushions），延续到将来形成房室瓣瓣膜的间充质帽。

胚胎发育至第 9 期，有 19 对体节，可见晶体窝（Lens pit），第一咽裂（First pharyngeal slit）开放，心胶质出现在心房和心室。在将来的房室和心室区域，细胞分层的早期迹象出现。在这个阶段的一些胚胎中，肉柱清晰可见，但在另一些胚胎中，肉柱仍在发育。

胚胎发育至第 10 期，有 24 对体节，头 2 对咽裂开放，四肢的肢芽均出现。在这一阶段，心祥仍在发育，心管（Heart tube）的远端弯曲朝心室的顶部移动，心脏仍为一个折叠的管，处于 S 祥晚期。流出道移到左边，总心房向右延伸。在心室中，小梁（Trabeculae）仍在发育，未见室间隔，动脉腔和静脉腔不能区分。在一些胚胎中，小梁刚出现，而在另一些胚胎中，一些小梁高为宽的 2 倍或 3 倍。在流出道中，2 个近端的和 2 个远端的垫非常清晰。在总心房中，房隔已形成。背心系膜仍未腔道化来形成肺静脉。心房和心室中仍有心胶质，但在逐渐缩小。在心房，栉状肌开始发育。房室垫清晰，它将形成房室瓣的瓣膜和房室隔。细胞分层仍在早期阶段，在流出道和房室垫组织中，仅有少数的细胞分层。在 4 个胚胎中的其中一个，在流出道中可见垫组织。流出道仍是一个未分化的管道。

胚胎发育至第 11 期，有 31 对体节，第 1 对咽裂仍开放，第 2 对咽裂被舌弓覆盖。在胚胎旋转到它的左侧之前，颈曲已增加。心房通过房间隔已部分分开，房间隔已延伸通过总心房的一半。间充质帽仍存在，在这一阶段几乎完全无细胞。背心系膜已有进展，肺静脉通过肺静脉窝开口于左心房，直接在原发隔（Septum primum）的左边。在心房中，心胶质仍很明显。在房室管中，垫很清晰，心内细胞的分层在垫内更明显。在心室的小梁区域几乎没有任何心胶质遗留，小梁高比宽大 3～4 倍。在流出道的远端，2 个心内垫（一个心室的，一个背部的）清晰可见。心内弯内衬心内组织，把在流出道中的心室垫连接到房室垫的表面。这一阶段无房室隔。

胚胎发育至第 12 期，胚胎位于左侧，咽裂消失，视网膜具有色素。顶嵴在前肢肢芽中开始形成。在总心房中的原发隔基本没延伸，仍处在心房长度的一半。在心房中，可见小的栉状肌，心房中仍存在心胶质。在房室垫中，细胞分层进展很少。在心室中，小梁很明显。在流出道中的心内垫中具有更多的细胞，远端的垫当它朝前端伸展时，旋转到左边。流出道仍未分化。

胚胎发育至第 14 期，上颌骨和鼻侧突已融合。前肢在早期发育阶段，指板隐若可见。右侧和左侧窦瓣嵴（Sinus valve ridge）出现，原发隔现延伸至总心房的 2/3 到 3/4。间充质帽完全无细胞。3 个胚胎中的其中一个，在心房中可见一个小的附加隔，可能是上主静脉的静脉瓣。在心房中的栉状肌现更明显，高与宽基本相等。心胶质已消失。房室垫清楚，完全由细胞覆盖，垫仍未融合，但似乎已接触。在流出道中，可见 6 个心内垫，2 个在前端，4 个在后端。后端垫形成 H 形的腔。流出道前端的垫完全浸润在细胞中，垫相互接近，但仍未接触。

胚胎发育至第 15 期，颈窦已关闭，四肢的指板形成良好，不存在指沟。心原管（Original heart tube）的远端弯曲已达心室的顶端，两者的壁已融合。弯部的尾尖已形成肺腔，通过流出道延续到颅端。肺腔和心室的其余部分之间壁的融合已形成一个不完整的隔膜，即水平隔膜。在不完整隔膜的腹侧，可见肺腔，在流出道的基部，作为一个清楚的杯形室。它几乎完全与其余的心室隔离，除了作为颅侧的小通道，还把它连接到静脉腔。从这一系列的发育来看，可以断定，肺腔在流出道的前端发育，水平隔膜通过管的弯曲形成。肺腔在这一时期没有小梁，而心室的其余部分有很多小梁，小梁的高是宽的 5～7 倍，其中的一些小梁比心室背部的基部稍微大些，因此，形成心室顶部的隔膜，这是心室的隔膜，它将静脉腔和动脉腔分开，这个隔膜约为水平隔膜的一半大小，它没被间充质帽所覆盖。房室垫仍在发育，接近 2/3 或 3/4 的主体浸润在细胞中，垫已接触，但尚未融合。心房和心室不再开放连接，而由一个房室管隔开，使房室垫悬浮于其中。心室的房室垫的一端仍与前端的位于流出道中的垫组织相连，另一端与间充质帽相连。在流出道中，4 个远端的和 2 个近端的垫清楚可见。2 个远端的垫接近融合，最远端的一个近端垫与一个远端垫相延续。原发隔延伸到房室管的 3/4 距离，它的 2 个分支很容易区别。间充质帽仍存在，但很小，完全浸润在细胞中。在 4 个胚胎中，一个胚胎的房隔出现孔，紧挨隔膜左边的是肺静脉窝，其中清楚地存在肺静脉腔。

在胚胎发育的第 16 期，原发隔进展不大，小梁肌肉长得很少，高为宽的 2～3 倍。房室垫和流出道垫完全浸润在细胞中。垫已接触，但未融合。

在以后的发育阶段中，逐渐长出继发隔，然后原发隔与继发隔融合形成完整的隔，将左右心房完全分开。由间充质帽形成房室瓣的瓣膜，左心房与左心室之间的瓣膜为二尖瓣，右心房与右心室之间的瓣膜为三尖瓣。流出道分化为左室流出道（指二尖瓣口到主动脉这一段）和右室流出道（指三尖瓣口到肺动脉这一段）。房室垫形成房室隔。最后，通过发育，形成具有 2 个心房和 1 个有不完全分隔的心室的心脏。

四、背腹甲的发育

龟鳖的结构很特殊，外面有一层坚硬的壳来保护内部的器官。龟鳖的壳又称为背腹甲复合体（Carapaceplastron complex），是进化的奇迹，它由背甲、腹甲和侧面相连的甲桥构成。龟鳖的壳除了起物理保护作用外，还能缓冲 pH，储存水、矿物质、脂肪或废物。龟类和鳖类背腹甲的构造区别很大，它们的发育过程也有很大的区别。

（一）龟类背腹甲的发育

1. 背腹甲的结构特点

背甲由外层的盾片和内层的骨板构成。盾片为角质表皮，骨板由椎板、肋板和缘板构成。所有龟类均具有 10 块与背甲相连的胸椎。每一个椎体具有一个单头的肋骨，这个肋骨通常与下一个椎体前部共享一个关节。第 1 块和第 10 块肋骨通常是小型的，在与第 2 块和第 9 块肋骨接触之前，通常延伸一个短的距离。第 10 块肋骨在胚胎和成体常不易察觉。胸部肋骨从与椎体的关节处进入壳的真皮一段短的距离，它们在背甲真皮中侧向延伸，终止在缘板上。在龟壳的真皮层，通常具有 59 块骨头，背甲具有 38 块配对的 （19 对）和 12 块不配对的骨头。腹部含有 8 块配对的 （4 对）和 1 块不配对的骨头 （内板）。

龟壳的表皮层通常在背甲中有 38 块盾片和 16 块腹盾。盾片和骨板是不对齐的，每一块盾片覆盖骨镶嵌的特殊区域。相邻盾片之间形成沟 （Sulci）和相邻骨之间形成缝 （Sutures）来进行连接。盾片发育很长时间后骨板才开始钙化。

背甲中未配对的、位于中线的骨头称为椎板。第 1 块椎板通过接缝附于颈板的后缘，最后 1 块椎板附于臀板的前缘。每一块椎板侧向附着一块肋板。肋板从椎板中延伸到缘板。具有 8（或 9）对肋板。每一块肋板与肋骨紧密相连，并通过接缝与邻近的肋板连接。第 1 块肋板位于第 1 肋骨和第 2 肋骨的上面，第 8 块肋板含有第 9 肋骨和第 10 肋骨。每一块肋板的末端通过接缝与缘板相连。颈板形成背甲的前缘，以接缝与后面的第 1 肋板和第 1 椎板相连接。臀板和上臀板构成背甲的后部。这些骨板不与脊椎和肋骨接触，但突出在荐骨和骨盆上。缘板形成背甲的边缘，通常具有 11 对缘板。

腹板由 9 块骨板构成。成对的上腹板形成腹甲的前缘，与其他四足动物的锁骨同源。内板是位于中间的单块。下板形成腋部扶壁 （Axillary buttresses）和前部甲桥区域。甲桥在接近背甲第 5 缘板和第 4 肋骨的水平面伸展。两侧的下板在腹部中线相遇，形成中间脐囟门 （Umbilical fontanel）的边缘。下板形成鼠蹊部 （Inguinal）扶壁和中间脐囟门的后部边缘。剑板形成腹甲的后叶。

2. 背腹甲的发育

（1）背腹甲盾片的发育。

龟类的背腹甲由一层特殊的硬的角质表皮 （盾片）所覆盖。在发育过程中，表皮变黑，像薄片一样脱落。在孵化之前，部分表皮丧失。在成体，表皮的结构依不同种类和不同部位而异，一般来说，软的和柔韧的 α - 角蛋白型的表皮覆盖龟的头部、颈部、四肢和尾部。α - 角蛋白层由扁平的、角质化的细胞构成。但在大多数龟类，背腹甲复合体只含硬的 β - 角蛋白。β - 角蛋白与 α - 角蛋白的区别是：具有较低的分子量、富含甘氨酸和脯氨酸的重复序列、次级结构为 β - 片层、角蛋白所含的微丝 （直径 3～4 nm）较 α - 角蛋白 （直径 8～12 nm）小、具有不同的 X 线衍射图谱、β - 角蛋白比 α - 角蛋白对膨胀具有更高的抵抗力。在地理图龟 （*Graptemys geographica*）和锯齿折背龟 （*Kinixys erosa*）中，大部分的表皮 （除了背腹甲复合体）含有 α - 角蛋白。相反地，鳖类 （*Trionyx ferox*）

和棱皮龟（*Dermochelys coriacea*）的背腹甲复合体由 α - 角蛋白构成。最后，在陆龟（*Testudo* 属和 *Gopherus* 属）和玳瑁（*Eretmochelys imbricata*）中，在肢体鳞片的外部或背部表面以及背腹甲复合体中，只有 β - 角蛋白。

在墨累澳龟（*Emydura macquarii*）中（Alibardi 和 Thompson，1999），背甲的表皮层最初由外部扁平的表皮细胞和含立方形细胞的基底层构成。到了胚胎发育的第 18—19 期（胚胎发育的分期按 Yntema，1968），在基底层细胞的上面出现了基底上层细胞。在胚胎发育的第 22 期，在基底上层细胞的上面出现了 α - 层，因为表皮层、基底上层和 α - 层只存在于胚胎时期，在孵出后将会脱落，故将这几层合称为胚胎表皮（Embryonic epidermis），它们含有由网状粗纤丝构成的网状体（Reticulate bodies）。在胚胎发育的第 25 期，基底层上面出现 β - 角质层。在孵出后的稚龟中，胚胎表皮逐渐脱落，剩下 β - 角质层和基底层构成的背甲盾片。具体发育过程如下：

墨累澳龟的背甲在胚胎发育的第 15 期开始形成，除了背甲和腹甲，大多数胚胎的表皮由基底层立方形扁平细胞、少数基底上细胞（Suprabasal cells）和扁平的外部表皮细胞构成。在第 16 期，形成背甲和腹甲的表皮由柱状的和基部膨大的梨形细胞及许多细胞间的间隙构成（图 3-7-74）。表皮细胞纺锤形或扁平形。基底上细胞比第 15 期更常见，许多基底细胞和基底上细胞处于有丝分裂期。

背腹甲的表皮分层在胚胎发育的第 16—22 期之间持续进行，这时，新的基底上细胞增加，整个表皮有 7～10 层厚（图 3-7-75）。一些基底上细胞变黑，出现许多浅色小泡和脂肪小滴。背甲和腹甲的表皮比其他表皮区域含更多的基底上细胞。然而，在不同的区域，表皮的厚度是不同的，接近壳的侧界和甲桥处，表皮较薄。背甲的表面通常是弯曲的，在盾片之间折叠的铰链区（Hinge regions）已经形成。

在胚胎发育的第 19 期，真皮中具有纵行或放射形的大束胶原纤维。这些纤维在真皮内快速增加，到胚胎发育的第 22 期，在腹甲和背甲的表皮下形成致密的结缔组织。这时，外部表皮细胞的核是椭圆形的和扁平的。基底细胞呈立方形或圆柱形，其上面有 2～3 层基底上细胞和 3～5 层角质层。一些薄的基底上细胞完全是黑色的，胞浆中具有透明的液泡。在第 19 期，虽然色素细胞出现在表皮的基底细胞中，但在外面的 2 层胚胎表皮层中，只有少数或没有色素小体。

在胚胎发育的第 22 期，在电镜下观察，外胚层的分层是明显的，形成背甲和腹甲的基底表皮由含有各种细胞器、束状的张力丝及不同大小的脂肪小滴（图 3-7-76）的细胞构成。脂滴是电子透明的，无边界膜。基底膜常有波纹，反映出这些是真皮。沿着这些波纹，许多成束的张力丝出现在基底表皮细胞的胞浆中。外部表皮细胞比基底表皮细胞更黑，具有少数的糖原颗粒，可见包有糖萼的微绒毛。扁平细胞偶然含有数束角蛋白细丝，在与羊水接触的胚胎表皮的上层细胞中具有许多泡状体（Vesicular bodies）。在 β-层上面的背腹甲的表皮上，覆盖着 3～6 层的胚胎表皮细胞，这些细胞含有网状体（图 3-7-77）和厚约 28～35 nm 的粗纤丝。一些网状体与 8～10 nm 的强力丝束或桥粒相连。粗纤丝被包埋在基质中。许多大的（0.1～0.3 μm）类脂或泡状体出现在靠近高尔基体或滑面内质网的胞浆中。泡状体含膜或无定形物质（图 3-7-78）。一些更黑的小体表现出部分分层（Partial lamellation）。另外的 0.1～0.2 μm 黑色小体类似于黏液颗粒。在角质化的细胞中，不能清楚地看到线粒体。泡状体或退化的线粒体部分地出现在第 2 胚层和第 3 胚层中，一些透明小泡（Clear vesicles）把其内容物排入细胞外的空隙中。

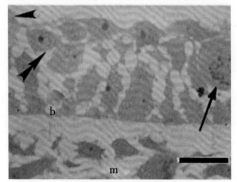

图 3-7-74　墨累澳龟胚胎发育第 16 期。表皮开始分层（➤➤），可见分裂期细胞（➤）和基底上表皮细胞（→）

b：基底层；m：表皮间充质

（引自 Alibardi 等，1999）

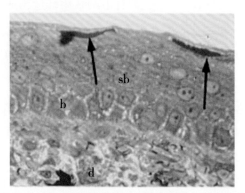

图 3-7-75　胚胎发育第 22 期。腹甲上具有多层的基底上细胞（sb），缺乏角质化细胞。可见黑色的扁平胚胎表皮细胞（→）

b：基底层；d：真皮

（引自 Alibardi 等，1999）

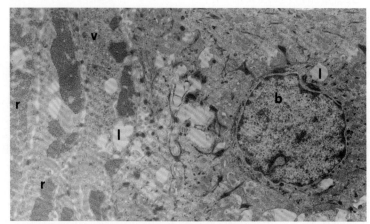

图 3-7-76　胚胎发育第 22 期。示腹甲胚胎表皮细胞内的网状体（r）、泡状体（v）和脂滴（l）

b：基底层细胞

（引自 Alibardi 等，1999）

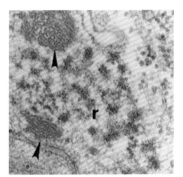

图 3-7-77　网状体（r）和角质细丝（➤）
（引自 Alibardi 等，1999）

图 3-7-78　泡状体
（引自 Alibardi 等，1999）

　　在胚胎发育的第 23 期，于胚胎表皮层的下面有一个黑色层（图 3-7-79），为胚胎表皮最底层的基底上细胞的聚集。这层颗粒状的基底上细胞，比表皮的任何细胞都要黑，形成一条几乎连在一起的线。在黑色层下面，β-层开始形成。接着，β-角蛋白层的纺锤形的细胞在黑色层的下面发展（图 3-7-80），出现黑色颗粒。在隆起的表皮中出现 2～4 层 β-细胞，而在隆起之间的表皮仅有 1～2 层 β-细胞。这时可见胚胎的色素，色素细胞进入表皮的基底上层，色素体开始在胚胎层的最底层细胞中积聚。背甲胚胎表皮细胞富含中间丝（Intermediate filaments），可见连接外部胚胎表皮细胞的桥粒（图 3-7-81）。此时，背甲的胚胎层已达 7 层之多，并可见许多黑色素体（图 3-7-82）。

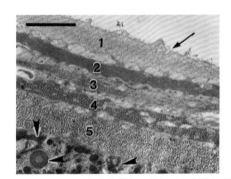

图 3-7-79　胚胎发育第 23 期。示腹甲胚胎表皮层（1～5）。第 2 层和第 4 层为具有致密粗纤丝的黑色层。可见排泄泡（→）和底下 β-层中的 β-角质体（➤）
（引自 Alibardi 等，1999）

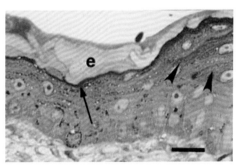

图 3-7-80　胚胎发育第 23 期。示背甲的表皮。黑线（→）代表胚胎层（e）下面的脱落层的形成。在黑线下面，β-角质细胞形成（➤）
（引自 Alibardi 等，1999）

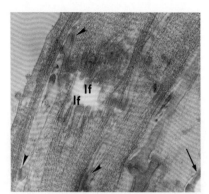

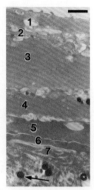

图 3-7-81　胚胎发育第 23 期。背甲胚胎表皮细胞富含中间丝。可见连接外部胚胎表皮细胞的桥粒（➤）。但在底层缺乏胞浆细丝（→）

If：相互交叉的侧面折叠
（引自 Alibardi 等，1999）

图 3-7-82　胚胎发育第 23 期。背甲的胚胎层有 7 层（1～7）。在数束角质细丝聚集的最底层的分化中的 α-层中，有许多黑色素体（→）

（引自 Alibardi 等，1999）

在胚胎发育的第 24 期，整个壳充满了色素。背甲的 β-层变得更厚。在隆起之间的表皮中，有 4～5 层 β-细胞层，但在盾片的铰链区仍仅有 1～2 层。此时，腹甲的 β-细胞有 7～10 层。背甲和腹甲的表皮细胞比基底细胞更大，为纺锤形（图 3-7-83、图 3-7-84）。基底上层出现黑色的和粗糙的颗粒。

在电镜下观察时，在脱落线（Shedding line）下面，α-细胞突然转变成 β-细胞，在 β-角蛋白细胞上层具有少数的黏液颗粒和脂肪小滴。在早期发育的 β-细胞中，色素体继续积聚，靠近游离核糖体斑块处，小的电子透明的 β-角蛋白体形成，而粗面内质网和高尔基体在 β-角蛋白聚积细胞中发育很差。在背腹甲的细胞中，虽然在 β-角质化的材料上和致密物质的比例上，在不同的区域是不同的，但它们的 β-角质化的过程是相似的。这时，α-角蛋白束是不丰富的，且在发育过程中完全消失。在 β-细胞的成熟过程中，β-角蛋白袋的聚积产生大的、不规则分布的纤维或光镜下所见的颗粒（图 3-7-85、图 3-7-86）。在成熟的 β-细胞中，线粒体、脂肪小滴、高尔基体、细胞核和其他细胞器不再出现，只有游离的核糖体仍保留在刚孵出的稚龟中。其他电子致密的颗粒和无定形物质进入电子透明的 β-角蛋白中，从而形成一个变化多端和致密的 β-角蛋白层。这时，在 β-层的细胞中仍可见桥粒残余体。

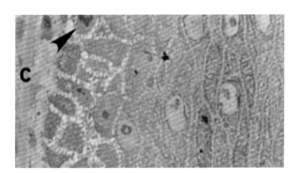

图 3-7-83　胚胎发育第 24 期。腹甲表皮具有多层的 β-细胞（➤）

c：大的表皮胶原纤维

（引自 Alibardi 等，1999）

图 3-7-84　胚胎发育第 24 期。可见增厚的 β-层（➤）

b：基底层

（引自 Alibardi 等，1999）

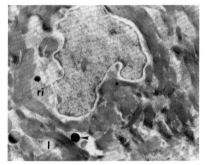

图 3-7-85　胚胎发育第 24 期。示背甲的 β-角质细胞。在核糖体（ri）中可见大的 β-角质袋。也可见黑色素体（➤）

I：脂滴

（引自 Alibardi 等，1999）

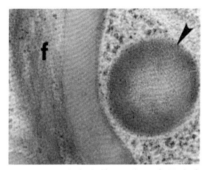

图 3-7-86　胚胎发育第 24 期。在具有电子致密边缘的 β-角质细胞中，具有圆形的 β-角质袋（➤）。可见 α-角质纤丝（f）

（引自 Alibardi 等，1999）

　　在胚胎发育的第 25 期，成熟的最上层的 β-细胞失去了对染料的亲和性，开始形成一个致密的 β-角蛋白层（图 3-7-87、图 3-7-88）。这一浅色的 β-层，在覆盖外部盾片表面的表皮中心区域厚约 30～50 μm，而在铰链区是薄的或几乎消失。黑色素细胞少量地分散在基底细胞和基底上表皮细胞中，它们的胞浆延伸到上面的 β-层，因此，β-细胞含有黑色素颗粒。基底上细胞层为 2～3 层。在成纤维细胞周围聚集大束的胶原纤维，使原来疏松的真皮变得致密。一些长的连接纤维（锚定复合体，Anchoring complexes），从深部真皮朝表皮垂直延伸，锚定在基底膜上。胚胎层的细胞通过桥粒连接，而最低的 1～2 层胚胎层细胞出现桥粒的退化，且缺乏网状体和泡状体，但具有匀质分布的黑色的角质蛋白细丝。

　　在孵出 2 天或 1 周的稚龟中，背甲和腹甲的表皮由一厚的（60～100 μm）、不染色的 β-角蛋白层组成，角蛋白层位于薄的立方形细胞的基底层上面，由 1 个或 2 个纺锤形或扁平的细胞组成。

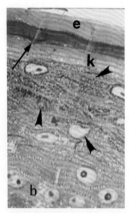

图 3-7-87　胚胎发育第 25 期。腹甲表皮。在胚胎表皮（e）底层黑色的 α-层（→）下面，形成了 β-角质层（k），可见分化中的 β-细胞（➤）
b：基底层
（引自 Alibardi 等，1999）

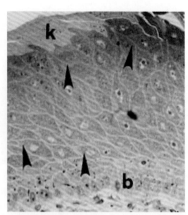

图 3-7-88　胚胎发育第 25 期。背甲的表皮。大部分的基底上细胞正在进行 β-角质化（➤）
b：基底层细胞；k：不染色的、致密的 β-层
（引自 Alibardi 等，1999）

　　综上所述，背腹甲表皮层的形成开始于表皮细胞和基底层细胞的分裂。具有扁平细胞的表面表皮层一直存在于早期和中期的胚胎发育阶段，但大多数在胚胎发育的第 23 期后在卵内脱落。在胚胎发育的第 17—22 期，胚胎表皮由 3～6 层细胞构成，它们在孵化时或孵出后马上脱落。这些细胞的其中一个特征是存在泡状体。这些泡状体含有脂肪和黏液，大概来自高尔基体或滑面内质网。胚胎表皮细胞的另一个特殊的细胞器是网状体，它由粗纤丝构成。网状体显然作为临时的纤维状物质，浓聚成电子致密物质，导致胚胎表皮细胞的黑化。网状体也被认为是胚胎型的透明角质（Keratohyalin）。当 α-角蛋白束出现时，在胚胎上皮最底层处形成黑色的 α-角质化细胞，这时，网状体和泡状体消失。α-层较 β-层先形成。

　　在胚胎表皮的最底层，完整的桥粒（具有细胞外致密斑和胞浆内纤丝）转变成桥粒残余体（胞浆内纤丝消失）是细胞黏连变弱的象征，这便于脱落层的形成。胚胎表皮与下面的 β-层的分离开始于胚胎发育的第 23 期，它们在孵出时变得很薄，且完全角质化，孵出后以斑块或单位脱落。龟类利用脂肪来代替糖原作为能量来进行增殖和合成角蛋白。

　　（2）背甲骨板的发育。

　　背甲的骨板由椎板、肋板和缘板构成。椎板位于背甲的中部，来自脊椎的骨化。肋板由肋骨之间的真皮的骨化而成。缘板由背甲边缘的真皮骨化而成。背甲的发育主要体现在肋板和缘板的形成上。

　　背甲是通过体壁的折叠而形成的。形成体壁的折叠主要是由于在胚胎发育中出现了背甲嵴（Carapacial ridge，CR）的缘故。背甲嵴出现在胚胎发育的第 14 期（Yntema 分期），它是胚胎的一个侧面纵向嵴（图 3-7-89）。背甲嵴首先出现在两个肢芽之间，然后

向前部和后部扩展（图 3-7-90）。背甲嵴由增厚的外胚层和位于其下面的致密的间充质构成，它能诱导肋骨进入其中（图 3-7-91），引起龟鳖特有的侧向生长类型，而且它还是背甲边缘生长的中心，帮助肋骨的扇形生长（图 3-7-92）。

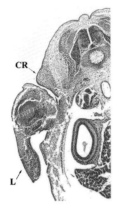

图 3-7-89　红耳彩龟胚胎发育第 23 天的背甲嵴（CR）和肢芽（L）

（引自 Gilbert 等，2001）

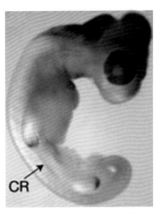

图 3-7-90　红耳彩龟胚胎发育第 14 期中的背甲嵴（CR）

（引自 Moustakas，2008）

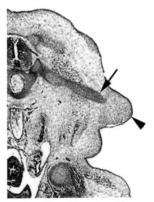

图 3-7-91　红耳彩龟胚胎发育第 29 天的背甲嵴（➤）。示肋骨进入背甲嵴中（→）

（引自 Gilbert 等，2001）

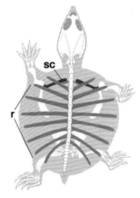

图 3-7-92　龟背甲扇形的肋骨（r）和肩胛骨（sc）

（引自 Kuratani 等，2011）

背甲嵴对肋骨进入背部真皮起关键作用，而肋骨则作为真皮骨化的信号中心。肋骨进入背甲真皮导致它们显著地向侧向生长，而不是向腹部移行来形成胸廓。发育中的肋骨细胞分泌骨形态发生蛋白质（Bone morphogenetic proteins，BMPs），后者诱导肋板的形成。通过膜内骨化（Intramembranous ossification），肋板在肋骨周围形成。肋骨最终终止在背甲边缘的原基（Anlage）上。

在红耳彩龟中，背甲嵴可表达 fgf10（Fibroblast growth factors 10）和 Msx1，而在它发育的后期阶段，发现 Msx2 和 Shh 在表皮中表达，Gremlin、Bmp4 和 Pax1 则在间充质中表达。然而，在中华鳖中未见这些基因的表达。在中华鳖中，已鉴定出 4 种基因：*Crabp-1*（*Cellular retinoic acid-binding protein-1*）、*Sp-5*、*Lef-1*（*Lymphocyte enhancer factor-1*）和 *Apcdd-1*（*Adenomatous polyposis coli down-regulated 1*）。它们在 CR 中表达。*Crabp-1* 对发育的功能仍未明了，*Sp-5* 和 *Apcdd-1* 由 *Lef-1* 调节。因此，对背甲边缘的正常生长来说，*Crabp-1* 的 CR 特异性表达是必需的。由 *Lef-1* 编码的转录因子及它的辅因子 β-联蛋白（β-Catenin），涉及经典的 Wnt 信号途径的调节。

在大多数龟类，肋骨之间的空隙由骨质的肋板填充，肋板为肋骨本身的扩展。相应地，肋间肌没有发育。棱皮龟是例外，它的肋间隙在成体中仍保持开放。在这种龟中，肋间隙中有一层薄的结缔组织，相似的结构存在于海龟科中。

对于骨板的骨化，常采用染色法来检测。最常用的是阿利新蓝/茜素红染色（Alcian-blue/Alizarin-red-stained）法，骨基质染成红色，软骨基质染成蓝色。在背甲骨板的骨化中，红耳彩龟胚胎发育的第 23 天，可见背甲嵴。在第 25～29 天，肋骨进入背甲嵴中。开始的肋骨全是软骨。但发育到第 45 天，肋骨的中心区域对阿利新蓝不染色，遗留一个无颜色区域（图 3-7-93），这时，肋骨的远端部分仍保留软骨化。在随后的发育中，肋板的骨化才逐渐完成（图 3-7-94、图 3-7-95、图 3-7-96）。

虽然肋骨在卵内开始骨化，但背甲真皮骨的骨化是在孵出后，而且环境可影响骨化形成的效率及类型。对于骨的类型来说，大小和年龄是两个重要的参数。同样年龄的龟可能在不同的发育时期，甚至在同样大小的龟中也有显著的区别。

缘板的钙化中心首先出现在发育第 78 天（稚龟）背甲的前部。当龟继续生长时，在壳的尾部可见更多的缘板钙化中心（图 3-7-95、图 3-7-96）。这些钙化中心在背甲的外缘形成，当它们生长时，向侧面和内面延伸。最后的缘板骨化后，臀板依次骨化。

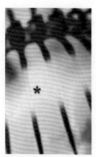

图 3-7-93　红耳彩龟胚胎发育第 45 天。示肋骨不染色的中心区域（*）
（引自 Gilbert 等，2001）

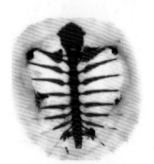

图 3-7-94　红耳彩龟胚胎发育第 90 天背甲的腹面观。示颈板和前部肋骨周围的膜内骨化
（引自 Gilbert 等，2001）

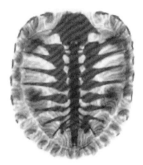

图 3-7-95 红耳彩龟胚胎发育第 118 天的背面观，颈板区域扩展，肋板骨化中心融合，前端出现缘板骨化中心

（引自 Gilbert 等，2001）

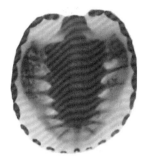

图 3-7-96 红耳彩龟胚胎发育第 185 天的背面观。示前部缘板骨化区域和后部臀板骨化中心的融合

（引自 Gilbert 等，2001）

（3）腹甲的发育。

腹甲在孵出之前已开始骨化。在红耳彩龟和鳄龟的胚胎中，其腹部真皮中有 9 个骨化中心（图 3-7-97）。在红耳彩龟，腹甲前部的 3 个骨化中心约在第 78 天（已为稚龟）出现融合（图 3-7-98）。在两块上板中形成一条缝，内板在中部形成并向尾部突出。当稚龟长大时，剩下的 6 个腹甲的骨化中心相对生长和融合（图 3-7-99、图 3-7-100）。在骨化过程中，可见骨棘交叉穿过中线（图 3-7-99）。腹甲两边的骨化中心相互融合后，在其中央可见一个洞，这为脐囟门（图 3-7-100）。鳄龟腹甲的发育情况相似于红耳彩龟，腹甲的上板和内板首先出现，剑板最后出现。

图 3-7-97 红耳彩龟胚胎发育第 55 天。示 3 个腹板前部的骨化中心和 3 对侧面的骨化中心

（引自 Gilbert 等，2001）

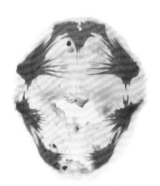

图 3-7-98 红耳彩龟发育第 78 天（已为稚龟）。示腹板前部钙化中心的融合

（引自 Gilbert 等，2001）

图 3-7-99　红耳彩龟发育第 118 天（稚龟）。示两边骨刺交叉穿过中部

（引自 Gilbert 等，2001）

图 3-7-100　红耳彩龟发育第 185 天（稚龟）。示骨板钙化中心的融合，形成腹甲。腹甲中央的洞为脐囟门

（引自 Gilbert 等，2001）

（二）鳖类背腹甲的发育

1. 背甲的发育

中华鳖的背甲上有 8 对肋板，形成背甲基盘（Carapacial disc）。肋板Ⅰ与背肋Ⅱ紧密相连，但也覆盖与背椎Ⅰ接触的小的背肋Ⅰ。后面的肋板（Ⅱ～Ⅶ）每一块仅与一个背肋相连，因此，第 8 肋板与背肋Ⅸ相连，同时覆盖第 10 背椎短的横突。首先出现骨化的是颈板，在胚胎发育的第 19 期，它作为两个不着色的原基出现；到胚胎发育的第 21 期，在成对的骨化中心中出现骨化；2 个骨化中心通过内侧连接，侧端向后伸展。在以后的发育阶段中，颈板内侧的前部边缘是直的或稍微凹陷，侧突向后弯曲，终止在一个薄的和不规则的边缘上。颈板的内部海绵状，缺乏致密的骨。到胚胎发育的第 27 期，颈板致密的皮质骨发育良好，从这期开始，骨化扩展，覆盖椎弓前面的大部分区域。背肋以相当直的软骨棒出现，在背甲中呈扇形排列。背肋Ⅰ是小的和薄的骨，从背椎Ⅰ向后生长，在孵出的稚鳖中，它与背肋Ⅱ的前缘以关节相连，出现一个弯曲。在内侧面，背肋向腹面弯曲，形成连续的、具有背椎椎体的原基（以后发育为肋骨头）。背肋Ⅰ～Ⅳ的骨化开始于胚胎发育的第 21 期，但茜素红染色阳性是在胚胎发育的第 22 期。在这一期，背肋Ⅴ开始骨化，但茜素红染色为阴性。在胚胎发育的第 23 期，肋板Ⅰ～Ⅳ从背肋的骨膜环（Periosteal collars）朝外生长。从胚胎发育的第 24 期起，除了肋板Ⅷ，其余的肋板均已骨化。在肋板Ⅷ，从胚胎发育的第 26 期起开始出现骨化。肋板的发育起始于肋骨之间的中间位置，然后向内侧和外侧扩展。缘板在中华鳖成体中完全退化。

2. 腹甲的发育

中华鳖的腹板不起源于软骨前体，后头盖骨首先骨化。在胚胎发育的第 18 期，基于结构的不同，可识别成对的舌板、下板和剑板。在胚胎发育的第 19 期，这些骨板开始骨化，在这一期，可见上板前面的原基和内板的中部。茜素红染色良好是在胚胎发育的第 20 期。骨化通常起源于嵴的区域，然后分别扩展到尖形的突起。

上板是新月形的，侧面凹陷，具有一个更宽的前突和一个尖锐的后侧突。上板的后缘平行地伸展到未配对的内板的前侧缘，但它们之间不相连。在骨化的早期阶段，内板是新月形的，后面凹陷，具有两个尖锐的后侧突，它后面发育成一个扁平的前嵴，保留后面凹陷和两个宽的后侧侧翼。在侧面，每个侧翼具有几个薄的骨突。舌板开始骨化时是一个薄的、新月形的、尖锐的杆状物，前面凹陷。在后面的发育期，舌板发育为更直的侧面部分和板状的中间部分。这两个部分携带一个薄的指状突，伸过骨体的边缘。在胚胎发育的第 27 期，有 2 个钝的侧突和 3 个尖的中间突，与舌板的前内侧部分相连，并与内板的后侧部分相连。由于胚胎的弯曲，舌板和下板不在一个平面，互相之间形成角度。下板和舌板的形态相似，早期的骨化开始在中央内侧板状区域，然后向内侧和外侧扩展。下板随后发育出一个直的侧突，它的主体部分变大，在这一期，出现 2 个钝的侧突和 4～5 个较小的中部尖突。下板的后突与剑板的 2 个最突出的前突互相嵌合。每块剑板由三部分构成，第 1 部分为 2 个突出的、小的及薄的指状前突；第 2 部分为 2～3 个短的内侧突；第 3 部分为 1 个单一的后突。剑板的前缘稍微凹陷，内侧缘凹陷更深。在发育过程中，在剑板的后部，内侧缘从直的或稍凹的形态变成稍凸的形态。

五、骨骼的发育

（一）龟类骨骼的发育

龟类的骨骼由硬骨和软骨构成。骨骼通常分 3 部分：头骨、中轴骨和四肢骨。头骨由脑壳、颌和舌器组成。中轴骨包括背甲、腹甲、脊椎骨、肋骨及肋骨衍生物。四肢骨包括上肢骨和下肢骨。不同的龟类其骨骼的发育有不同的特点，但大体的发育过程还是相似的。下面以大鳄龟（*Macrochelys temminckii*）为代表来说明龟类骨骼的发育过程（Sheil，2005）。其中胚胎发育的分期按 Yntema（1968）对鳄龟的分期。

1. 头骨的发育

在胚胎发育的第 17 期（简称 17 期，下同），软骨化颅轻度软骨化，由鼻区（分别为前部、中部和后部）、眶颞区（中部）和耳枕区构成。长稍大于宽，长比高大 3 倍。背腹观，软骨化颅前部的宽度约为后部宽度的 59%。鼻区构成软骨化颅长度的前 1/4。侧面观，软骨化颅的前半部（即视神经孔的前面部分）稍微有点向腹侧伸展。鼻囊是突出的，但前后稍微有点压缩。吻是短的，粗壮。背面观，前眶下缘平面（Plana antorbitale）在越过耳囊（Otic capsules）侧缘的水平面不侧向伸展。眶颞区（Orbitotemporal region）比耳枕区（Oticooccipital region）稍长，约为鼻区（Nasal region）长的 3 倍。侧面观，上隔面（Planum supraseptale）、眶间隔（Interorbital septum）和中视柱（Pila metoptica）构成眶间隔区域。上隔面较宽和较薄，但仅构成眶颞区的一半，并在眼眶上面侧向伸展。耳枕区较粗壮，软骨化良好，形成软骨化颅的后 1/3。方骨软骨（Quadrate cartilage）较小，新月形。翼方骨软骨（Pterygoquadrate cartilage）是短的和粗壮的。侧面观，枕骨弓（Occipital arches）突出，约为耳囊长度的 30%。软骨盖（Tectum synoticum）长，轻度软骨化，出现软骨盖前突，但不明显，而后突不出现。

2. 中轴骨的发育

到 14 期，在颈椎、胸椎、骶椎和尾椎区域，脊索具有一个良好软骨化的椎弓、中心椎体和横突（即肋骨）的原基。在前侧，脊索变尖，成为点状，终止在眼眶软骨后面腹侧缘的稍后面，后面对着索旁软骨。脊索具有约 33 对围绕脊索腹面和侧面的软骨化椎体，它们背侧伸展，形成椎弓的柄。椎弓软骨化良好，向前后侧伸展。到 14 期后期，颈椎、胸椎、骶椎和尾椎区域是可见的，然而，骶椎和尾椎不能区分。所有的 8 个颈椎均具有一个大的椎弓，它向背内侧伸展，高度软骨化。在邻近的颈椎，中心椎体之间未见缝。到 14 期晚期，所有的胸椎均具有突出的椎弓和相对宽的、粗壮的背肋。背肋的长度在中部胸椎处最大，在前面和后面变小。肋骨的基部是压缩的，但肋骨—椎体关节不明显。背肋 X 长比宽稍大，很难与骶椎肋骨 I～II 相区别。从 14 期晚期至 15 期早期，在整个胸椎、骶椎和尾椎最前区域，肋骨—椎体缝是明显的。尾椎区由 20 对以上的尾椎构成，前面尾椎软骨化的大小和程度最大，越到后面越小。到 18 期，脊椎的所有成分明显，高度软骨化。背肋 I 约为中部背肋长度的一半，比其他肋骨更纤细。而背肋 X 是短的、粗壮的，约为背肋 IX 长度的 1/10。在背肋 I～IX，肋骨—椎体缝明显。成对的颈椎 II～VIII 的椎弓和所有的胸椎在它们各自的背内侧接合，关闭椎管。前侧的椎弓不接触，椎管开放。在所有的颈椎和最前面的胸椎中，椎管的闭合程度基本上相等。而椎管的闭合程度在最后端的背部区域最弱。此外，在 18 期，骶椎和前面的第 1 对尾椎的椎弓闭合，其他所有尾椎的椎弓不接触，椎管开放。接近背部中线的椎弓的骨化和延伸程度在前端最大，到脊索的后端变小。在 18 期，前椎骨关节突和后椎骨关节突在整个颈椎、胸椎和骶椎区域是明显的，但仅前 23 对尾椎具有前椎骨关节突和后椎骨关节突。成对的中心椎体间结构存在于整个尾椎区，它们较长和纤细。尾椎的椎体间结构与脊柱的中心以关节相连。在 18 期，不同骶肋之间的长度几乎相等，其长约为背肋 X 的 5 倍及最前面尾椎横突的 2 倍。

颅后中轴骨在 20 期出现骨化，在所有胸椎和背肋 II～IX 是明显的，其骨化程度在椎体的最前端最大，在后端最小。背肋 II～IX 在中部骨化良好，而肋骨头部的最前端和远端保留软骨化。在 20 期，骶椎 I～II 的椎体弱软骨化。到 21 期，所有椎体在腹内缘骨化良好。在尾椎区，前椎骨关节突和后椎骨关节突除了椎体的最后端外，其余部分是明显的。尾椎椎体间结构软骨化良好，沿着中线腹侧融合。尾椎Ⅰ～Ⅹ具有明显的横突，最前端的4对的长度几乎相等，而最后端的尾椎逐渐变小。到23期，寰椎椎体腹面和侧面骨化良好。寰椎椎体间结构仅微弱地软骨化。在整个胸椎区，骨化进展较快，在23期，背肋Ⅰ和Ⅹ在中部骨化良好。到24期，所有脊椎的椎体均骨化良好，已到达椎体—椎弓缝、椎弓、前椎骨关节突和后椎骨关节突的水平面。前椎骨关节突和后椎骨关节突高度骨化，但它们的关节面保留软骨化。颈椎Ⅲ～Ⅷ的椎弓完全骨化，将椎管闭合。颈椎Ⅰ的椎弓不接触，颈椎Ⅱ的椎管几乎闭合。在胸椎的最前端，骨化的程度最大，后端最小。骶椎Ⅰ～Ⅱ的椎弓到25期未见骨化。所有尾椎的椎弓骨化良好，在最后端的椎弓骨化程度最大，前端最小。相似地，尾椎前椎骨关节突和后椎骨关节突的骨化程度在椎体的最后端最大，前端最小。

3. 附肢骨骼的发育

（1）肩带骨。

肩带骨包括肩胛骨和乌喙骨。到14期，肩带骨的原基软骨化良好，明显地分为3部分，未见肩胛骨—乌喙骨缝，但关节窝是浅的，容纳肱骨头。肩胛骨的背突长约为肩胛骨和乌喙骨的腹内突的2倍。肩带骨的每个分支的软骨化的大小和程度迅速增大。到17期，肩带骨和乌喙骨是粗壮的。此时，一个微弱的肩胛骨—乌喙骨缝明显可见，乌喙骨和肩胛骨分别形成关节窝的后1/3和前2/3。肩胛骨的背突长约为腹内突的2倍，比乌喙骨稍长。乌喙骨粗壮的关节头紧密地与肩胛骨以关节相连。到20期，肩胛骨的背突在中体骨化，乌喙骨轻度骨化，肩胛骨腹内突的前1/3也轻度骨化。此外，关节窝大和突出，而肩胛骨—乌喙骨缝很细。从20期晚期到21期早期，肩胛骨的腹内突骨化良好，而乌喙骨的前1/3保留轻度骨化。肩带骨的分支延长，骨化程度进展快速，到23期晚期，肩胛骨的背突和腹内侧突和乌喙骨的前半部骨化良好。到24期，肩胛骨的背突和腹内侧突融合，但每块骨突的端点和肩胛骨部分的关节窝保留软骨化。

（2）前肢和掌部的骨骼。

到14期，大鳄龟的前肢芽长比宽大，具有分界清晰的浆状的前肢。在内侧，肱骨、桡骨、尺腕骨和几块肢身（Autopodial）的原基发育良好。在15期，远端腕骨2和3及掌骨Ⅲ均软骨化良好。这些原基的不完全分离提示，掌骨Ⅲ和远端腕骨2从远端腕骨3中分别在轴的方向和轴前的方向分支。到17期，肱骨、桡骨和尺骨高度软骨化，肱骨比桡骨或尺骨稍长。到17期晚期，所有指的远端指骨均与它们的相邻结构分开。到18期，上肢的所有骨均软骨化良好。到20期晚期，指骨Ⅰ较短和粗壮，而所有其他的指骨较长和纤细。

前肢的骨化开始在 18 期，出现在肱骨、桡骨和尺骨。这 3 者的骨化早于软骨化舟状骨 3+2 和舟状骨 4+3 的融合。到 20 期晚期，在桡骨、尺骨及许多肢身中部前软骨的骨化是明显的。掌骨 Ⅳ 在 22 期最早骨化，到 23 期，掌骨 Ⅱ 在中部轻度骨化，而掌骨 Ⅲ 骨化良好。到 24 期，掌骨 Ⅰ～Ⅴ 在中部骨化良好，指骨 Ⅴ 仅在其前端的中部骨化。

（3）盆带骨。

到 15 期，出现盆带骨的软骨化原基，轻度软骨化，髋臼是浅的。盆带骨发育很快，到 17 期，许多软骨化良好的结构出现，髂骨、坐骨和耻骨的原基完好形成。髂骨大和粗壮，向背侧和后侧延伸。盆带骨每侧的耻骨区具有一个突出的、短的耻骨突，它在髋臼下面的水平面向前侧、腹侧和侧面伸展。在内侧，耻骨区扩大，耻骨在中线以关节相连，形成甲状窗（Thyroid fenestra）的前沿。背面观，坐骨具有一个相对短的、粗壮的坐骨中突，它朝腹后伸展。坐骨的前缘形成甲状窗的后缘，甲状窗成对和完整。到 20 期，髂骨、坐骨和耻骨的软骨膜的骨化明显，但它们的骨化较慢。到 24 期，坐骨骨化到甲状窗后内缘的水平面，占据坐骨中突的前半部。此外，坐骨与髂骨的腹侧缘以关节紧密相连，但不与耻骨相连。在此期，髋臼较大，圆形，保留软骨化。

（4）后肢和脚掌的骨骼。

到 14 期，大鳄龟的突出的后肢芽长比宽大，具有一个宽的后下肢。在内侧，存在股骨、胫骨和腓骨的原基。此外，腓附骨形成良好，与腓骨的远端分离，但远端跗骨 4 与腓附骨的远缘分离不完全。腓附骨和远端跗骨 4 轻度软骨化，形成后肢的主轴。到 15 期，远端跗骨 4 与腓附骨不完全分离，中间骨从腓骨的前轴分支。中间骨长方形，与腓骨完全分离。一个宽的、轻度凝集的软骨区占据胫骨、中间骨和主轴之间的部位。这一区域代表以后的跖骨弓。到 17 期，腓附骨是小的和圆形的，大小约为中间骨的 1/3。中间骨宽几乎是长的 2 倍，前端与胫骨和腓骨以关节相连。远端跗骨 Ⅰ～Ⅲ 是圆形的，远端跗骨 Ⅳ 的近端比远端宽。到 18 期，腓附骨 + 中间骨和舟状骨 4+ 前舟状骨软骨化良好，但不出现融合。远端跗骨 Ⅰ～Ⅳ 软骨化良好，其中远端跗骨 Ⅳ 最大，远端跗骨 Ⅰ 最小。

后肢的骨化从 18 期开始，首先出现在股骨、胫骨和腓骨的中部。到 20 期，后肢的所有长骨均骨化良好。到 21 期，趾骨 Ⅰ～Ⅳ 几乎所有结构均已骨化。中间跗骨（Metatarsal）Ⅰ～Ⅳ 在中部骨化。中间跗骨 Ⅳ 的骨化程度最大，而中间跗骨 Ⅰ 的骨化程度最小。到 21 期晚期和 22 期早期，趾骨 Ⅳ 的中间趾节骨仅轻度骨化。趾骨 Ⅳ 的末节趾节骨是趾骨 Ⅰ～Ⅳ 中最后骨化的一个。此时，舟状骨 4+ 前舟状骨融合到腓附骨 + 中间骨中，形成一个较大的腓附骨 + 中间骨 + 舟状骨 4+ 前舟状骨复合体。到 24 期，所有后下肢的形态结构与成体基本相同。

（二）鳖类骨骼的发育

鳖类与龟类的外部形态差别较大，但其内部骨骼的结构基本相似。

1. 刺鳖骨骼的发育

Sheil（2003）对刺鳖的骨骼发育进行了深入的研究，其结果如下：

（1）成体的颅骨结构。

刺鳖的头颅长比宽大 2 倍，其最大的宽度在鳞状骨中间部分的平面上。头颅背腹扁长形，吻部圆形，稍尖。在后侧面，每块鳞状骨和耳后骨参与副枕骨突的构成。副枕骨突的内侧面稍弯曲，后面在超过枕骨的水平面突出。上枕骨的上枕骨嵴是长的、显著的和正好在超过鳞状骨的副枕骨突的后部边缘的水平面向后突出。颅骨高度骨化，但缺乏真皮装饰。背后侧，头盖骨的膜骨深度内接。颅骨具有一个宽的和浅的颞窝。从侧面观，颅骨的长约大于高的 4 倍，最大的高度在方骨关节部。从背腹观，一个明显的、相对卵圆形的颞下窗从后侧穿过膜骨到达眼眶，颞下窗几乎与眼眶一样长。单一的、大的和向前面延伸的外鼻孔开口于鼻区。在侧面，在方骨关节部，一个深的、螺旋形的及圆锥形的压痕形成外耳道的外缘。从腹面观，内鼻孔较大，在眼眶的水平面进入口腔。内鼻孔卵圆形，长约为宽的 2 倍，且成对。

（2）成体的中轴骨结构。

中轴骨主要指脊椎。脊椎由 8 块颈椎、10 块胸椎、2 块骶椎和至少 13 块尾椎构成。颈部区域是高度活动的，在成体，缺乏颈肋。胸椎是不活动的，其关节紧密结合，神经棘融合到椎体上，背侧由神经板所覆盖。相似地，背肋也融合到椎体上，被神经板背侧覆盖。骶椎区由两个椎体构成，每个椎体均有突出的肋骨。在侧面，每个骶椎肋与髂骨的背内缘以关节相连。尾椎区由约 13 个高度活动的椎体构成。

（3）成体的附肢骨结构。

附肢骨由肩带骨、前肢、盆带骨和后肢构成。肩带骨由肩胛骨和乌喙骨构成。前肢由肱骨、桡骨、尺骨和前肢掌部骨骼构成。盆带骨由髂骨、坐骨和耻骨构成。后肢由股骨、胫骨、腓骨和后肢掌部骨骼构成。

（4）胚胎的骨骼发育。

①软骨化颅的发育。

虽然在孵化前的整个发育过程均进行了研究，但软骨化颅的描述主要基于 18—19 期清楚的双染色标本。它由 3 个不同的区域构成：前侧的鼻囊、眶颞区和后侧的耳枕区，其中包括基层板。脑壳的底部和壁在背侧和腹侧观时是明显的，颅骨的这些区域软骨化良好。从侧面观，软骨化颅的前半部充分形成，前面对着视神经孔。从背腹侧观，软骨化颅后部宽约为前部的 4 倍。

②中轴骨的发育。

到 12 期，脊索沿着它的背侧缘出现轻微的软骨化。

到 13 期，在颈椎、胸椎、骶椎和前面的尾椎的软骨化明显，所有颈椎和胸椎具有新月形的椎弓。胸椎的椎弓主要向背侧突出，胸椎的前椎骨关节突和后椎骨关节突是存在的，仅轻微分离。颈椎椎弓软骨化的大小和程度是前端最大。颈椎 1~4 的椎弓向背侧突出，而颈椎 5~8 的椎弓向背面突出。颈椎 7 和 8 具有侧面伸展的横突。在所有胸椎中均存在横突，从椎体的背侧缘向侧面伸展。在此期，没有肋骨—椎体缝。骶肋明显，骶肋侧面联合。尾椎 1~7 具有小的和不规则的椎弓。

到 14 期，所有颈椎、胸椎、骶椎和前面的尾椎软骨化良好。前椎体关节突和后椎骨关节突明显地分开，前面和后面以关节相连。尾椎的后半部轻微软骨化。

到 16 期，脊索明显缩入椎体的体节中，除了尾椎最后的部分，其余椎体均存在成对的椎弓。寰椎的椎体清晰，接近圆柱形，高为长的 2 倍。所有颈椎的椎弓具有明显的前椎体关节突和后椎体关节突，它们分别在前背侧和后腹侧以关节相连。颈椎 2~7 具有小的、三角形的和轻微软骨化的腹侧的肋骨。颈肋间的内侧以关节相连，接触椎体的前缘和后腹侧缘。胸椎 1~10 具有圆柱形的、S 形的和主要向侧面突出的肋骨。从侧面观，椎间孔明显，高稍大于宽，前面和后面被椎弓的柄所围绕。

在 17 期，寰枢椎间和椎弓明显，并保留独立性。颈椎肋骨小和软骨化很差。

到 18 期，所有椎体的椎弓为新月形且软骨化。从背面观，成对的椎弓的背内缘在内侧不接触。椎管闭合的程度在颈椎后部区域最大。背甲的颈板轻度骨化。

到 19 期，所有颈椎和胸椎的椎体腹侧轻度骨化，椎体 2 的骨化程度最大，前端和后端逐步变弱。胸椎的椎体 5 开始骨化早于其他的胸椎。在每个椎体内，骨化在腹侧成对地进行，在围绕脊索的背侧进行。到 19 期晚期，所有背肋在中体不保留阿利新蓝，显然是由于软骨基质的吸收早于钙的沉积。骶椎 1 的骨化早于骶椎 2。

到 21 期，所有背肋在中体是骨化的。背甲的颈板骨化良好。背肋的前 1/5 和肋板出现骨化的象征。所有颈椎、胸椎、骶椎和尾椎的椎弓软骨化良好，颈椎和胸椎的椎弓的柄明显骨化。寰椎的椎弓和椎间是融合的。然而，椎间 1 没有骨化的征兆。到 21 期的晚期，尾椎最前端的椎体轻微骨化。

到 23 期，所有胸椎、骶椎和尾椎的肋骨、椎体、椎弓和横突软骨化良好。椎板也骨化良好，肋骨的前端部分向前侧和后侧膨出。所有椎弓的柄、前椎骨关节突和后椎骨关节突的前半部在颈椎区骨化良好，但这些椎骨的关节突保留软骨化。椎弓的背内区保留软骨化，所有颈椎的椎管是闭合的，除了颈椎 1，其余的椎体骨化良好。寰椎椎弓在背内侧明显软骨化并完全分离。前椎骨关节突和后椎骨关节突之间的关节相似于成体标本。然而，骨化限制在每个突的前半部，关节面明显软骨化。寰椎的椎间—椎弓缝主要为软骨化。寰椎椎体骨化良好。所有尾椎的椎体在腹内侧骨化良好，而柄仅轻微骨化，其中尾椎最前端的骨化程度最大，在尾椎最后端骨化逐渐减少。

到24期，寰椎间椎体中央骨化良好。通常来说，中轴骨的所有构件的形态相似于成体，然而，尾椎最后部分的骨化很弱。在尾椎的最后端和颈椎的前部区域的椎管保留开放，在背部区域，椎管闭合。在中轴骨的所有区域，椎弓轻微骨化。寰椎椎间体和椎弓仅轻微分离。

到25期，头3个尾肋轻微骨化。到26期（孵化前期），尾椎的最前端具有骨化良好的肋骨。

③附肢骨的发育。

A. 肩带骨。

到15期，肩带骨的软骨化原基是单一的，但软骨化良好。肩胛骨明显为分2叶，乌喙骨和肩胛骨突在长度上相等，它们仅比肱骨稍短。到17期，肩胛骨的背突和腹内突细长，背突比腹内突长1.5倍。乌喙骨是圆柱形的，其长度约为肩胛骨背突长度的1/3。肩胛骨背突的长度约等于肱骨的长度。此外，没有发现肩胛骨—乌喙骨缝，关节窝相对较浅。在19期，肩胛骨和乌喙骨的腹内突开始骨化。到22期，肩胛骨、肩胛骨的腹内突和乌喙骨明显骨化，关节窝明显凹陷。

B. 前肢和掌部骨骼。

到14期，这些骨骼的肢芽明显，长大于宽，在远端具有一个浆状的掌部。内侧轻度软骨化。肱骨、桡骨和尺骨的原基不明显。到15期，肱骨、桡骨和尺骨的软骨化原基已可识别，已建立起前肢的主轴。尺骨+远端腕骨4仅轻微地与尺骨分离，中间骨从尺骨的远端端点向前轴延伸，前肢前端的结构比远端的结构软骨化更明显。到16期，指弓发育明显，从尺骨向前轴延伸。到17期，舟状骨4和3明显分离，存在豌豆骨。虽然舟状骨4和3在一个软骨化的宽领域中压缩，舟状骨4和3的前侧缘是清晰的，与桡骨明显分离。舟状骨4与中间骨的远缘和尺骨的轴前缘完全以关节相连。到18期，肱骨、桡骨和尺骨软骨化更明显，肱骨的长和宽比桡骨或尺骨的长和宽要接近大2倍，肱骨在前端的前腹缘具有一个明显的侧面结节。在19期的少数标本中，肱骨和尺骨在中部骨化，桡骨未见骨化。前肢的骨化开始于20期，为轴前地和远侧地进行，直到21—22期。到23期，在远端腕骨1～4中看到骨化的象征，其骨化的进展通常由轴前到轴后。到24期的晚期，远端腕骨1～3的中心骨化良好，远端腕骨4仅轻度骨化。近端腕骨在24期开始骨化，中间骨和舟状骨3在中央保留茜素红。其余远端和近端腕骨成分的骨化后轴性地进展。到25期，所有前肢的成分具有显著的骨化特征。掌骨V和远端腕骨5是最后骨化的远端成分。

C. 盆带骨。

到 15 期，盆带骨的软骨化原基形成良好，髂骨、坐骨和耻骨的大小近似相等，它们粗壮，通常腹内侧弯曲。到 17 期，盆带骨的一半沿着中线接近，但不接触。髂骨、坐骨和耻骨的软骨化原基高度修饰，很容易区别。在腹侧，耻骨和坐骨分别形成闭孔的前缘和后缘。到 17 期，耻骨具有一个突出的前侧突。到 20 期的早期，髂骨和耻骨具有骨化的象征。坐骨要到 20 期的晚期才具有骨化的象征。到 21 期的早期，髂骨和耻骨的中体明显骨化。到 23 期，髂骨、坐骨和耻骨的中体均明显骨化，但它们的头部直到孵出时仍保留软骨化。

D. 后肢和脚掌。

到 13 期，它们的肢芽是明显的，长稍大于宽，远侧具有一个分离的浆状的脚掌。到 15 期，可见股骨、胫骨、腓骨、前端的跗骨和腓附骨。通常来说，在此期，后肢的前部结构比后部结构软骨化更明显。远端腕骨仅轻度软骨化。此时，胫骨和腓骨的长度几乎相等，它们稍长于股骨。到 16 期，胫骨和腓骨与股骨分离，许多跗骨前部和后部的成分、距骨和指节骨出现，腓附骨仍保留弱软骨化，中间骨软骨化更明显。在胫骨远缘和远端跗骨 Ⅰ 前缘之间的区域未见软骨化。未见舟状骨 1。到 17 期，腓附骨和中间骨融合，形成中间骨＋腓附骨，骨化良好。在前轴，中间骨＋腓附骨仅轻度与前面的舟状骨分离。前面舟状骨的后缘与胫骨明显分离。到 17 期，前面舟状骨、中间骨＋腓附骨和舟状骨 4 被包入一个相对染色差的但连续的软骨化区域。距骨 Ⅰ～Ⅴ明显。在 18 期，可见一个单一的、相对较大的前端跗骨成分，由软骨化融合的腓附骨＋中间骨＋前端跗骨＋舟状骨 4 构成。在 20 期，在股骨、胫骨和腓骨内的后肢骨化开始。到该期的晚期，距骨 Ⅱ～Ⅳ和指骨 Ⅱ近端指节骨的骨化明显。到 21 期，在指骨 Ⅰ、Ⅳ和 Ⅴ的指节骨以及指骨Ⅲ的所有指节骨，骨化通常远端性地进展。到 22 期，指骨 Ⅰ 和 Ⅱ 的所有指节骨均已骨化。到 23 期，相对应于前舟状骨、中间骨和腓附骨的 3 个区的骨化是明显的，此外，距骨 Ⅴ轻微骨化。到 24 期，远端跗骨 Ⅰ～Ⅳ、距骨 Ⅴ和中间骨均骨化良好，舟状骨 4 轻微骨化。到 25 期，腓附骨和舟状骨 4 骨化良好。最后骨化的是前端舟状骨。

2. 中华鳖骨骼的发育

中华鳖与刺鳖相比，颧骨发育相对较早，在额骨之前。而在刺鳖，颧骨在额骨之后。在刺鳖，顶骨出现后，额骨很快出现。而在中华鳖，顶骨出现几个阶段后额骨才出现（Sánchez-Villagra 等，2009）。

第八节 孵化生态

孵化生态（Hatching ecology）是指在孵化时必须满足的一些生态条件。这些条件包括温度、湿度、透气情况和孵化介质。

一、温度

温度影响龟鳖的胚胎发育。龟鳖的胚胎只有在一定的温度下才能发育。不同的龟鳖，其胚胎发育对温度的要求不同，但无论如何，均有一个最低的孵化温度、最高的孵化温度和最适的孵化温度。在最低孵化温度和最高孵化温度之间为安全孵化温度。

实验表明，孵化温度可显著影响乌龟卵的孵化期、背甲大小、幼体重量、能量利用和钙的代谢。卵在适宜温度下孵化比在高温和低温的条件下孵化有较高的干物质、脂肪和能量转化率。在安全孵化温度范围内，温度越高，胚胎发育越快，孵化期越短。

龟鳖卵在低于其最低孵化温度的条件下孵化时，胚胎会停止发育甚至死亡。在高于其最高温度的条件下孵化时，胚胎会出现畸形或死亡。如蠵龟（*Caretta caretta*）的胚胎在 33 ℃～34 ℃孵化 13 天，其胚胎头部不正常，心脏增大（图 3-8-1）。孵化 15 天，头部畸形，心脏扩大，前肢缺乏清晰的指板，顶外胚层嵴退化，在腰部区域有明显的脊椎前弯，尿囊小（图 3-8-2）。

图 3-8-1　蠵龟胚胎在 33 ℃～34 ℃ 孵化 13 天，出现畸形

（引自 Billett 等，1992）

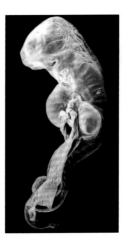

图 3-8-2　蠵龟胚胎在 33 ℃～34 ℃ 孵化 15 天，畸形明显

（引自 Billett 等，1992）

二、湿度

湿度包括孵化介质的含水量和空气的相对湿度两方面的内容。根据龟鳖卵的结构，可分为刚性卵和柔性卵两大类。大多数龟类的卵和鳖类的卵属于刚性卵，而少数的龟类可产柔性卵，如鳄龟。刚性卵对干燥的耐受性较强，孵化时怕湿不怕干。柔性卵对水分的要求较高，孵化时要保持一定的湿度。

三、透气情况

卵细胞在其发育过程中，需要不断地合成新的物质，以供胚胎的生长发育。在物质合成中，需要不断地消耗能量，而能量的来源则有赖于储存于卵黄囊中供能营养素的细胞呼吸。供能营养素主要为糖类。细胞呼吸必须有氧参加，没有氧就不能进行糖的有氧氧化。糖的有氧氧化生成二氧化碳和水，并产生能量，可供胚胎发育之用。因此，卵在孵化过程中，必须保持其处于透气状态，以便卵细胞进行细胞呼吸。卵壳表面有许多微孔，可供氧气进入和排出二氧化碳。

四、孵化介质

孵化介质是指用来掩埋龟卵进行孵化的物质。从理论上说，只要能保温、保湿、通气和对龟鳖卵无毒、无损伤的物质均可作为孵化介质，甚至在控温、控湿、通气良好的环境下，龟鳖卵只需放在容器中（需把卵固定），不需其他介质也可进行孵化。但在鳄鱼中，如果卵在没有巢穴介质的情况下孵化，胚胎将不发育或不能正常孵化（Fergus，1982），可见，孵化环境对鳄鱼卵的孵化很重要，要求有特定的覆盖植物和细菌群落。在龟鳖类，今后应重视这方面的研究，因生物的进化离不开环境，在漫长的进化中，特定的生物与特定的环境之间已形成了相互依赖、相互依存和相互进化的关系。

第九节　孵化技术

一、孵化方法

龟鳖卵的孵化按孵化性质可分为自然孵化和人工孵化，也有半自然和半人工孵化的；按温度的控制方法可分为常温孵化和恒温孵化；按是否有孵化介质则可分为介质孵化和裸孵（图3-9-1、图3-9-2）。在通常情况下，一般采用人工常温或恒温在一定的介质中孵化。

图 3-9-1　放裸孵龟卵的塑料架　　　　图 3-9-2　裸孵中的龟卵

（一）自然孵化

自然孵化指在龟鳖产卵后，让其在产卵的地方自然孵化。此种方法的好处就是模拟自然界的孵化，简单易行，但受气候的影响较大，还会受到天敌的侵害，即使可防止天敌，也很难调节温度和湿度，其孵化率低，现已很少应用。

（二）人工孵化

人工孵化指当龟鳖产卵后，将卵收集起来，进行人工孵化。可常温孵化，亦可恒温孵化。现多采用恒温孵化。

1. 常温孵化

常温孵化又可分室外常温孵化和室内常温孵化，其优点是简便易行，节约能源，降低生产成本，其缺点是不能对稚龟的性别进行控制。

（1）室外常温孵化。

室外常温孵化即前面提到的自然孵化，利用产卵场地作为孵化场所，卵保留在产卵穴中孵化，适当地采取人工辅助措施（如于产卵穴上加铁丝网罩，以免蛇、鼠食龟卵）。孵化期间，天气干燥时，要洒水；下大雨时稍加遮盖，以防积水。

（2）室内常温孵化。

室内常温孵化即把龟鳖卵置于室内的孵化器内常温下孵化。孵化器有木箱、泡沫箱、塑料箱或较大的陶瓷花盆等，亦可在水泥池中的孵化介质（如沙）中孵化。如用沙孵化，可在孵化箱的箱底钻若干滤水孔，然后铺细沙 10 cm 厚，将受精卵间隔 1～2 cm 排列于沙面上，有白斑的一面（图 3-9-3）朝上，因龟鳖卵属多黄卵，蛋白少，缺乏蛋白系带，在胚胎发育过程中无胚盘调整能力，故倒放或侧放时，原位于卵黄囊之上的胚胎，被压于卵黄囊之下，这样可影响其正常的生长发育，甚至造成胚胎死亡，降低孵化率。实验证明，鳄鱼卵在发育早期，如将白斑的一面朝下，有 84% 的胚胎死亡（Fergus，1982）。将卵排放好后，在受精卵上覆盖 3～5 cm 厚的细沙。孵化器应放在较通风的地方。每天要检查沙的湿度，过干时要洒水。洒水后 10 min，可用手将沙层稍加松动，既可防止沙土板结，又可防止水分蒸发。但松动沙时不能拨动下面的卵，以免影响孵化效果。龟卵在孵化期间尽量防止震动和翻动。卵数较多时可直接在楼房的地上建大型的孵化箱进行孵化（图3-9-4）。

图3-9-3　孵化中的黄喉拟水龟受精卵，白斑一面朝上

图3-9-4　楼板上建的大型孵化箱

2. 恒温孵化

选用恒温、恒湿孵化箱或恒温、恒湿孵化房进行孵化，可提高孵化效率和有效地控制稚龟的性别，但必须保证供电正常，并要有防止断电的有效措施。

3. 孵化介质

孵化介质是指用来埋置龟鳖卵进行孵化的物质。从理论上说，只要能保温、保湿、通气和对龟鳖卵无毒、无损伤的物质均可作为孵化介质。常用的孵化介质有河沙（图3-9-5）、黄泥（图3-9-6）、蛭石（图3-9-7）、黄泥与沙混合等，甚至木屑（图3-9-8）、海绵等亦可作为孵化介质。

最早使用的孵化介质是沙。沙的来源有海沙、河沙（黄沙、不含泥土）和土沙（含泥土）三类。国内外的试验一致认为河沙最好。在同样条件下，用河沙的孵化率比用土沙高一倍，而海沙完全不能用于龟鳖卵的孵化。选用的河沙经消毒、清洗、晒干后备用，使用时用洁净的水调至适当的湿度。沙的颗粒大，具有较好的渗水性和热传导性，几乎没有黏性，不易板结；沙能保持温度的相对稳定，防止温差太大，而且湿润的沙粒为胚胎发育提供一定的水分。此外，沙的通气性好，能保证胚胎气体的正常交换。但利用沙作为孵化介质时须注意，影响沙透气状况的主要因素是粒径的大小。如果沙粒太粗（粒径1 mm以上），虽然透气性好，但保水性差，不能较好保持沙的适宜湿度；如果沙粒太细（粒径0.1 mm以下），虽然保水性好，但透气性差，容易板结。因此，孵化用沙以粒径0.5～0.7 mm为宜。

黄泥的颗粒较小，渗水性和热传导性比沙差，且具有很强的黏性，遇水易板结。其特点是保水性较强。

蛭石是一种天然、无机和无毒的矿物质，属于硅酸盐。其颗粒较小，质地轻而多孔隙，有良好的透气性、吸水性及保温性，还有一定的持水力，很适宜用作龟鳖卵孵化的介质。这是近年来用得最多的孵化介质。其特点是简单易行，除开始孵化时加水（蛭石质量与水质量的比例常为1∶1）外，中途可以不用加水，这样，不但节省劳动力，而且孵化条件较恒定，孵化率较高。

图 3-9-5 河沙　　　　　　　　　　　　　图 3-9-6 黄泥

图 3-9-7 蛭石　　　　　　　　　　　　　图 3-9-8 木屑

4. 湿度控制

在刚性卵中，适宜的孵化湿度为孵化介质含水量保持在 7%～8% 左右。如用沙作为孵化介质时，其湿度的控制以手捏成团又不出水、松手即散为宜，此时沙的含水量适宜。若手握沙不成团，则表明太干燥。若手握沙有水滴，则表明太潮湿。

空气的相对湿度主要是为了保持孵化介质的湿度稳定。孵化过程中，空气的相对湿度保持在 80%～85% 为最佳。

二、卵的收集与鉴别

如上所述，龟鳖卵的孵化基本上采用人工孵化。在实行人工孵化时，需做一些准备工作。

（一）产卵前的准备工作

为了便于龟鳖产卵和卵的收集，必须做好产卵前的准备工作。在龟鳖产卵季节来临之前，要对产卵场进行清理，将产卵场的杂草、树枝、烂叶清除，将板结的沙地翻松整平；要经常检查龟鳖亲本养殖池四周有无蛇、鼠、猫等有害动物，如有发现，应做好灭蛇灭鼠工作。孵化室和孵化箱要做好消毒和清洗工作。孵化用沙可用消毒药液（如 20 ppm 的漂白粉溶液）浸泡消毒，然后清洗干净，在阳光下晒干或烘干。

（二）卵的收集

由于自然界中的温湿度变化较大，对龟鳖卵孵化不利，故应尽早把龟鳖卵收集到室内进行人工孵化。在龟鳖产卵季节，每天早上和傍晚都要巡视产卵场。龟鳖一般在夜间产卵，产卵之前要先挖卵穴，傍晚巡视时可见其挖穴，早上巡视重点在于检查是否已产卵。龟鳖产完卵后，用泥沙盖好卵穴并用腹板压平，恢复产卵前的状态，如时间长则很难发现，故应在刚产完卵后不久寻找卵穴。因龟鳖挖穴时把底下的沙子翻上来，可根据沙土翻新的痕迹来判断产卵穴，即覆盖卵穴的沙子的颜色与周围不同，较新鲜，早上水分未干时易于辨认，也可根据爪痕和腹甲压过的痕迹来判断。认为可能是产卵穴后，用手把覆盖卵穴的沙子轻轻扒开，暴露龟鳖的卵。收卵时，动作要轻柔，切不可损伤卵壳。有人认为卵刚产出时不应立即取出，理由是刚产出的卵其胚胎发育正处于敏感期，稍有震动或位置变化就可引起胚胎发育不正常，甚至引起胚胎死亡，建议先将产卵位置做好标记，待第二天早上再采卵。根据我们的经验，早收、晚收对卵的孵化并无明显的影响，一般在早晨收卵，避免在温度最高、太阳最烈的时候采卵。采完卵后，应将卵穴抹平，恢复产卵前的原状，以便龟鳖能继续挖穴产卵。

（三）卵的鉴别

大多数龟类卵的形态为椭圆形或长椭圆形（图 3-9-9、图 3-9-10），少数为圆形（图 3-9-11）。鳖类的卵为圆形（图 3-9-12）。产椭圆形卵的龟一般龟体较小，但其卵较大，如卵为圆形则很难通过泄殖腔，故采取产椭圆形卵的对策。

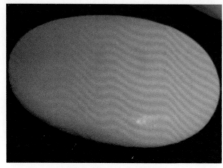

图 3-9-9　乌龟卵

图 3-9-10　三线闭壳龟卵

图 3-9-11　苏卡达陆龟卵

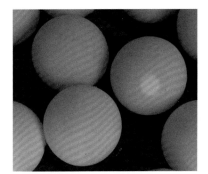

图 3-9-12　中华鳖卵

　　龟鳖卵有受精卵和未受精卵之分，只有受精卵才能孵出稚龟或稚鳖。因此，收卵时应剔除未受精卵。此外，还应拣出畸形卵、壳上有黑斑的卵及壳破裂卵。

　　受精卵中央位置为胚胎所占据，至产出时，胚胎已发育至原肠期阶段，此时从卵的外表看，呈现出乳白色（图 3-9-13）。因此，受精卵与未受精卵的鉴别要点是，大多数受精卵中央的一侧出现乳白色斑点，简称白斑，也有少数龟卵的白斑位于椭圆形卵的一端的端点处（图 3-9-14）。卵在孵化期间，白斑逐渐向两侧及两端扩大。白斑所在的一面为动物极，即胚胎所在部位；相反的一面为植物极，即储存营养的部位。有些龟受精卵的白斑不明显（图 3-9-15、图 3-9-16）。

　　未受精卵无白斑（图 3-9-17、图 3-9-18），但在鉴别时，对找不到白斑的卵，不应马上弃去，应将其放在孵化箱中孵化 3～5 天，看是否出现白斑再决定去留。因有些龟卵刚产出时，胚胎发育尚未到卵壳外表可见明显白斑的阶段，孵化 3～5 天后，胚胎发育至此阶段即可在卵壳表面出现白斑。

图 3-9-13　圆澳龟受精卵

图 3-9-14　平胸龟受精卵

图 3-9-15　大东方龟刚产出的受精卵

图 3-9-16　大东方龟孵化后期的受精卵

图 3-9-17　黄喉拟水龟未受精卵

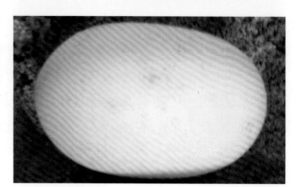

图 3-9-18　三线闭壳龟未受精卵

　　龟鳖刚产出的卵，也可在光照下鉴别受精卵与未受精卵。在进行光照时，受精卵可见胚胎（图 3-9-19），而未受精卵看不见胚胎（图 3-9-20）。卵孵化一段时间后，在光照下可见胚胎中的血管（图 3-9-21），有时还可发现双胞胎（图 3-9-22）。

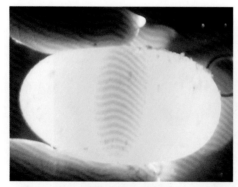

图 3-9-19　刚产出的三线闭壳龟受精卵

图 3-9-20　刚产出的三线闭壳龟未受精卵

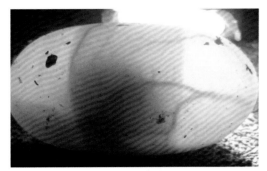

图 3-9-21　黄缘闭壳龟受精卵
（黎艳娟供稿）

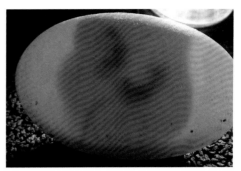

图 3-9-22　黄缘闭壳龟受精卵中的双胞胎
（黎艳娟供稿）

除了未受精卵不出现白斑外，胚胎死亡后白斑也不会扩展。卵受感染后在整个卵的表面上可出现不规则的斑点状阴影（即不透明的地方）。因此，通过照明来检测白斑的长度，可无伤害地估计卵和胚胎的龄期（孵化时间）和检测未受精的、死亡的或感染的卵。

（四）流产卵

在龟鳖中，不是所有排入输卵管的卵均能成功地发育成熟，然后孵出稚龟或稚鳖。在这些卵中，有些是未受精卵，有些是受精卵，但胚胎在发育期间死亡，不能继续发育。这些不能发育的卵称为流产卵。流产卵可被母体吸收利用，但这方面的证据并不多，更多的是把流产卵保留在输卵管中，或经由泄殖腔把流产卵从输卵管中排出，这就是我们平常见到的未受精卵。

三、孵化管理

（一）检查温度

应维持孵化温度在 26 ℃～30 ℃。如用沙或黄泥孵化时，通常需准备两支温度计，一支挂在室内，另一支插在沙中或黄泥中，用来监测室温和孵化介质的温度，早、中、晚各检查一次。

（二）检查湿度

孵化期间，应保持室内相对湿度 80%～85%，孵化介质（如沙）的湿度 7%～8%。龟鳖卵在孵化期间尽量防止震动和翻动。孵化介质的湿度应视天气干燥与潮湿程度，每天或隔天检查一次。

（三）保持通风

晴天温度高时，要在上午 8：00—9：00 打开窗户通风降温；夜晚和雨天要及时关窗保温、防雨。

（四）防止敌害

孵化室内应严防蛇、鼠、蚁等敌害生物的侵入，否则，将造成巨大的损失。孵化室的门窗应严密，地下和墙壁没有与外界相通的洞穴。

（五）做好记录

卵放置好进行孵化时，应插一标签，上面注明产卵日期、数量、窝数等。此外，每天还要定时（上午8：30，下午3：00）记录温、湿度，以便计算积温，积累孵化资料。

（六）稚龟和稚鳖的收集

孵化后期应勤观察。因为当龟鳖卵孵化达到所需的积温后，胚胎已经发育完善，准备出壳。稚龟在出壳时先用吻端的卵齿顶破卵壳，卵壳上初时出现一小孔，随后不断扩大，稚龟先伸出头部，接着伸出前肢，然后用前肢支撑整个身体，奋力向外挣脱，最后整个稚龟完全出壳，出壳后在沙面上活动，此时可进行人工收集。

在龟类的孵化中，有时发现一些龟虽然用卵齿刺破了卵壳，但整个身体不能出壳，最终死亡。遇到这种情况，可进行人工破壳，收集稚龟。

有时也发现同一批龟卵，有相当一部分稚龟已出壳（说明已到或已超过出壳时间），但仍有少部分龟卵迟迟不见出壳，如继续等待下去，可能由于稚龟出不了壳而憋死在壳内，此时可采取下列一些措施促其出壳，减少损失。

1. 降温出壳法

突然降低孵化温度，可诱发稚龟出壳。此法的缺点是刺激大，导致一些卵黄尚未完全吸收好的稚龟提前出壳，出壳后不能正常吸收卵黄物质，易感染疾病而死亡。

2. 水浸出壳法

将待出壳的龟卵放入清洁水中，缺氧而导致稚龟兴奋性增高，活动加剧，几分钟后可破壳而出。此法也有降温出壳法的缺点。

3. 空气暴露法

利用龟卵在孵化介质中的温湿度与空气中的温湿度的差别以及卵在孵化介质中与空气中透气性不同的特点来刺激稚龟出壳。此法较为平和，危害小，静置15 min就会有大批的稚龟出壳，存活率较高。卵黄未吸收好的龟不会出壳，可放回孵化介质中继续孵化。

4. 剥壳法

用手小心将卵壳剥离，取出稚龟。但要注意，推迟出壳的稚龟和人工破壳的稚龟体质都较弱，需加倍料理。

第四章　龟鳖饲养学

龟鳖饲养学（Turtle feeding）是研究龟鳖在人工饲养条件下，其饲养环境、饲养设施、饲养管理及饲养技术等方面内容的一门科学。饲养与繁殖常连在一起，构成龟鳖的人工养殖内容，习惯上称为龟鳖养殖。在上一章我们已介绍了龟鳖的繁殖，此章主要介绍龟鳖的饲养。

第一节　饲养条件

每一种动物在自然界中均有其独特的生态位，故每一种动物所要求的生态条件均不同。进行人工养殖时，首先要弄清所养殖的动物所需的生态条件，然后尽量满足这些条件。龟鳖为古老的爬行动物，在进化中形成了独特的机体结构和生态习性。龟类可生活在陆地上（陆龟），也可生活在淡水（淡水龟，即水栖龟类）和海洋（海龟，即海栖龟类）中。鳖类只能生活在淡水中。

龟鳖饲养的规模可大可小，视饲养目的、饲养环境和可用的资源而定。一般来说，龟鳖饲养的条件包括饲养场（Farm）和养殖池等。

一、饲养场地的选择与设计

（一）龟类饲养场地的选择与设计

饲养场指饲养动物的场所。严格来说，龟鳖饲养场（Turtle farm）是指饲养商品龟鳖的场所，如有亲龟和繁殖行为，则称为龟鳖养殖场（Turtle breeding farm）。但在通常情况下，不管有无亲龟和是否繁殖，均称为龟鳖养殖场。

养殖场地的选择至关重要，直接关系到以后的生产效果和发展前景。养殖场应建成一个模拟自然生态环境，又便于科学管理的场地。水栖龟类与陆栖龟类的生活环境是不同的，应区别对待。海栖龟类暂不涉及。

1.水栖龟类养殖场地的选择与设计

水栖龟类种类繁多，养殖模式有庭院养殖、阳台养殖、天台养殖、室内养殖、室外养殖等。室外养殖又可分室外水泥池养殖和室外土塘养殖。水栖龟类喜欢安静、背风、向阳、水源充足及无污染的水域环境。除了限于养殖条件的特色养殖（如天台、阳台、室内、庭院养殖）外，如要进行较大规模的养殖，则需建一定规模的养殖场，这时应选择环境安静，避风向阳，水源充足，进水和排水方便，周边地区无污染源，且交通便利和用电方便的位置来建场（图4-1-1）。养殖场的大小和设计要视养殖种类、养殖数量和养殖条件来决定。养殖场必须具备的条件有：

（1）供水条件。

水栖龟类要保证水源充足和水质良好。通常的水源有地面水、地下水和自来水。地面水通常来自湖泊、河流、溪流、水库及池塘，由于水体较大，环境参数变化幅度较小，溶氧量较高，是较理想的水源，但地面水容易受到污染。

地下水主要是井水和地热水。地下水一般无污染，全年温度较稳定。但使用地下水时应注意，因地下水水温与龟池水温不同，温差较大，故换水时不能过快，否则会引起龟的应激反应。同时要注意，某些地下水含有毒气体，常见的如二氧化硫和沼气等。而且，大部分地下水含氧量较低，一些井水中氮、硫、铁、锰的含量过高，直接注入池中将影响龟的生长发育，故一般不能直接使用，必须经过曝气，过滤后才放入池中。如龟场主要靠地下水源供水，建场前也要请有关单位进行水质化验，符合标准才能使用。利用温泉水和工厂余热水来养龟，可加速龟类生长，提高其产量，降低养殖成本。不过，在开发利用此类水源时，首先要确认无毒和无污染，然后采取适当措施（如降温、沉淀、净化、曝气等）对水体进行改良。

如无其他水源时，也可用自来水，但需建一贮水池，让自来水充分曝气后才流入池中，这样可减少余氯对水栖龟类的影响，减少疾病的发生。饲养用水要求水质良好，水量充沛。水质要符合《NY5051-2001无公害食品淡水养殖用水水质》标准。

图4-1-1　远离闹区的养殖场

（2）防盗和防敌害设施。

一些珍稀名贵的淡水龟，如三线闭壳龟和黑颈乌龟等，其防盗和防敌害的设施要有充分的保障（图 4-1-2、图 4-1-3、图 4-1-4）。

图 4-1-2　有安全保障的养殖场

图 4-1-3　用水围住的养殖场

图 4-1-4　具有防盗设施的养殖场

2. 半水栖龟类养殖场地的选择与设计

半水栖龟类养殖场地的选择要求与条件与水栖龟类基本相同。在设计上，应保留较多的陆地，创造阴凉、遮阴的场所，尽量接近所养龟类的生态环境。

3. 陆栖龟类养殖场地的选择与设计

陆栖龟类应选择远离闹区的安静地方建场，因陆栖龟类一般较大，如苏卡达陆龟等，其产生的粪便等排泄物较多，对周围的环境影响较大，而且陆龟也喜欢安静的地方。陆栖龟类养殖场视饲养陆龟种类和数量的多少而决定建场的大小。中等大小以上的养殖场应包括以下设施：一定的陆地（含沙地）面积（图 4-1-5）、喂料设施（图 4-1-6）、喝水或泡澡池（图 4-1-7）、产卵地（图 4-1-8）、过冬房（常有保暖设施）、病龟隔离治疗房等。

图 4-1-5　陆龟养殖场一角

图 4-1-6　苏卡达陆龟在进食

图 4-1-7　苏卡达陆龟在泡澡

图 4-1-8　苏卡达陆龟在产卵

（二）鳖类饲养场地的选择与设计

鳖类的养殖以中华鳖为主，其养殖模式有温室养殖、外塘养殖、鳖鱼混养、鳖虾混养、鳖鱼虾混养、稻田养鳖及茭白田养鳖等。其饲养场必备的条件和场地选择的原则与水栖龟类基本相同（主要指温室养殖和外塘养殖），应建有稚鳖池、幼鳖池、成鳖池、亲鳖池和隔离池，还要有进出水系统、防逃防害设施、管理房、仓库及生产用具房等。混养和套养则要因地制宜，根据当地的条件来制定养殖措施。养殖的其他鳖类有山瑞鳖、佛罗里达鳖和刺鳖等，它们主要为外塘养殖。

二、养殖池建设

龟类的栖性不同，其养殖池的建设不同。陆龟只要建饮水池或泡澡池即可（图4-1-7）。

（一）水栖龟类养殖池的建设

水栖龟类的种类较多，其生态习性各异，故养殖池的建设要因地制宜，根据养殖种类和养殖场的条件进行设计。如养殖乌龟、红耳彩龟及鳄龟时，可在室外建泥池（图4-1-9、

图 4-1-10）；如养殖黄喉拟水龟、安南龟及黑颈乌龟等龟类，可建水泥池（图 4-1-11、图 4-1-12）、瓷砖池（图 4-1-13、图 4-1-14）、大理石池（图 4-1-15、图 4-1-16）、塑料板池（图 4-1-17）、石底池（图 4-1-18、图 4-1-19）、玻璃池（图 4-1-20）、不锈钢池（图 4-1-21）、铁皮池（图 4-1-22）等。玻璃缸适宜养观赏龟。塑料板池和不锈钢池一般用于稚龟与幼龟的养殖，特别是稚龟的加温养殖。根据多年的养殖经验，成龟和亲龟的饲养以水泥池的养殖效果较好。水池要有进水口、排水口和溢水口。水中可种植石菖蒲（图 4-1-23），水面上可放养一些水浮莲（图 4-1-24）等水生植物，可起净化水质的作用，并可给龟提供遮阴场所和藏身之处，有利于龟的健康养殖。

图 4-1-9　小型泥池

图 4-1-10　大型泥池

图 4-1-11　室内水泥池

图 4-1-12　室外水泥池

图 4-1-13　室内瓷砖池

图 4-1-14　庭院瓷砖池

图 4-1-15　天台大理石池

图 4-1-16　室内大理石池

图 4-1-17　塑料板池

图 4-1-18　天然石底池

图 4-1-19　人工石底池

图 4-1-20　玻璃池

图 4-1-21　不锈钢立体养殖池

图 4-1-22　铁皮立体养殖池

图 4-1-23　龟池中的石菖蒲

图 4-1-24　龟塘中的水浮莲

　　根据水栖龟类的养殖模式和生长阶段的不同，龟池建设的要求也不同。如三线闭壳龟和黄喉拟水龟的养殖模式有：庭院养殖（图 4-1-25）、天台养殖（图 4-1-26）、阳台养殖（图 4-1-27）、室内养殖（图 4-1-28）、室外养殖等。在庭院养殖时，养殖池周围可进行绿化，营造一个舒适、美观的环境。在天台和阳台养殖时，要根据其可利用的面积设计养殖池，同时还要考虑承重和渗水的问题。天台和阳台养殖也可以进行绿化（图 4-1-29），建成一个人龟舒适的环境。室内养殖安全性较好，也可在养殖池周围或养殖池内种植一些阴生植物，同样可以创造一个良好的养殖环境（图 4-1-30）。室外养殖指利用房屋外面的空地建池养殖，在池内和池外均可进行绿化，这样较接近自然状态，其养殖效果较好，有条件的应采取此种养殖模式（图 4-1-31）。关于养殖池的大小要因地制宜，有条件的，池要建得大一些，可达 $200\sim400\ m^2$。池大一些，有利于龟活动，这样养出来的龟较健康和较漂亮。池小一些则有利于管理。

图 4-1-25　庭院养殖

图 4-1-26　天台养殖

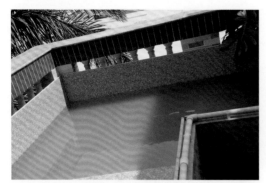

图 4-1-27 阳台养殖

图 4-1-28 室内养殖

图 4-1-29 天台绿化养殖

图 4-1-30 室内绿化养殖

图 4-1-31 室外绿化养殖

　　龟池的形状不限，可以为长方形、方形、圆形及多边形。长方形龟池较好（图 4-1-32、图 4-1-33），可充分利用土地，有利于生产布局和管理。长方形龟池又以东西向长，南北向短为好，使其有较长的光照时间。

　　根据龟的不同生长阶段和疾病防治的需要，养殖场内应建设稚龟池、幼龟池、成龟池、亲龟池和隔离池。稚龟池饲养刚孵出的稚龟，幼龟池饲养 1～2 年的幼龟，成龟池饲养 2 年以上的亚成体和成龟，亲龟池饲养供繁殖用的种龟。此外，还要建隔离池，供病龟隔离治疗用。

图 4-1-32　排列整齐的长方形室内养殖池

图 4-1-33　长方形室外养殖池

1. 稚龟池

刚孵出的稚龟比较娇嫩，对生活环境和饲养条件要求较高。稚龟池一般建在室内，因室内池具有良好的保温和防暑等功能，并可在冬季加温饲养，促进稚龟的生长。养殖池可采用水泥池、不锈钢池、塑料池、大理石池及瓷砖池等，以水泥池较好。养殖池的面积为 $1\sim5\ m^2$ 较合适，长宽比为 $2:1$，池深 $20\sim30\ cm$，水深 $1\sim5\ cm$，以水不浸过龟背为准。

水泥池池底铺瓷砖，池内壁和斜坡均用水泥抹面。池的结构可分为水池、投料台和活动场三部分，水池与活动场以斜坡相连。投料台高出水面，占池面积的 1/4。

不锈钢池采用不锈钢材料制成长方形，池底 3/4 为水面，以水不浸过龟背为准。投料台可用高出水面的其他物体置于池中。

塑料池可参照不锈钢池建造。大理石池建造较简单，而且占地面积较少，适合庭院和阳台养殖。瓷砖池是在水泥池的基础上，池底与池壁均贴上瓷砖，有利于池的清洁。

稚龟越冬加温养殖时，可用塑料、玻璃、铁皮、水泥及不锈钢等材料做成立体饲养箱（图 4-1-34）进行养殖。

图 4-1-34　铁皮立体养殖箱

2. 幼龟池

幼龟对环境变化的适应能力较稚龟强，其养殖介于稚龟和亚成体之间。因此，幼龟池的建造和使用上都有一定的灵活性，既可室内建池，也可室外建池。池的类型有水泥池、不锈钢池、大理石池、瓷砖池及塑料池，常用水泥池。池的面积依放养量而定，一般为 $2\sim30$ m^2，可砌成长方形，长宽比为 3:1，池水深 $3\sim20$ cm。水泥池一侧要有陆地，其与水连接的斜坡小于 25°，以供幼龟上岸休息与摄食。陆地与水池的比例为 1:3，水池中可放养少量水浮莲及水葫芦等，可起清洁水质和供龟隐蔽的作用。

3. 亚成体池

一般建水泥池，池为长方形，面积以 $5\sim200$ m^2 为宜。池水深 $10\sim40$ cm，投料台占池面积的 1/5，斜 20° 与水池相连。池高 $0.5\sim1.0$ m，在池的四角要镶嵌一块三角水泥板或将池角建成圆角形，防止龟以叠罗汉的方式逃逸。龟池上可搭遮阴棚，水面上可放养一些水浮莲及水葫芦等水生植物。

4. 成龟池

成龟池的建设基本同亚成体池，多数龟类采用水泥池，但乌龟和红耳彩龟等龟类常采用外塘养殖的模式。外塘一般为土池，可用鱼塘改造而成，也可在原来鱼塘的基础上进行龟鱼混养。外塘的水深为 $1\sim1.5$ m，塘底土泥厚 20 cm 左右，塘中设食料台，食料台设在斜坡与水面交接处。

5. 亲龟池

亲龟供繁殖用，其对生态环境的要求较高。龟越大，自我保护意识越强。龟类对地面传导的震动和动态的物体很敏感，故当人走近时的震动和人影的晃动，均可影响龟类的活动和取食。因此，亲龟池最好建在僻静、向阳背风处。根据饲养者的条件，亲龟池建在室内外均可。亲龟池一般为水泥池，长方形，南北或东西走向均可，面积一般为 $5\sim300$ m^2。龟池分为 3 个区域：一是产卵区，占 15%；二是喂食区，占 15%；三是生活区，占 70%。生活区的水深为 $10\sim50$ cm，水面可放养一些水葫芦或水浮莲等水生植物，水池上面可搭遮阴台（图 4-1-35），给龟创造一个可隐蔽的区域，减少龟的应激反应，也有利于龟的交配，据说可提高受精率。此外，在龟池中还应提供龟能晒背的设施。生活区的水池与投喂台相连的坡度为 20°。亲龟池四周要有 $50\sim100$ cm 高的防逃设施。

外塘养殖乌龟和红耳彩龟的亲龟时，可在塘周建产卵场。产卵场的大小视养殖塘的大小和养殖龟类的多少而定，一般能满足龟类产卵的需要即可。产卵场与水面成 30°角，四周用砖砌成，中间用泥土填满，上面铺一层 30 cm 厚的泥沙。

图 4-1-35　亲龟池

6. 隔离池

隔离池供病龟隔离治疗用，可按成龟池设计。

（二）半水栖龟类养殖池的建设

半水栖龟类的代表是黄缘闭壳龟，其饲养池的建设与水栖龟类是有区别的。稚龟池可按水栖龟类的稚龟池进行建设。幼龟池为长方形，长宽比为 2：1，池面积的大小为 5～10 m^2，池深 60～80 cm，设食台兼休息场，池的一面建斜坡，坡度为 25°，池内壁与斜坡均用水泥抹面。亚成龟和成龟要经常到陆地上活动，故陆地所占的面积较大（图 4-1-36）。在陆地上最好种植一些灌木和一些无毒的花草，以供龟类玩耍和栖息。

图 4-1-36　黄缘闭壳龟养殖池

（三）鳖类养殖池的建设

鳖类具有同类相残和互相撕咬的现象，要分池、分级养殖。

1. 稚鳖池

一般建在室内，采用砖石水泥结构，池底及四周要光滑，以免造成对稚鳖的伤害。池的面积应根据养殖条件和稚鳖的数量来确定，范围一般是 2～100 m^2，以 10～20 m^2 为宜。池深 0.6～1.0 m，蓄水深度 0.3～0.5 m。池中建一个饲料台，与水面平行。池底铺细沙 10 cm 左右。如在室外建池，需建造 50 cm 高的防逃墙，墙顶向内出檐 10 cm。要求有独立的进水、排水设施，并在进水口、出水口安装铁丝网防逃。

2. 幼鳖池

常在室外建池，水泥池或土池均可。池的建造基本相似于稚鳖池，面积较大，一般为60～300 m²，池深 1 m 左右，蓄水深度为 0.6 m 左右，池底铺细沙 20 cm。设若干晒台。

3. 成鳖池

面积可因地制宜，一般水泥池为 80～300 m²。土池可利用鱼池改造而成，也可新挖建造。池深 1.5 m 左右，蓄水深度 1 m 左右。池底铺细沙 25～30 cm。池的四周要留一定面积的陆地供鳖晒背。设若干食台。土池一般不超过 3 000 m²，深 2 m 左右，蓄水深度1.5 m 左右。池底铺沙或沙土 30 cm。

4. 亲鳖池

通常在室外建池，在室内建孵化室。池面积的大小可根据生产规模和亲鳖的数量来设计，一般在 500～2 000 m²，大的可达 5 000 m²，池深 1.5～2 m，蓄水深度 1.0～1.5 m，池底铺软泥沙 30 cm，以供亲鳖栖息和越冬。池的其余建造与成鳖池相似，但需建产卵场。

第二节　饲养技术

一、龟类饲养技术

（一）淡水龟的饲养技术

在淡水龟中，不同龟类的养殖技术基本相似，只有少数例外。

1. 稚龟的饲养

稚龟指龟龄为 6 个月内的龟（图 4-2-1、图 4-2-2）。稚龟是龟的一生中最脆弱和最关键的时期，其养殖的好与坏，直接关系今后龟的品相与健康程度，甚至影响龟寿命的长短，因此，必须给予高度的重视。

图 4-2-1　大东方龟的稚龟　　　图 4-2-2　中华花龟的稚龟

在孵化的后期，应勤观察。稚龟孵出后可从孵化介质中爬出，此时可进行人工收集，并可用 1% 的盐水浸泡 5 min 进行消毒。刚出壳的稚龟有些在其腹部尚留有豌豆大小的卵黄囊，脐带尚未脱落，这时可在盆或箱中暂养。饲养箱中的水深为 0.5～1.0 cm，可斜放饲养箱，露出一些无水区域。卵黄囊吸收好后即可移入稚龟池中饲养。稚龟池在放苗前要进行消毒，可用 5～10 mg/L 的漂白粉浸泡全池，5 天后用清水冲洗干净即可放苗。

稚龟孵出后的头 2 天不要喂食，让其在浅水盆中自由活动，但要严防蛇、鼠和蚂蚁的伤害。稚龟孵出的第 3 天开始，可逐步投喂饲料，如切碎的鱼肉、虾肉、蚯蚓等。日投喂 2 次，上午和下午各 1 次，每次投喂量为稚龟总体重的 3%～5%。要及时清除残饵，投喂后 30 min 换水，保持水质洁净。换水时水温的温差不能超过 3 ℃。

稚龟的放养密度依不同的龟和不同的饲养环境而异，如用水泥池饲养时，三线闭壳龟为 30～50 只／m²，黑颈乌龟为 50～80 只／m²。饲养一个月后应进行筛选，将大小一致的稚龟饲养在同一池中。稚龟如在室外池中饲养，当气温低于 20 ℃时，要将其移入室内池中饲养。

要做好稚龟的管理工作，平时早、晚各巡池一次，观察稚龟的活动、摄食和水质变化情况，并做好记录。

2. 幼龟的饲养

幼龟指龟龄在 6 个月以上至 2 年的龟（图 4-2-3、图 4-2-4）。幼龟饲料的品种可逐渐增多，除鱼肉、虾肉、蚯蚓等外，还可投喂动物内脏如猪肝、牛肝、猪肺、牛肺及人工配合饲料等，并辅以植物性饵料，动物性饵料与植物性饵料的比例约为 7：3。每天投喂一次，上午或下午投喂均可，但每日投喂的时间要一致，即定时、定点投喂。投喂量为幼龟总体重的 3%～5%，亦可投喂每种龟专用的配合饲料。要适时更换池水，每次换水量约为 1/3，换水时温差不要超过 5 ℃。

图 4-2-3　潘氏闭壳龟的幼龟

图 4-2-4　大麝香龟的幼龟

幼龟的放养密度亦视龟的种类和养殖环境而定，如三线闭壳龟和黑颈乌龟均为

20～30 只 / m²，而乌龟则为 30～50 只 / m²。日常管理工作重点在于做好水质管理和防治病虫害。

三线闭壳龟等龟类在室外气温低于 20 ℃时，要将幼龟移入室内池中饲养。

3. 亚成体的饲养

亚成体指龟龄为 2 年以上至性成熟的龟（图 4-2-5、图 4-2-6）。以鱼、虾等动物性饵料为主，辅以植物性饵料，也可投喂配合饲料。每天投喂 1 次，投喂量一般为龟体重的 3%～5%。要适时更换池水，每次换水量约为 1/3，换水时温差不要超过 5 ℃。

图 4-2-5　三线闭壳龟的亚成体　　　　　　图 4-2-6　黑颈乌龟的亚成体

三线闭壳龟和黑颈乌龟亚成体的养殖密度均为 10～20 只 / m²。日常管理工作主要是做好摄食管理、水质管理和病虫害的防治。

室外气温低于 20 ℃时，要将亚成体移入室内池中饲养，或在龟池顶棚上用保温材料（如塑料薄膜）保温。室温不要低于 10 ℃。

4. 成龟的饲养

成龟指达性成熟阶段的龟（图 4-2-7、图 4-2-8）。成龟如作繁殖用，则称为亲龟，按亲龟饲养。如作商品龟用，三线闭壳龟的放养密度为 3～5 只 / m²，黑颈乌龟和乌龟的放养密度均为 5～10 只 / m²。每天投喂 1 次，投喂量为龟体重的 3%～5%。要适时更换池水，每次换水量约为 1/3，换水时温差不要超过 5 ℃。室外气温低于 20 ℃时，要将其移入室内池中饲养。

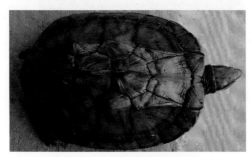

图 4-2-7　黄喉拟水龟的成龟　　　　　　图 4-2-8　河伪龟的成龟

5.亲龟的饲养

亲龟为用于繁殖的成龟。亲龟放养前要预先清理和消毒亲龟池，将龟池中的有害（如玻璃、瓦片、砖块等）、有毒物质清除；将龟池中存在的各种病原体，如细菌、病毒、真菌、寄生虫等杀灭。

亲龟的饲养一定要注意营养平衡，不能营养过剩，以防出现肥胖症和脂肪肝，影响亲龟的产卵量和寿命。以鱼、虾、螺肉、蚯蚓及黄鳝等动物性饵料为主，辅以葡萄和香蕉等植物性饵料，在不同的龟中作适当的调整，也可应用专用配合饲料。每3～4天投喂1次，投喂量为龟体重的3%～6%。通常情况下，每15～20天换水1次，温度高时可7天换水1次，每次换水量约为1/3。换水时温差不要超过5℃。亲龟如在室外池饲养，冬季应有保暖措施，有些龟（如三线闭壳龟）不能将其移动，否则翌年因其要适应环境而导致不产卵。当然，如果移动后的环境相似，则影响不大。

三线闭壳龟亲龟和黑颈乌龟亲龟的放养密度均为1～3只/m^2，乌龟亲龟的放养密度为3～5只/m^2。

在亲龟的养殖中，应注意以下几点：

（1）亲龟的来源与选择。

亲龟的来源有两种：一种是来自野生资源，另一种来自人工养殖。野生亲龟虽然活力强，繁殖的后代质优，患病少，但刚捕获的野生亲龟对人工养殖环境尚有一段适应的时间。此外，龟类为珍稀动物，一般均为国家保护动物，不允许野外捕捉。因此，通常情况下均采用人工繁殖的亲龟，而且这些亲龟已适应人工养殖环境，有利于产卵繁殖，但要避免近亲繁殖，否则产出的后代致畸率高，会出现死胎、畸形龟等。

一般要选择性成熟2～3年后的龟作亲龟比较好。如要购买亲龟，则要选择机体健壮、动作灵活、翻正反射迅速、刺激四肢后反应敏捷、外观有光泽、眼有神、爬行时龟甲不拖地、身体完好无损且饱满者。如龟眼睛肿胀、凹陷或上有白膜，后肢无力，体表有创伤或溃烂，皮下有出血点或出血斑块，反应迟钝，皮下有硬物或水肿，鼻孔内有异物或鼻液等均不可购买。

购买后的亲龟运输时最好选择在气候适宜的时候进行，尽量避开高温和寒冷时期。夏季长途运输时要采取相应的降温措施（不能用冬眠法），控制好车内的温度。冬季运输时要注意防冻。运输时温度不能变化太大（否则会引起应激或感冒）。运输时包装的方式很多，如纸箱、塑料箱、网袋、布袋等，但应对龟无害。运输过程中要保持空气流通。运输时龟不能泡在水中，否则易使肺受伤，或空调降低水温引起龟感冒。

新买入的亲龟要先干养2 h，然后用聚维酮碘（2% 聚维酮碘1g加50 kg水浸泡10～30 min）消毒后将龟放在陆地上，待龟自行爬入水中。3天后才可喂食。

（2）雌雄鉴别与性比。

不同的龟，其雌性和雄性之间在外形上有较明显的区别，但也有一些在形态上区别不明显。一般来说，雌龟体较厚，背甲隆起较高，腹甲平坦或微凸，尾较细和较短，泄殖腔孔位于背甲后缘之内（图4-2-9）。雄龟体较薄，背甲隆起较低，腹甲稍凹，尾根部粗且较长，泄殖腔孔位于背甲后缘之外（图4-2-10）。

雌雄比例通常为3：1。也可根据情况，将其比例调整为2：1或2.5：1。

图4-2-9　三线闭壳龟的雌龟　　　　图4-2-10　三线闭壳龟的雄龟

（3）亲龟的培育。

亲龟产卵后，体内营养物质大量消耗，需要迅速补充。此时应投喂蛋白质和脂肪酸含量较高的饲料，如鱼肉、虾肉、猪肝、牛肝等，还要注意补充维生素和矿物质。

（二）半水栖龟类的饲养技术

半水栖龟类包括黄缘闭壳龟、锯缘闭壳龟、齿缘摄龟和地龟等。这些龟类的共同特点为需要较多的陆地来进行日常的活动，但也离不开水，要经常下水活动。在稚龟和幼龟阶段，可按水栖龟类饲养，但在亚成体和成体阶段，则要按半水栖龟类饲养，即饲养池要有较多的陆地，并在陆地上种一些植物。

（三）陆龟的饲养技术

陆龟的饲养技术除了养殖场中陆地占主要面积外，其余的养殖技术与半水栖龟类基本相同。但应注意以下几个问题：①食性问题。陆龟大部分为植食性。有些陆龟为杂食性，除了吃植物外，还吃一些昆虫。②有些陆龟（如苏卡达陆龟）易患结石病，故要进行适当的排酸，每天要泡澡一次。③陆龟易患寄生虫病，应注意防治。④注意温度变化，冬天要加温。

二、鳖类饲养技术

（一）稚鳖的饲养

在室内暂养 30 天，然后移入稚鳖池饲养。暂养一般在盘中进行，水深 2～3 cm，一侧垫起，露出 1/4 水面。60 cm 的盘可放养 60 只稚鳖。可用蛋黄或水蚤作为开口饲料，后期饲养在稚鳖池中进行，每天投饵 2 次。稚鳖常进行加温养殖。

（二）幼鳖的饲养

幼鳖达到 50 g 以后，可全部投喂配合饲料，投喂量为幼鳖体重的 3%～5%，分 2 次投喂。越冬期间常进行加温养殖，可增加成活率。

（三）成鳖的饲养

成鳖一般在常温下饲养，其养殖模式较多。

1. 外塘单养

在室外池塘中主养中华鳖，其放养密度为 3～5 只 /m²。

2. 塑料棚保温饲养

利用塑料棚保温的性能，可延长鳖的生长期，其放养密度为 3～5 只 /m²。

3. 塑料大棚加温养殖

在塑料大棚的基础上进行加温养殖，可保证鳖的全年生长，其放养密度为 5～6 只 / m²。

4. 鱼鳖混养

饲养池深 2～2.5 m，池坡比为 3∶1，池塘淤泥不超过 20 cm。池底平坦，有防逃设施，进出口设栅栏。鳖的放养密度可按单养时的密度。如养成鱼，放养 500～600 尾 / 亩，其中鲢鱼占 50%～60%，鳙鱼占 10%，草鱼、鳊鱼占 20%，鲤鱼、鲫鱼占 10%～20%，规格 13 cm 以上。如养鱼种，则放夏花 4 000 尾 / 亩。

5. 虾鳖混养

虾鳖混养采用凡纳滨对虾与鳖混养的模式，鳖的放养密度为专养的 1/10。池塘呈长方形，东西向，长 76 m，南北宽 36 m，面积为 4 亩，平均水深保持 1.5 m。有完善独立的进排水系统。进水口套 60 目筛网。在池塘四周建高 45 cm 的防逃护栏。搭建饲料台，在水下 15～20 cm，食台长度两边各 20 m。配增氧设备。

6. 两步养殖法

两步养殖法又称二段养殖法。第一阶段：将当年 7 月底到 10 月中旬孵化出来的稚鳖放入温室中养殖，其放养密度为 20～30 只 /m²。第二阶段：到翌年 5 月下旬时，将鳖移入外塘养殖，其放养密度为 1～2 只 /m²，直到上市。

7. 集约化养殖

集约化养殖又称工厂化养殖，常年保持水温 28 ℃～31 ℃，其放养密度为 6～8 只 / m^2。

8. 外塘两头保温养殖

鳖苗 7—8 月放外塘养殖；至 10 月中旬就在大塘上覆盖塑料薄膜，进行保温养殖；至元旦前让其自然越冬（在广东顺德）；翌年 3 月中旬又盖上薄膜；至 5 月前后分到外塘养殖。

9. 稻田养鳖

稻田养鳖是一种较好的生态养殖模式。根据不同的稻田环境，具有不同的养殖模式，但主要有田池型稻鳖种养模式及田沟型稻鳖种养模式。

（1）田池型稻鳖种养模式。

该模式适用于水源优质充足、稻田连片、稻田单位面积相对较大的稻区。稻田的面积 5～10 亩，田池比例一般不超过 5 ∶ 1，可采用两头型或中间型挖建鳖池，鳖池为长方形。鳖池深 0.8 m，池堤和池底铺设防渗膜，挖建鳖池时要求距离田埂内侧 1 m，池堤四周高出稻田平面 20 cm。养殖池内要有饲料台和晒背台。防逃设施要因地制宜，如稻田面积较大且连片，地势较平，可以在多个田块的外围设置。防逃设施可采用水泥瓦和无节网栏，有条件的地方可直接建成水泥堤埂，如设置水泥堤埂则顶部需设突出墙面 15 cm 的防逃檐。进出水口设防逃栏栅。一般以养商品鳖为主，可采取春放秋捕的方式，故鳖种个体的平均规格要求在 400 g 以上，放养密度为 150～200 只 / 亩，这样养到晚秋停食后能长成 750 g 以上的商品规格。一般刚放养时，投喂量可按体重的 3.5% 投喂，一周后可根据当天的气候和吃食情况以 10% 的比例灵活调整。每日可投喂 1～2 次。若投喂 2 次，投喂时间分别为上午 8：00 和下午 6：00；若投喂 1 次，投喂时间为上午 10：00。

（2）田沟型稻鳖种养模式。

此模式适用于地势地形复杂、稻田形态不规则及面积较小的丘陵和山区等稻区。因田块小、田形复杂，所以挖建和设施设置主要为筑牢田埂，简挖鳖沟和做好防护。田中鳖沟可因田而宜设成“丁”字形、“田”字形或“十”字形，沟深 50 cm、宽 1 m，鳖沟面积不超过稻田面积的 10%。挖鳖沟时如在田边，这时要在田埂内 1～1.5 m 处挖，不可紧贴田埂挖。放养鳖的个体规格要求在 400 g 以上，放养密度为 100 只 / 亩。每日投喂 1 次，投喂时间为上午 10：00。投喂量按刚放养时鳖的实际重量的 4% 计算，以后根据摄食情况进行调整。

研究表明，稻田养鳖有利于增加水稻有效穗数和实粒数，可显著提高再生稻的产量，提高出糙率和精米率，改善稻米的加工品质和提升稻米的外观品质。稻田养殖的鳖的粗蛋白含量、鲜味氨基酸及药用氨基酸均接近于野生鳖，其营养品质和挥发性风味也接近于野生鳖。适宜密度的稻鳖综合种养可改变土壤微生物菌群结构、增加土壤磷肥和促进土壤磷营养物质的释放与利用。

10. 鳖鱼混养稻田套种

稻田需增加 50 cm 高防逃瓦栏，田中挖宽约 1.2 m、深约 1 m，呈"回"字形、"田"字形或"日"字形的鳖鱼沟。在靠近田埂或鳖鱼沟交汇处，挖 2～3 个长 5 m、宽 1.2 m、深 1 m 的鳖鱼"凼"（即小水坑）。凼边安放倾斜的食台，下面没入水下 10 cm。"沟和凼"占稻田总面积约 15%～35%。

11. 藕田鳖鱼混养

植藕 10 天后，即 5 月初，放 150 g 的幼鳖，800 只 / 亩。混养 50 g 草、鲤鱼种 500尾。将选好的藕田平整后，每亩施有机肥 500 kg，磷肥和碳酸氢氨各 30 kg。注水后用机械搅和泥土，以不渗漏水为宜，保留耕作层 40 cm 淤泥，7 天后沿田边四周距田埂 50 cm处，开挖"日"字形鱼沟，沟宽和深各 1 m。把开挖鱼沟的泥土加高田埂四周 80 cm、宽50 cm。筑 60 cm 的防逃墙。田埂对侧分别留出排、进水口，用钢窗拦好，在田边用漂浮木板作鳖的饲料台和晒台。幼鳖下田后，每天投喂熟猪牛血及蚕蛹、蝇蛆、豆虫、动物尸体和内脏等动物性饵料为主，搭配豆粉、糠麸、浮萍、瓜果植物性饲料。每天上午 10：00、下午 5：00 各投饲一次，日投饲量占鳖体重的 20%。夜间用 30 瓦紫外线诱虫灯，诱集各种虫类供鳖、鱼食用。亦可只进行藕鳖共作，此时放养鳖的规格为 150 g / 只，放养密度为 1 只 /m²。放入幼鳖后每天下午 1：00—2：00 时投料 1 次，投喂量为鳖体质量的0.5%～1.0%。研究表明，藕鳖共作可提高中华鳖的成活率和特定生长率，改良水质，提高莲藕的百粒莲子重和莲蓬数量，从而取得良好的生态效益和经济效益。

12. 水库鱼鳖混养

鱼以花鲢、白鲢为主。每年 7 月放鳖，稚鳖规格 35～50 g / 只，1 000 只 /130 亩水面。不用喂料。水深 8～9 m。不用围墙。

（四）亲鳖的饲养

亲鳖一般在外塘饲养，其选择标准为：人工培育的 3 周龄以上、体重 1 kg 以上的成鳖。野生鳖 4 周龄以上、体重 1.5 kg 以上。体形完整，无伤病。雌雄个体大小基本一致。其放养密度为：1.5～2 kg 的亲鳖 1 只 / m²；1.5kg 以下的亲鳖 3 只 / m²。要进行产前培育和产后培育，增加蛋白质含量较高的鲜活动物性饵料。

第三节 病害防治

一、致病因素

龟鳖的致病因素可分为非生物性致病因素与生物性致病因子两大类。非生物性致病因素是指物理、化学、营养、饲料和管理等非传染性致病因素。物理和化学因素属于环境因素的范畴。生物性致病因子又称为病原体。主要的病原体有病毒（Virus）、细菌（Bacterium）、立克次氏体（Rickettsia）、衣原体（Chlamydia）、支原体（Mycoplasrna）、真菌（Fungi）和寄生虫（Parasite）等。

（一）环境因素

龟鳖生活环境的好坏，对其病害的发生发展有很大的影响。在自然界中生活的龟鳖，因其能很好地适应周围的环境，故很少发生疾病，但受天敌的影响较大。龟鳖生活的环境包括陆地环境和水体环境，陆龟主要受陆地环境因素的影响，水栖龟类和鳖类则主要受水体环境因素的影响。水体环境因素包括水体的理化因子如温度、pH 及氨氮等。

1. 陆地环境

陆地环境主要指养殖场上陆地所占的面积和陆地的质地等，如土质、植被等，对陆龟和黄缘闭壳龟等半水栖龟类影响较大。要尽量满足这些龟类对土质和植被的要求，减少龟类的应激性。气温也是影响龟鳖病害的重要因素之一。气温较高时，病原体繁殖加快，疾病易于流行；气温较低时，会造成龟鳖的冻害。

2. 水体理化因子

水体理化因子包括物理因子与化学因子。水体物理因子主要为水体温度。水体化学因子包括水体的盐度、pH、溶氧、氨氮、亚硝酸氮、硝酸氮、硫化氢等。

（1）水体温度。

水体温度是水生动物疾病发生的关键因子，它不仅影响水生动物的生长和繁殖，而且影响病原体的繁殖和传播。龟鳖的生长活动在一定的温度范围内，不同地区、不同种类的龟鳖对温度的适应范围不同。当龟鳖生长在其适宜的温度范围内时，抗病力较强，如此时的温度又不适宜病原体的生长和繁殖时，则不易发生疾病。温度还影响疾病的潜伏期和发病期。龟鳖在温度突然变化太大时，容易产生应激反应，出现疾病，如水栖龟类和鳖类在换水时，若温差超过 5℃，可引起感冒。

（2）盐度。

水栖龟类、半水栖龟类、陆栖龟类和鳖类均要求淡水环境，而海栖龟类则生活在具有一定盐度的海水中。

（3）pH。

pH 是反映水环境生态平衡的一个综合指标。养殖池塘中 pH 的变化主要受下列因素影响：①浮游植物在光合作用时，吸收水中的 CO_2 和氮、磷等营养物质，合成有机物，同时释放出氧气，使 pH 升高。②养殖动物、浮游动物、浮游植物（夜间）消耗氧气，排出 CO_2，使 pH 降低。③龟鳖代谢物、残饵和底泥中其他有机物在氧化分解过程中产生有机酸，降低水中的 pH。池塘 pH 的变化是以上三个过程的矛盾统一体。pH 过高会增加水中毒氨的含量，造成龟鳖中毒；过低将引起营养物的减少，包括磷和光合作用的碳源的减少，可影响藻类和水体菌群的平衡，使龟鳖易患疾病。

（4）溶氧。

养殖池中溶氧的含量是物理、化学和生物作用的综合效应，而生物活动如植物在透光层水域中的光合作用中释放的氧是水中溶氧的主要来源。溶氧为水生生物生存的必要条件，溶氧较高可促进龟鳖的代谢、生长、发育和繁殖，进而增强其对病原体的抵抗力，但溶氧过饱和也会引起在水中生活的龟鳖出现氧中毒。

（5）氨氮。

氨氮是在养殖水体中普遍存在的有毒物质，高浓度时不仅会导致水中生活的龟鳖中毒死亡，而且在未达到致死浓度的情况下，也会对龟鳖的氧消耗、ATPase 活性、氮排泄和渗透压等生理功能造成显著影响。氨氮由非离子氨（NH_3-N）和离子氨（NH_4^+-N）组成，其形成的主要途径是：水生动物的代谢物、残饵及动植物残体的分解物，在溶氧量不足时，含氨有机化合物的分解停留在产生氨态氮的阶段，使总氨氮增加，硝酸盐被还原成氨氮。氨氮中毒性较强的是 NH_3-N。NH_3-N 因不具电荷，具有相对高的脂溶性，故容易透过细胞膜，能从水中向龟鳖体内渗透，从而引起中毒，渗入量大小决定于水中 NH_3-N 的浓度。NH_3-N 和 NH_4^+-N 在一定条件下可互相转化，主要影响因素是 pH。在水中总氨氮不变的情况下，NH_3-N 随着 pH 的升高而成倍地增加。NH_3-N 的毒性还随水温的升高以及溶氧的降低而稍有增加。降低氨氮的措施是多方面的，包括保持足够的溶氧、保持浮游植物适度生长、减少残饵量、维持最适的 pH 等。

（6）亚硝酸氮。

亚硝酸氮是由 NH_3（NH_4^+）在亚硝酸菌作用下氧化生成的。水中亚硝酸氮的变化主要取决于水中浮游植物的吸收和生物颗粒的腐解，以及水体的运动情况。水生生物的排泄物或死亡后的残骸，随着下沉而逐渐氧化腐解成 NH_3，再进一步氧化生成 NO_2-N，使 NO_2-N

的含量升高，而水生植物则能吸收 NO_2-N，从而降低其含量。当 NO_2-N 含量高时，对龟鳖的生长不利。

（7）硝酸氮。

硝酸氮的产生是由氨氮在硝酸菌作用下氧化而成的，其消长规律与亚硝酸氮相似。硝酸氮本身对龟鳖的毒性较小，但 NO_3-N 可被还原成 NO_2-N，从而对龟鳖产生毒性作用。

（8）硫化氢。

养殖池中的硫化氢是硫酸盐在厌氧细菌作用下被还原而产生的，或是在缺氧条件下，由含硫有机物（蛋白质等）腐败分解而产生。硫化氢是毒性很强的气体，浓度高时可引起龟鳖中毒死亡。养殖池中保持充足的溶氧，可有效地抑制硫化氢的产生。

（二）营养因素

营养状况的好坏，对龟鳖疾病的发生和发展具有很大的影响。营养平衡时，龟鳖的免疫力较强，较少患病。营养失衡时，龟鳖除了可产生营养缺乏症外，还由于抗病力下降而容易导致病原体的感染，出现疾病，并可能因在饲料中摄入有毒的物质而出现中毒性疾病。

（三）管理因素

在龟鳖的人工养殖中，由于管理失当而造成疾病发生的现象也很常见。

1. 放养密度

龟鳖的放养密度要适宜。如放养密度过高，除容易导致水质变坏、病原体大量繁殖外，还因养殖个体之间的频繁接触有利于病原体的传播，而且个体与个体之间互相干扰较大，可引起其生理机能失调，抵抗力下降而易患病。此外，如同一池中放养个体的规格差别较大，由于龟鳖具有抢食的习性，个体小和体质弱的龟鳖常因摄食困难而影响其生长发育，导致抗病力下降而出现疾病。

2. 病原体隔离措施

采取有效的病原体隔离措施非常重要。受伤龟鳖入池后易感染各种病原体，且可将病原体传给健康的龟鳖。患病龟鳖放养在池中可直接将病原体传递给健康的龟鳖，使健康的龟鳖感染发病。因此，受伤的龟鳖和患病的龟鳖必须先进行隔离治疗，待痊愈后再放入池中，以免造成病原体的传播。

3. 捕捞和运输

捕捞和运输不当，均可造成对龟鳖的伤害。如钓捕法可损伤龟鳖的消化道；叉捕法可叉伤龟鳖机体；猎狗追踪龟时可咬伤龟。运输过程中由于追求运输数量，把龟鳖叠成多层而又未采取相应的保护措施，易致龟鳖机体压伤、碰伤。这些均有利于病原体的感染。

4. 饲料

长期投喂营养不全面的饲料，易引起龟鳖的营养缺乏症。投喂过多的变质饲料，龟鳖易患脂肪代谢不良症，如脂肪肝等。不坚持定时、定点、定量投喂饲料，龟鳖会摄食不均匀，时饥时饱，影响龟鳖的正常生长，使其抗病力下降而易患病。

（四）病毒

病毒是一种比较原始的、无细胞结构的、有生命特征的、能自我复制和专性寄生细胞内的极小微生物，一般为球状、杆状及蝌蚪状。病毒在自然界分布广泛，可感染细菌、真菌、植物、动物和人，常引起寄主发病。

病毒有如下特征：①以颗粒形式存在，其大小从几纳米到几百纳米，要借助电子显微镜才能观察到。缺乏细胞的结构，兼有原始生命和非生命的特征。②病毒颗粒由核酸和蛋白质构成，通常只含一种核酸（DNA 或 RNA）。缺乏完整的酶和能量系统，但可依靠自身的遗传信息和基因控制，利用寄主细胞的材料和能量进行 DNA 或 RNA 复制，完成装配、增殖等生命活动。③有寄主范围，并可与寄主协同进化，但无生长、代谢等常规生物特征。④具抗原性，可引起寄主产生免疫应答。

1. 病毒的致病机理

病毒进入龟鳖体内后，可影响其正常生理功能，从而引起病变。

（1）引起寄主细胞的反应。

①细胞损伤或破坏。

引起这种作用的病毒为杀细胞病毒。其机理有：

A. 病毒体的直接毒性作用，如腺病毒的衣壳蛋白质成分。病毒在复制周期中合成的"早期蛋白质"，阻止细胞的正常生物合成。

B. 病毒感染的细胞常导致溶酶体的渗透性发生改变，溶酶体酶释入胞浆内而引起感染细胞的自溶。这种现象也可能是细胞损伤和死亡后的结果。

C. 导致感染细胞染色体发生畸变，阻止其正常分裂。

D. 产生包涵体，可破坏感染细胞的结构与功能。

此外，大多数病毒能在感染早期引起细胞膜通透性的改变，发生可逆性的早期病变，如浑浊肿胀。如果病变在重要的器官如脑血管的内皮细胞，可能发生显著的病理变化。

②细胞膜改变。

病毒能使寄主细胞膜发生改变，引起的变化主要有：

A. 细胞融合。如副粘病毒能引起细胞互相融合，称为合胞化（Syncytium），形成多核和巨细胞。

205

B. 细胞表面形成新抗原。

（2）导致炎症反应。

在病毒感染过程中，病毒释放或因损伤细胞而释放出的毒性物质可引起炎症反应。

（3）引起免疫病理。

在某些病毒感染中，寄主的免疫反应可成为发病的机理（产生抗自身细胞的抗体）。

2. 感染龟鳖的病毒

感染龟鳖的病毒主要有虹彩病毒、疱疹病毒、腺病毒、副粘病毒、正呼肠孤病毒及弹状病毒等。

（五）细菌

细菌是属于原核生物界的一种形体微小、结构简单、具有细胞壁和原始核质、无核仁和核膜，除核糖体外无其他细胞器的单细胞型微生物，可分为球菌（Coccus）、杆菌（Bacillus）和螺形菌（Spiral bacteria）三种类型。

革兰氏染色可将细菌分为革兰氏阳性菌（G^+菌）和革兰氏阴性菌（G^-菌）两大类。G^+菌细胞壁较厚、肽聚糖含量较高和其分子交联度较紧密，用乙醇洗脱时，肽聚糖网孔会因脱水而明显收缩，再加上 G^+ 菌的壁基本不含类脂，乙醇不能在壁上溶出缝隙，所以，结晶紫与碘复合物被阻留在细胞壁内，呈现紫色。复染为紫中带红。G^- 菌壁薄、肽聚糖含量低和交联松散，遇到乙醇后，肽聚糖网孔不易收缩，而且类脂含量高，当乙醇把类脂溶解后，壁上出现较大缝隙，复合物极易溶出细胞壁。细胞无色，复染时呈现红色。

1. 细菌的致病机理

不同的致病菌有不同的致病机理，但均与其产生的毒力因子有关。如在嗜水气单胞菌（*Aeromonas hydrophila*）中，已知的毒力因子有外毒素（气溶素、溶血素和细胞毒性肠毒素等）、胞外蛋白酶（丝氨酸蛋白酶、淀粉酶和核酶等）、结构蛋白（转铁蛋白、外膜蛋白、S 层蛋白和菌毛等）和信号相关蛋白（如分泌系统蛋白等）。细菌分泌系统的发现，是细菌致病机制研究的重要进展。致病菌分泌一些蛋白毒力因子，以利于其在寄主体内的生存、繁殖和扩散。非致病菌为了适应其生活的环境，也向外分泌一些蛋白质。各种毒力因子的作用如下：

（1）气溶素。

国际上将外毒素命名为气溶素。气溶素是由气单胞菌属菌株分泌的一类可溶性蛋白，具有溶血性、细胞毒性和肠毒性，由 463 个氨基酸组成，分子量为 51.5 ku。气溶素在脂质双分子层上形成特别稳定且均匀的通道，具有阴离子选择性。气溶素由嗜水气单胞菌以无活性的可溶的二聚体前体形式分泌，该前体与特异性的 GPI- 锚定蛋白相互作用，结果使毒素的局部浓度增加，前毒素通过蛋白酶水解 C- 末端肽而转变成气溶素。气溶素中的

APT 结构域 （Aerolysin/pertussis toxin domain）与靶细胞表面的特异性受体结合，促进聚合，聚合后转化成插入状态，结果产生分散的细胞膜通道，激活 G 蛋白，导致内部存储 Ca^{2+} 的释放，使红细胞的渗透压升高并最终裂解。

（2）溶血素。

在嗜水气单胞菌 ATCC7966 菌株中，Aoki 等克隆并测序了 2 个溶血素基因（AHH-1 和 AHH-2）。AHH-1 的 ORF 为 1734 bp，编码 577 个氨基酸，分子量为 60 ku，为热稳定蛋白，氨基酸序列分析表明其有一段高亲水性的 N- 末端区域具导肽特征。AHH-1 基因在不同的嗜水气单胞菌和杀鲑气单胞菌（*Aeromonas salmonicida*）菌株中分布。AHH-2 的 ORF 为 981 bp，编码 37.7 ku 的多肽，在 N- 末端区域未发现导肽，其基因只在 ATCC7966 菌株中检测到，两溶血素基因的相似性非常低。AHH-2 又称为 HlyA，研究发现，使 HlyA 和 AerA 两基因中的任何 1 个失活，溶血性和细胞毒性只能减弱而不能消失，只有两个基因同时失活，溶血性和细胞毒性的活性才消失，表明嗜水气单胞菌的溶血性和细胞毒性是由 HlyA 和 AerA 共同作用的结果。

（3）胞外蛋白酶。

蛋白酶能直接损伤寄主组织，有利于细菌的侵入和营养的获取。它是否存在与菌株的毒力有关。刘永杰等（2006）纯化了嗜水气单胞菌 AHJ-1 菌株的弹性蛋白酶，并对其特性进行了分析，结果表明该蛋白酶是一种直接致病因子。

（4）脂多糖。

脂多糖（LPS）是位于革兰氏阴性菌细胞壁最外层的一层较厚（8～10 nm）的类脂多糖类物质，由类脂 A、核心多糖和 O- 特异侧链（O-specific chain）3 部分组成。

LPS 是 TNF-α 的强刺激剂，能够刺激 TNF-α 过量产生而引发炎症反应。细菌死亡裂解后，LPS 被释放出来，这是 LPS 的主要来源，此外，在细菌的对数生长期或细菌营养缺乏时，细菌也会自行释放 LPS。LPS 主要通过两方面发挥作用：一方面是 LPS 在细菌周围形成稳固的保护屏障，从而逃避抗生素的作用，利于细菌在寄主体内存活和增殖；另一方面，LPS 作用于寄主细胞，诱导如 TNF 和 IL 等细胞因子的释放，从而导致多种炎症介质参与的级联反应，使寄主处于自身无法控制的混乱状态。

（5）S 层蛋白。

S 层蛋白（S layer protein）是细菌的主要蛋白，占细菌细胞总蛋白的 15%。纯化的 S 层蛋白，大多数由单一蛋白或糖蛋白组成，其分子量为 40～200 ku。在 S 层蛋白中，疏水性酸性氨基酸含量高，赖氨酸是主要的碱性氨基酸，而组氨酸、精氨酸和甲硫氨酸含量低。半胱氨酸只存在于少数的 S 层蛋白中。大多数的 S 层蛋白的等电点在弱酸处。S 层蛋白可能与细菌的黏附有关。

（6）铁载体。

铁载体（Siderophore）是细菌在低铁环境中产生的一类低分子有机化合物，对铁有高度亲和力，能与铁发生特异性结合反应，是细菌获铁系统的重要组成部分，与许多细菌的致病性密切相关。铁载体普遍存在于气单胞菌属的成员中。

（7）菌毛。

菌毛作为细菌的侵袭因子，在细菌黏附的第一步中起重要作用。嗜水气单胞菌有两类菌毛：R 菌毛和 W 菌毛。W 菌毛是 4 型菌毛，为单体，是公认的毒力因子。

（8）分泌系统。

在有效的控制方式下输送选择性的蛋白质穿过一层或更多层膜的能力，是所有细胞类型的关键和基本的特性。在革兰氏阴性菌中，输送它们从胞浆中合成位点的选择性蛋白穿过细胞囊膜（内膜、周质和外膜）到细胞外部的过程称为分泌。分泌是原核生物与其环境相互交换的基本任务，特别是细胞外蛋白质和多肽的产生，在微生物适应环境的生态位和保持生存，均是至关重要的。在感染过程中，致病的微生物面对寄主敌对的环境，这些微生物必须为它们的生存而斗争，通过寻找必需的营养物质和避免被寄主的免疫系统所消灭。在这场与寄主之间的比赛中，它们能够很有技巧地控制寄主的细胞来为它们的利益服务。大部分这些过程依赖细菌释放的大量的蛋白质，这些蛋白质可以保留在细菌细胞表面，也可以释放进入细胞外的介质中，甚至可以注入寄主细胞浆中。致病菌为了在寄主体内生存、繁殖和扩散，必须分泌一些蛋白性质的毒力因子；而一些非致病菌为了适应其生活环境，也向外分泌一些蛋白质。虽然细菌分泌的这些蛋白质功能各异，但系统发育和遗传进化分析表明，细菌是通过几种分泌机制将这些蛋白分泌出去的。许多革兰氏阴性细菌，借助于细菌的分泌系统，分泌出毒性因子和效应子，与寄主进行交流。

在一个指定的细菌中，将拥有一套或更多套的分泌系统，依它们的生活方式和生态位而定。分泌的底物包括黏连素、毒素、水解酶类和调节寄主细胞的效应蛋白等。已发现 9 种不同的分泌系统（Type I secretion system up to type IX secretion system，T1SS～T9SS）。仅在绿脓杆菌（*Pseudomonas aeruginosa*）中就发现具有 5 种分泌系统。T9SS 是最近才发现的分泌系统，与拟杆菌（如 *Flavobacterium johnsoniae*）在表面上的快速爬动（滑动）有关。

所有的分泌系统均持有特殊的成分来介导效应蛋白穿过细菌不同的膜结构。这些分泌途径可以分为两个主要组群：Sec（Secretory）依赖性和非 Sec 依赖性。其中 T2SS 和 T5SS 用 Sec 转移酶和氨基端信号肽运输其效应蛋白，T1SS、T3SS、T4SS 和 T6SS 则采用不依赖 Sec 转移酶的机制。

在革兰氏阴性菌中，蛋白质的分泌必须穿过 2 层疏水屏障形成的膜和胞浆后才能实现。两层膜为内膜（Inner membrane，IM）和外膜（Outer membrane，OM），周质（Periplasm，P）为限制性含肽聚糖的水室。分泌系统要么通过一步运输机制（T1SS 和 T3SS），即未折叠的分泌物直接进入细胞外空间，不用任何质膜外介质；要么通过二步机制（T2SS 和 T5SS），即分泌物首先运输到周质腔，折叠后再穿过外膜。

由 T2SS 和 T5SS 介导的分泌有 2 步过程，包括在周质中的停留过程。使用这些途径的分泌蛋白作为前体合成，它们在 N 端的可裂解的信号肽被使用来瞄准分泌系统的目标或向外输送的装置。这些大分子复合体，也称为转位子，穿过内膜，进入外分泌蛋白通道。分泌系统促进未折叠的蛋白向外输送，而 Tat 通道促进折叠蛋白的向外输送。随后通过专用分泌系统，即 T2SS 或 T5SS，将分泌物输送出外膜。使用这两种输送系统的分泌物通常被释放到细胞外间质中或仍然结合在细胞的表面上。相反，T1SS、T3SS、T4SS 和 T6SS 使用一步机制，促进直接递送的分泌蛋白进入到细胞外间质（T1SS）或进入寄主细胞（T3SS、T4SS 和 T6SS）。在所有这些例子中，蛋白质不合成信号肽，但携带一个所谓的分泌信号，其中详细的特征依不同的分泌系统而异。

（9）生物被膜。

生物被膜（Biofilm，BF）是指黏附于生命体或非生命体接触表面上的微生物，当受到外界环境压力时，如营养极端匮乏或过剩、低 pH、高渗透压、氧化应激、抗菌素和抗菌剂等，被自身分泌的多糖基质、纤维蛋白及脂蛋白等胞外黏质物质所包裹，从而形成的大量微生物的聚集体。生物被膜是细菌在物体表面生长时在自然条件下形成的一种自我保护状态，自然界中的任何细菌都可在成熟条件下形成生物被膜，且 90% 以上的细菌均以生物被膜的形式生存和生长。生物被膜形成后，可使其中的细菌对多种抗生素的耐药性增加和对寄主免疫攻击的耐受能力增强。

①生物被膜的组成及结构。

组成生物被膜的成分包括多糖基质、纤维蛋白、表面蛋白、脂蛋白、多糖蛋白及胞外 DNA 等。细菌依靠静电力以特异性或非特异性的方式互相黏连在所接触的物体的表面上。当黏连在细胞基质时就可形成大量的不易溶解的胞外多聚物（EPS），当多种细菌的 EPS、寄主细胞或血小板混合在一起时，便形成了生物被膜，这时则具备了抵抗寄主的免疫反应及抗生素攻击的能力。

生物被膜的形态、紧密度及厚薄度因细菌的种类及环境条件的不同而异。生物被膜不是细菌随意堆积而成的，而是一种通过相互协调所构成的、结构高度分化的群体。模型化后的生物被膜从外到内依次为：主体层（Bulk of biofilm）、连接层（Linking film）、调节层（Conditioning film）和基质层（Substratum）。细菌定植在基质中。在细菌群落之间存在着充满液体的"水通道"，细菌可利用此通道与外界进行交流，从而获取营养物质或排出代谢废物。

根据细菌在生物膜内所处的不同位置可分为：游离菌、表层菌和深层菌。表层菌获得营养物质与氧气较方便，代谢废物也容易排出，因而分裂较快，活动较为活跃，菌体相对较大，且对抗菌药物敏感。游离菌的性质与之相似。深层菌由于被多糖蛋白复合物包围，营养物质不易获取，代谢废物也易堆积，体积较小，分裂较慢，故处于静止或休眠状态。生物被膜的成分中，85%为胞外多聚物，水合物只占15%。

②生物被膜的形成过程。

生物被膜的形成是一个复杂的动态过程，受多种因素的影响，其在粗糙或涂有特殊物质的表面上更易形成。胞外多聚物与细胞间信号分子的相互作用为生物被膜形成的关键所在。生物被膜的形成可分为3个阶段：第一阶段为细菌黏附于所接触的表面上。这是细菌表面特定的黏附素蛋白识别接触表面受体的结果，具有选择性和特异性。由于接触并黏附的过程很快，因此，要完全控制生物被膜的形成几乎不可能。第二阶段是生物被膜形成后的成熟过程。生物被膜由扁平不均一的结构向高度结构发展，此过程易受细胞的游动性及胞外的聚合基质所影响。第三阶段是生物被膜的聚集和分散。由于细菌所处的环境非常拥挤，且营养物质的供应有限，当受到某些外部因素的影响时，一些细菌会脱离生物被膜，但是，脱离的细菌又会重新参与黏附、成熟、聚集和分散这几个过程，这样可使感染不断加重，这也是细菌形成生物被膜后，其感染难以治愈和病原菌难以清除的原因之一。

③生物被膜的特性。

生物被膜具有高度结构性、协调性、功能性及不均质性等特性，其处在浅处和深处的细菌，无论体积大小及代谢活性均明显的不同。由于处于生物被膜内的细菌具有多种代谢方式，因而不管在什么条件下均有一些细菌可存活下来。生物被膜以一种独特的方式来稳定不同物种间的相互作用或使其发生特征性的变化，可影响生物群体的功能，如当需氧细菌处于低氧环境中时，生物被膜可使其适应低氧环境，从而能存活下来。处于成熟生物被膜中的细菌比处于浮游状态下的细菌具有更强的耐酸能力与抗饥饿能力。

Welin等（2007）研究发现，处于生物被膜中的变异链球菌对酸的耐受能力较处于浮游状态下的变异链球菌强820～70 000倍。Zhu等（2001）研究指出，同时对变异链球菌浮游状态下与生物被膜状态下的细菌做无底物的饥饿处理，其生物被膜状态下的细菌表现出更强的抗饥饿能力。此外，被膜菌与浮游菌在基因表达及蛋白表达方面都存在一定的差异。生物被膜的形成，可使细菌在极端不利的环境中仍能抵抗外界的压力和增强细菌的耐受力。

④生物被膜与群体感应的关系。

细菌根据群体中的细胞密度变化来调控自身基因表达的群体行为称为群体感应

（Quorum sensing，QS）。在特定的环境中，细菌数量增加时，由细菌的 Lux Ⅰ 蛋白所合成的信息分子的浓度会随之增高。当信息分子的浓度积累到一定阈值时，可与细胞质中的受体蛋白结合，致使受体蛋白构象发生变化，从而激活靶基因及基因编码酶，进而出现一系列的表现，如质粒的接合转移、毒性基因的表达、生物发光、细菌的群集泳动及生物被膜的形成等。

当环境条件不利于细菌生长时，细菌间能够通过 QS 系统来传递信息，建立生物被膜来抵抗不利的环境。如果 QS 系统缺失，形成的生物被膜就会变得稀薄。QS 系统除了影响成膜菌的数量外，对生物被膜 EPS 的含量及细胞表面的疏水性均有不同程度的影响。在形成生物被膜的 3 个过程中均有 QS 的参与。

2. 常见致病菌

对龟鳖致病的细菌常见的有嗜水气单胞菌、维氏气单胞菌（Aeromonas veronii）、温和气单胞菌和迟缓爱德华氏菌（Edwardsiella tarda）等细菌，其中嗜水气单胞菌是主要的致病菌，它普遍存在于淡水、污水、淤泥、土壤和人类粪便中，对水产动物、畜禽和人类均有致病性。

（六）真菌

真菌是指具有细胞壁和典型的细胞核，不含叶绿素，不分根、茎、叶，以寄生或腐生方式生存的生物。真菌分布广泛，适应性强，大多为水陆两生。对龟鳖致病的真菌主要有水霉菌（Saprolegnia）和毛霉菌（Mucor）。

水霉菌是条件致病菌，当龟体抵抗力下降时可致病。水霉菌常大规模感染水产动物而导致水霉病的流行，造成严重的经济损失。水霉菌菌丝主要在动物摩擦、碰伤等体表受损后，从受伤部位入侵而导致动物感染。毛霉菌亦为条件致病菌，主要通过破损皮肤和呼吸道等进入龟鳖体内而引起感染。

（七）寄生虫

寄生虫主要包括寄生性原虫、寄生性蠕虫、寄生性昆虫和寄生性环节动物，其致病机制依不同种类而异，总的来说有如下几种类型：

1. 摄取宿主营养物质和吸取宿主的血液

寄生在小肠内的蛔虫以半消化食物作为养料，从而夺取宿主的营养物质，如寄生虫数多时，可引起宿主营养不良。寄生于小肠上段的钩虫，可吸取宿主的血液，造成宿主贫血。

2. 阻塞腔道和压迫组织

在腔道寄生的寄生虫，当数量多时可阻塞腔道。如肠道寄生的蛔虫数量多时可引起肠梗阻。在组织中寄生的寄生虫，可压迫组织，导致相应的症状。

3. 机械性损害作用

有些寄生虫可直接损伤组织器官。如体外寄生的水蛭可吸食龟鳖的血液，造成的伤口容易引起细菌感染。

4. 毒素的毒害作用

寄生虫虫体本身以及它的分泌物、排泄物均可成为变应原性物质，引起宿主的过敏反应。寄生虫所分泌的一些酶，对组织具有溶解作用，如溶组织内阿米巴的溶组织酶。

5. 引入其他病原体

寄生虫的入侵，可损伤宿主的非特异性免疫功能和特异性免疫功能，有利于其他病原体的侵袭和成功感染。同时，寄生虫本身亦可带病原微生物，其侵入时即可将病原微生物一起带入或注入宿主体内。

龟鳖常见的寄生虫为纤毛虫和水蛭。纤毛虫可吸附于龟鳖体上，引起纤毛虫病，使龟鳖活动受阻，生长减慢，严重时可导致稚龟鳖和幼龟鳖死亡。

二、龟类的常见疾病及其防治

（一）腐皮病

腐皮病又称皮肤溃烂病，由细菌感染龟的四肢和颈部等的皮肤所引起，也包括白点病、颈部溃疡和体表溃疡等皮肤病变，是水栖龟类的常见病和多发病，常危害稚龟和幼龟。

腐皮病的病原为嗜水气单胞菌、假单胞菌及无色杆菌等革兰氏阴性菌，其中以嗜水气单胞菌为主。该病的诱因主要是饲养密度过大，龟相互撕咬，受伤后病原菌乘机侵入，导致受伤部位的皮肤和组织出现炎症、坏死现象。水质的恶化可降低龟的抗病力，引起细菌感染。

病龟主要表现为四肢、头部、颈部、尾部等处皮肤糜烂或溃烂，出现溃疡。病情进一步发展时，皮肤组织坏死，患处可出现骨骼外露，脚爪脱落，严重时病龟会死亡。

该病的防治要点是：合适的放养密度、合理的投喂和保持良好的水质。可用高效、无毒、无副作用、无残留和环保的过氧乙酸混合消毒液来预防和治疗腐皮病。

（二）水霉病

水霉病又称肤霉病，为常见病，对稚、幼龟危害较大，尤对孵出后两个月内的稚龟危害严重，可引起大量死亡。

水霉病的病原常见的是水霉菌。龟体受伤、水质恶化、养殖密度偏高等是该病的诱因。病龟的颈部和四肢可看到大量灰白色棉絮状物。病龟皮肤糜烂，食欲减退，行动迟缓，烦躁不安，消瘦无力。稚龟背壳被腐蚀变软变薄，以至停食，机体逐渐衰弱，易在冬眠期间死亡。

水霉病的预防主要是保持水体中各种微生物的平衡，使有益的微生物抑制有害的微生物，从而抑制水霉菌的生长，亦可应用过氧乙酸混合消毒液来预防和治疗水霉病。

（三）疖疮

疖疮是一种由嗜水气单胞菌感染而引起的皮肤感染性疾病。此病的特点是在发病初期，病龟的颈部、四肢长出一个或数个芝麻大的或绿豆大的疖疮，随后疖疮逐渐隆起，向外突出，用手挤压病灶，可挤出粉刺样易压碎、并伴有腥臭气味的浅黄色颗粒或白色脓汁状内容物。严重时，疖疮溃烂，向周围皮肤扩展，呈腐皮病症状。感染此病后，病龟活动减弱，食欲减退或停食，体质消瘦，静卧不动，头不能缩回，直至衰竭而死。其防治方法与腐皮病相同。

（四）穿孔病

穿孔病又称洞穴病、烂壳病。患此病的龟主要有乌龟、黄喉拟水龟和黄缘闭壳龟等。该病由嗜水气单胞菌、普通变形杆菌和产碱菌等病原体感染所致，通常是在疖疮的基础上进一步发展而来。该病的特点是病龟初期在背甲、腹甲和四肢等处出现小疖疮，疖疮逐渐增大，病灶中央出现坏死，形成孔洞，严重时直达肌层，并可引起肌肉糜烂。其防治方法同腐皮病。

（五）红脖子病

红脖子病又称阿多福病、俄托克病、耳下腺炎，通常发生于水栖龟类的乌龟、三线闭壳龟、黄喉拟水龟及四眼斑龟等龟种。该病由嗜水气单胞菌感染而引起，常发生于水质变坏及龟的抵抗力下降的时候。病龟的颈部肿胀、充血，不能正常伸缩；反应迟钝，行动缓慢；不摄食，身体消瘦；口腔黏膜充血；严重时口、鼻流血，眼睛失明，全身水肿。多数病龟在上午或中午上岸晒背时死亡。该病的防治与腐皮病基本相同，严重时可应用抗生素治疗。

（六）白眼病

白眼病是一种常见病，其传染性强，发病后若不及时采取有效措施，感染率可超过60%，甚至达到90%以上，是当前发病率最高、危害最严重的疾病之一。通常人们认为该病是由于放养密度过大，水质碱性过重，引起龟眼部不适，常用前足擦拭眼部，造成眼部损伤并感染细菌而引起，也有人认为与缺乏维生素A有关。病龟可出现眼部充血、肿胀，眼睛逐渐变为灰白色、肿大，眼角膜和鼻黏膜出现糜烂，眼球外表覆盖白色分泌物。

患病后，病龟常用前肢摩擦眼部，行动迟缓，停止摄食，部分病龟身体变轻，难以下沉，只能伏于岸边。严重时，病龟眼睛失明，最后瘦弱而死。有些病龟在发病初期仅有一只眼睛患病，如不及时治疗，另一只眼睛很快也会被感染。该病的防治措施是保持水质清洁，加强龟的营养。该病流行时可用过氧乙酸混合消毒液进行消毒处理和浸泡治疗。

（七）胃肠炎

胃肠炎又称肠胃炎、肠炎病、肠胃病，主要危害幼龟和成龟，其病原菌为嗜水气单胞菌、温和气单胞菌及豚鼠气单胞菌等革兰氏阴性细菌。当龟摄食了不新鲜的或已变质的饵料时，病原菌随饵料进入龟的胃肠道中并繁殖和产生毒素而使龟患病。环境温度突然下降，导致龟消化不良，也易引发此病。病龟食欲减退甚至停食，精神萎靡，行动缓慢，反应迟钝，消瘦，大多趴于食台或池角隐蔽处。患病较轻的龟，其粪便中有少量黏液或粪便稀软，呈黄色、绿色或深绿色，龟进食量少。患病较重的龟，其粪便呈水样或黏液状，呈酱色或血红色，龟停止摄食，最后衰竭而亡。其预防措施是不喂腐败变质的饲料，保持良好的水质。该病可用消炎杀菌的中草药进行治疗，如每 100 kg 龟用黄连、黄精、车前草各 150 g，马齿苋 80 g，蒲公英 100 g，文火煎煮 2 h 后过滤，取澄清液拌入猪（牛、羊）肺中投喂，也可用对胃肠炎有效的抗生素来治疗。

（八）感冒

感冒主要发生在半水栖龟和陆龟，因水栖龟主要栖息在水中，水中的环境较稳定，而陆地上的环境易受气候的影响，易导致龟的应激反应，削弱龟的抵抗力而易患感冒。该病由病毒感染引起。气候短时间内变化大，忽冷忽热，白天闷热，晚上水凉，龟上岸后的温差大，换水时水温的温差超过 5 ℃，运输途中因空调而着凉等因素均可诱发此病。病龟鼻孔闭塞，或流鼻涕，口不断张开，间中发出声音。病情较重时，口、鼻、眼均有分泌物，眼窝略凹陷，停食，浮于水面。其防治措施为：尽量减少龟的应激反应，换水时水温的温差不要超过 5 ℃，不要放在水中运输，运输时的温度不要变化太大；冬天注意保温，冬天患病时可加温饲养；可在饲料中添加维生素 C 及清热解毒的中草药进行治疗。

（九）肺炎

肺炎又称细菌性肺炎，常继发于感冒，为龟类的常见病。在发病初期，病龟食欲减退，呼吸困难，咳嗽，有时张口呼吸或咳出乳白色黏稠痰液，水面有白色黏液。常在陆地上呆滞不动，目光暗淡且流眼泪，鼻部有鼻液流出，后期变浓稠。严重时鼻孔结痂，眼睛混浊，日渐消瘦，停止摄食，最后死亡。其防治措施相似于感冒，病情较重时可肌注氨基糖苷类抗生素，如庆大霉素、卡那霉素或妥布霉素等。

（十）口腔炎

口腔炎常由细菌感染而引起，如嗜水气单胞菌、温和气单胞菌、豚鼠气单胞菌及假单胞菌属的细菌均可为病原菌。该病主要发生在野外捕捉的水栖龟类，这些龟有的口腔有钓钩，口腔壁受损而引起细菌感染。在平时饲养过程中，投喂小虾、小鱼等饵料时，未将硬刺剔除，也可引起龟的口腔受损，导致细菌感染而患病。在用塑料管或硬物喂药时，亦可损伤口腔黏膜，细菌乘虚而入，引起炎症。当龟患口腔炎时，口腔内出现溃疡，口腔壁、颚和舌等部位的表面可覆盖白色坏死物，有异臭味，严重者有脓性分泌物。病龟烦躁不安，停止摄食。对病龟要认真检查，发现有钓钩时应将钓钩取出，可肌注氨基糖苷类抗生素进行治疗。

（十一）纤毛虫病

纤毛虫病又称钟形虫病、吊钟虫病、累枝虫病，主要危害稚龟和幼龟，其发病率和死亡率较低。该病的病原体为累枝虫、钟形虫、单缩虫和聚缩虫等固着类纤毛虫。龟感染纤毛虫后，四肢及颈部可出现绵状或水霉状的白色斑块，龟体消瘦，食欲减退，活动力减弱。当纤毛虫大量附生时，可影响龟的行动和摄食，使龟萎瘪而死；或使其组织受损，导致细菌或其他原生动物的大量感染。该病可用能杀寄生虫的中草药或消毒剂消毒养殖用水或浸泡治疗。

（十二）脂肪肝

脂肪肝又称脂肪性肝病，一旦形成，很难治疗。随着人工养龟的深入发展，脂肪肝的发病率越来越高，其危害也越来越严重，必须引起足够的重视。脂肪肝常由营养失衡而引起，主要原因是长期投喂高蛋白和高脂肪的饲料，造成能量过剩，转化成脂肪，沉积在肝脏，使肝发生脂肪变性，引起脂肪肝。病龟大多体厚肿胖，精神较差，不爱活动，食欲减退，最后会停食。病龟抵抗力下降，易发生病原体的感染，并可在无任何病症的情况下突然死亡。其预防措施是：注意营养平衡，动物饲料和植物饲料搭配应用，补充足够的维生素和矿物质，绝不投喂隔餐、变质或高脂肪、高蛋白的饲料，投喂商品饲料的同时应添加鲜活饵料（占总投喂量的10%～20%）。可在饲料中添加肌醇和胆碱等能改善脂肪代谢的药物，亦可添加具有护肝等作用的中草药。

三、鳖类的常见疾病及其防治

（一）腐皮病

腐皮病又称皮肤溃疡病、溃疡病，是危害中华鳖最严重和最常见的疾病之一。其病原菌有嗜水气单胞菌、假单胞菌和无色杆菌等多种细菌，其中以嗜水气单胞菌为主要致病菌。此病多是鳖互相撕咬、机械损伤、交配及操作不慎等原因而引起皮肤破损，然后导致细菌感染而患病。病鳖主要表现为全身体表皮肤糜烂坏死，以脖颈与四肢最为典型，随着病情发展，溃烂面积不断扩大，直至颈部皮肤及脚爪脱落，四肢骨骼外露，最后导致死亡。其防治要点是：在各种操作和运输中避免鳖的损伤和保持优良的水质。病鳖可用过氧乙酸混合消毒液浸泡治疗。

（二）水霉病

水霉病对受伤的稚鳖和幼鳖危害较大，死亡率高。成鳖和亲鳖患此病后易感染细菌而死亡。鳖患水霉病后，其背甲、四肢、颈部等处的体表长有灰白色絮状菌丝体。腹甲前缘与后缘亦可见水霉菌寄生。当水霉在鳖体表发展到 2/3 以上时，病鳖行动受阻，食欲减退，逐步因体质瘦弱而死亡。其预防措施为防止鳖体受伤，保持水质良好。病鳖可用过氧乙酸混合消毒液浸泡治疗。

（三）疖疮

疖疮由嗜水气单胞菌感染引起。在水质恶化的情况下易患此病。发病初期，在鳖的软组织部位出现隆起的白色肿块，肿块向外突出，边缘逐步扩大，成一硬疖；揭开表皮时可见脓状的或豆腐渣样的物质，具腥臭味。硬疖周围红肿，可出现溃烂。病鳖食欲减退，体质瘦弱，如不及时治疗，会死亡。其防治措施同腐皮病。

（四）穿孔病

穿孔病是温室养鳖的主要疾病之一，由嗜水气单胞菌感染引起，常继发于疖疮。此病对幼鳖影响较大，一旦发病，1～2 周内就会死亡，而且死亡率很高，如不及时治疗，死亡率可达 30%～50%。其防治方法同腐皮病。

（五）红脖子病

红脖子病又称大脖子病、粗脖子病。我国养鳖地区大多有此病发生，死亡率高，对各种规格的鳖都有危害，尤以成鳖及亲鳖最为严重。此病的早期病症不易被发现，到了发病中后期，病鳖往往漂浮于水面作缓游状运动或钻入沙中静卧不动。而无力钻沙和病情严重者一般表现为脖子平垂，在晒背台上呆滞不动，不久即死亡。病鳖最主要病症是脖子粗大、发红，有的全身水肿，同时伴有腐皮病；有的口、鼻出血。其防治措施同腐皮病，严重时可应用抗生素治疗。

（六）红底板病

红底板病又名赤斑病、红斑病，由嗜水气单胞菌感染引起。该病从幼鳖到成鳖均可发生，死亡率也较高，但亲鳖和成鳖更易患病，尤其对亲鳖危害较大。病鳖反应迟钝，食欲减退或停食，多在池边漂游或集群，大多病鳖头颈伸出水面后仰，并张嘴做喘气样，有的口鼻流血，严重者可死亡。其防治措施与腐皮病相同，严重时可应用抗生素治疗。

（七）白底板病

白底板病又称白板病，是一种常见的流行性疾病。其病原体为病毒，常与细菌合并感染。该病主要危害 100 g 以上的鳖，尤其对 250g 左右的鳖危害较大。发病突然，传染性极强，死亡率极高。病鳖体型较厚，体表完好无损，底板苍白，呈极度贫血状。大部分病鳖出现水肿，可成批死亡。在预防方面，要做好消毒处理和严格检疫。在治疗方面，可在饵料中添加维生素 C 和抗病毒的中草药，如合并细菌感染，可肌注氨基糖苷类抗生素。

（八）水蛭病

水蛭病为鳖常见的体外寄生虫病，对各龄期鳖均有危害。水蛭主要寄生于鳖的体表、四肢和颈部，吸取其血液，患病的鳖会因失血而出现贫血。当寄生的水蛭数量多时，可使鳖失血过多而死。其防治要点为做好放养前的池塘消毒，防止水蛭进入池塘。如发现池塘有水蛭，可用消毒药将其杀死，或用诱捕法将其除去。鳖身上的水蛭可用杀寄生虫药浸泡处理。

第五章　龟鳖营养学

龟鳖营养学（Turtle nutrition）是研究龟鳖机体营养与健康关系的一门科学，其研究内容主要包括龟鳖所需的营养物质、龟鳖的物质构成及龟鳖的饲料等方面。

第一节　龟鳖的营养需求

龟鳖为了维持生命活动，自身的生长、繁殖，必须从饲料中摄取所需的营养物质。这些物质为维持龟鳖的生命活动、生长、繁殖和生产提供了所需的营养素。龟鳖必需的营养素一般可分为蛋白质、脂类、糖类、维生素和矿物质等几类。

一、蛋白质

蛋白质是一类重要的营养素。蛋白质的存在总是和各种各样的生命活动联系着，它参与机体的构成和各种功能，同时又是一种产热的营养素。

在饲料中对于蛋白质的需要，实际上就是对氨基酸的需要。食品中的蛋白质通过消化分解为氨基酸，然后它们被吸收且通过血液分布到机体细胞中，机体细胞利用这些氨基酸重新建造机体蛋白质。

蛋白质是构成机体和生命的重要物质基础。蛋白质具有催化、调节生理机能、运输氧气及免疫等作用。蛋白质参与建造新组织和修补更新组织，也是供能的物质。

二、脂类

脂类是存在于生物体内的一类有机物，包括脂肪与类脂。在饲料分析中把乙醚浸出物称为粗脂肪，它含有脂肪及一些溶解于乙醚的非脂物质如树脂、色素和脂溶性维生素等。

脂类有如下的作用：

（1）氧化供能，维持体温。脂肪是龟鳖的主要供能物质，龟鳖冬眠时也靠消耗脂肪来维持基础代谢。

（2）构成机体组织细胞的成分。类脂中的磷脂、胆固醇与蛋白质结合成脂蛋白，构成了细胞的各种膜，如细胞膜、核膜、线粒体膜、内质网等，也是构成脑组织和神经组织的主要成分。

（3）促进脂溶性维生素的吸收。脂溶性维生素只有与脂肪共存时才能被吸收。

（4）供给必需脂肪酸。必需脂肪酸参与磷脂合成。磷脂是细胞生物膜的组成成分，是体内合成生物活性物质的前体。

三、糖类

糖类是高等动物的主要供能营养素，但在龟鳖类，由于其生活习性不同，对糖类的利用也不同。如陆栖龟类主要摄取植物，因此，糖类是其供能的主体；但水栖龟类主要摄取的是动物性食物，因此，供能的主体是脂肪和蛋白质。

糖类有如下的作用：

（1）提供能量。糖类以单糖的形式被吸收后，进入龟类体内氧化释放能量，供代谢需要。

（2）储存能量与合成脂肪。糖类过量时，会合成糖原及转化为脂肪，储存在体内。

（3）为非必需氨基酸的合成提供碳架。糖类代谢的中间产物，如丙酮酸、α-酮戊二酸、磷酸甘油可用于合成一些非必需氨基酸。

（4）节省蛋白质。糖类为廉价的能源，合理利用可减少蛋白质作为能源，从而节约蛋白质。

（5）构成龟鳖机体组织成分。碳水化合物是构成龟鳖机体的重要物质，并参与细胞的许多生命活动。如糖与脂类形成的糖脂是细胞膜和神经组织的组成成分；糖与蛋白质结合成的糖蛋白是一些抗体、酶和激素的组成部分；核糖核苷酸和脱氧核糖核苷酸是核酸的重要组成部分。

四、维生素

维生素是存在于食物中的一些小分子有机化合物，是维持机体正常生命活动所必需的，其在体内含量极微，但在机体的代谢、生长、发育等过程中起重要作用。维生素种类很多，各种维生素也各具独特作用，按其溶解性，常分为脂溶性维生素与水溶性维生素两大类。脂溶性维生素有维生素 A、维生素 D、维生素 E 及维生素 K 等，水溶性维生素有维生素 C、硫胺素、核黄素、尼克酸、维生素 B_6、维生素 B_{12}、叶酸、胆碱、肌醇、泛酸、生物素等。饲料中脂溶性维生素含量多时能在龟类体内贮存，若短时间缺乏，不会立刻出现病症，而水溶性维生素则需要每天供给。

（一）脂溶性维生素

1. 维生素 A

维生素 A 是第一个被发现，也是极重要、且最易缺乏的一种维生素。维生素 A 纯系动物代谢的产物，植物不含维生素 A。已知植物中维生素 A 的对应物是胡萝卜素，胡萝卜素是维生素 A 的前体。因为龟鳖能把胡萝卜素转化成维生素 A，所以胡萝卜素被称为前维生素 A。维生素 A 的主要生理功能有：①促进黏多糖的合成，维持正常的黏液分泌、上皮细胞分化与上皮组织结构的完整性。②参与构成视网膜光敏性物质——视紫红质，维持正常的视网膜光敏感性。维生素 A 是许多生理过程的要素，如视觉、生长、骨骼发育、牙齿发育、维持健康的皮膜组织、防癌、生殖、辅酶和激素作用。

2. 维生素 D

维生素 D 是一组结构上与固醇有关，功能上可防止佝偻病的维生素，具有调节钙磷代谢，促进钙磷吸收，影响骨骼钙化的作用。

3. 维生素 E

维生素 E 的基本功能是保护细胞和细胞内部结构的完整，防止某些酶和细胞内部成分遭到破坏。维生素 E 是一种强的抗氧化剂，能抑制细胞内和细胞膜上的脂质的过氧化作用，保护细胞免受自由基的损害。维生素 E 作为抗氧化剂，也能防止维生素 A、维生素 C 和 ATP 的氧化，从而保证其发挥正常生理作用。

4. 维生素 K

维生素 K 是肝脏中合成凝血酶原、血凝蛋白及其他凝血因子必不可少的物质。缺乏维生素 K 或摄入拮抗剂时，血液中的血凝蛋白质减少，血凝时间延长。维生素 K 还参与细胞内氧化磷酸化作用和蛋白质的合成。

（二）水溶性维生素

1. 维生素 C

维生素 C 又称抗坏血酸、脱氢抗坏血酸、己糖醛酸、抗坏血病维生素，是一种非常重要的物质，首先在柑橘中发现，用来预防坏血病。维生素 C 主要有以下生理功能：①参与体内氧化还原反应中的氢或电子的转移。②参与胶原蛋白的合成。胶原蛋白是连接细胞的重要成分，含有大量羟化的脯氨酸与赖氨酸。抗坏血酸在脯氨酸与赖氨酸羟化中起重要作用，是活化脯氨酸羟化酶与赖氨酸羟化酶的重要成分，缺乏抗坏血酸时，将影响胶原合成，使创伤愈合延缓，微血管脆弱而产生不同程度的出血，因此，当饲料中长期缺乏抗坏血酸时，龟鳖可出现坏血病症状。③促进铁离子的吸收。④与维生素 E 协同作用，减轻脂类过氧化作用。⑤保护含巯基酶的活性。⑥清除氧自由基的危害。⑦增强免疫力。

2. 硫胺素

硫胺素（维生素 B_1）的重要作用在于以羧化酶、转羟乙醛酶系统的辅酶参加糖类代谢。由于所有细胞在其生命活动中的能量均来自糖类的氧化，因此，硫胺素也是机体内整个物质代谢和能量代谢中的关键物质。没有硫胺素就没有能量。硫胺素有如下的生理作用：①以焦磷酸硫胺素（TPP）的活性形式，参与 α-酮酸的氧化脱羧反应及磷酸戊糖途径中转酮酶的活性作用。②维持神经组织和心肌的正常功能。③维持胃肠道正常的消化功能。

3. 核黄素

核黄素（维生素 B_2）的营养作用如下：①参与多种酶的辅基 FAD 和 FMN 的合成。这些酶与线粒体内的氧化还原反应有关，这些反应的底物包括有碳水化合物、氨基酸和脂类等。②参与生物膜抗氧化作用。③为能量和蛋白质代谢所必需。

4. 尼克酸

尼克酸（维生素 PP）也称烟酸，在体内以尼克酰胺形式存在。烟酸的主要生理功能有：①以 NAD 和 NADP 两种辅酶的形式参与体内碳水化合物、脂类和氨基酸代谢。NAD 和 NADP 在一系列的重要生化途径中起作用，如三羧酸循环、脂肪酸氧化与合成、氨基酸降解与合成等。同时，在体内能量代谢过程中亦起重要作用。②保持皮肤与消化器官的正常功能。③抗过敏作用。

5. 维生素 B_6

维生素 B_6 的主要生理功能有：①以磷酸吡哆醛的形式作为许多与氨基酸代谢有关的酶的辅酶，参与体内氨基酸的转氨、脱羧、脱氨和脱巯基等代谢。②参与糖原与脂肪酸代谢。③与神经系统的活动有关。磷酸吡哆醛参与由色氨酸合成神经递质 5-羟色胺的过程，许多神经递质的合成需要磷酸吡哆醛依赖酶。维生素 B_6 的功能还涉及脑组织中能量转化、核酸代谢、内分泌腺功能、辅酶 A 生物合成及草酸盐转化为甘氨酸等。

6. 维生素 B_{12}

维生素 B_{12}（钴胺素）的主要生理功能有：①以二脱氧腺苷钴胺素和甲钴胺素两种辅酶的形式参与体内物质代谢。②参与蛋白质、核酸的生物合成。③参与碳水化合物及脂肪的代谢。④促进红细胞的发育和成熟。

7. 叶酸

叶酸的主要生理功能有：①作为一碳基团的中间载体，参与转运甲基、亚甲基和其他一碳基团，因此与某些氨基酸代谢和核苷酸合成有关。②与维生素 C 和维生素 B_{12} 共同参与红细胞的生成与成熟，主要是由于叶酸促进核酸的合成，进而影响红细胞的生长。③促进免疫球蛋白的合成，进而增进免疫反应。

8. 胆碱

胆碱的主要生理功能有：①是合成磷脂的原料，因而是细胞结构的组成成分。②以卵磷脂的形式，促进肝脂肪的转运，防止脂肪肝。③为神经递质乙酰胆碱合成的原料，与神经冲动的传导有关。④作为不稳定甲基供体，与体内甜菜碱、蛋氨酸代谢有关。

9. 肌醇

肌醇的主要生理功能有：①以磷脂酰肌醇的形式构成生物膜和参与一些代谢过程中的信号传导。②维持皮肤的正常结构。

10. 泛酸

泛酸又称为遍多酸，其主要生理功能如下：①作为两种重要的辅酶（辅酶 A 和酰基载体蛋白）的组成成分，参与一些重要的物质代谢反应，如葡萄糖、脂肪酸和氨基酸的分解供能，脂肪酸的生物合成等。②维持皮肤及黏膜的正常功能。③维持神经系统的正常功能。

11. 生物素

生物素的主要生理功能有：①是一些羧化酶、脱羧酶、脱氨酶的辅酶，在羧化—脱羧反应中作为二氧化碳的中间载体，因此，生物素在碳水化合物、脂肪和蛋白质代谢中起重要作用。②维持皮肤正常的色泽。

五、矿物质

矿物质是无机盐与微量元素的总称。这些物质在龟类体内的种类及数量与外界环境存在的种类和数量是密切相关的。就目前所知，龟鳖所必需的矿物元素在 40 种以上。矿物质是一类无机营养物质。它们有的是龟鳖机体的组成成分，有的是龟鳖进行代谢活动不可缺少的物质。

根据矿物质元素在龟鳖体内的含量多少，将其分为常量元素和微量元素，常量元素是指占龟鳖体重 0.01% 以上的元素，包括钙（Ca）、磷（P）、钾（K）、钠（Na）、氯（Cl）、硫（S）和镁（Mg），它们占体内总无机盐的 60%～80%。微量元素则指体内含量小于 0.01% 的元素，包括铁（Fe）、铜（Cu）、锰（Mn），锌（Zn）、碘（I）、硒（Se）、钼（Mo）、铬（Cr）、钴（Co）和氟（F）等。矿物质的生理功能包括以下几个方面：

（1）龟鳖机体组织结构物质。如钙和磷是构成骨骼和甲壳等组织的主要成分。

（2）酶的辅基或激活剂。如锌是碳酸酐酶的辅基，磷酸果糖激酶需要镁，细胞色素氧化酶是含有 Cu 的金属酶。

（3）激素及其他活性物质的构成成分。如甲状腺素中含有碘。

（4）维持酸碱平衡和调节渗透压。Na、K、Cl 等离子在体内起着维持酸碱平衡和调节渗透压的重要作用。

（5）维持正常的神经兴奋和肌肉收缩。Ca、Mg、K、Na 等元素在体内以离子态的形式参与神经兴奋性的维持和肌肉收缩功能的调节。

矿物质缺乏会引起各种缺乏症，如龟鳖长期缺乏钙和磷时，幼年个体会发生佝偻病，成年个体会出现骨质疏松症。产蛋龟鳖缺钙时可产软壳蛋和薄壳蛋，产蛋率下降，孵化率降低。当缺磷时，龟鳖会出现消瘦和繁殖异常等现象。当缺锌时，龟鳖可出现生长缓慢、食欲减退和死亡率增高等现象。

营养的平衡对龟鳖的养殖来讲是非常重要的，目前在人工养殖中，由于营养失衡引起的疾病很常见，特别是脂肪肝的问题，可导致龟鳖的突然死亡，应引起高度的重视。

第二节　龟鳖的物质构成

龟鳖物质构成的研究，是了解龟鳖的营养价值和配制龟鳖合成饲料的基础。这方面对中华鳖的研究较多，对龟仅在少数种类中进行了研究。

一、龟的物质构成

龟的物质构成在乌龟、黄喉拟水龟、鳄龟和三线闭壳龟等龟类中进行了研究。

（一）乌龟

乌龟为常见养殖龟类。据刘丽等（2005）报道，乌龟粗蛋白含量为18.25%，脂肪含量为0.93%，灰分为1.02%，总糖为1.07%，水分含量为78.47%。葛雷等（2001）对野生乌龟、外塘养殖的乌龟及温室养殖的乌龟均进行了研究（表5-2-1）。结果表明，野生乌龟和养殖乌龟肌肉的粗蛋白含量相差不大，但粗脂肪含量前者明显低于后者。在肝脏中，野生乌龟的粗蛋白含量明显高于养殖乌龟，而粗脂肪含量则明显低于养殖乌龟。杨文鸽等（2004）对外塘养殖的乌龟进行了分析，发现外塘养殖的乌龟肌肉的粗蛋白含量为16.64%，粗脂肪为1.51%。徐莹莹等（2017）对养殖乌龟的检测结果表明，乌龟肌肉粗蛋白含量为16.46%，粗脂肪含量为1.87%。

表 5-2-1　野生乌龟与养殖乌龟肌肉和肝脏的粗蛋白与粗脂肪的比较

类别	组织器官	粗蛋白（%）	粗脂肪（%）
野生乌龟	肌肉	16.41	1.21
	肝脏	11.62	5.21
养殖乌龟	肌肉	15.14	4.86
	肝脏	7.46	36.48

杨文鸽等（2004）研究表明，乌龟肌肉蛋白质中可检出17种氨基酸，其中谷氨酸含量最丰富，必需氨基酸和鲜味氨基酸分别占氨基酸总量的49.16%和43.39%（表5-2-2）。

表 5-2-2　外塘养殖乌龟肌肉氨基酸的组成与含量

氨基酸种类	所占比例（%）	含量（mg/g 蛋白质）
谷氨酸（Glu）	2.01	120.79
天门冬氨酸（Asp）	1.34	80.53
赖氨酸（Lys）	1.25	75.12
亮氨酸（Leu）	1.14	68.51
缬氨酸（Val）	1.00	60.10
精氨酸（Arg）	0.98	58.89
丙氨酸（Ala）	0.78	46.88
脯氨酸（Pro）	0.75	45.07
苏氨酸（Thr）	0.66	39.66
甘氨酸（Gly）	0.65	39.06
苯丙氨酸（Phe）	0.64	38.46
酪氨酸（Tyr）	0.56	33.65
异亮氨酸（Ile）	0.55	33.05
丝氨酸（Ser）	0.54	21.45
组氨酸（His）	0.51	30.65
蛋氨酸（Met）	0.44	26.44
半胱氨酸（Cys）	0.19	11.42

据葛雷等（2001）研究表明，乌龟肌肉中氨基酸的含量随季节的不同而有所变化，夏季比春季含量较高（表 5-2-3）。

表 5-2-3　养殖乌龟与野生乌龟肌肉氨基酸的组成与含量（%）

氨基酸种类	养殖乌龟 肌肉		野生乌龟 肌肉	
	春季	夏季	春季	夏季
谷氨酸	10.68	12.94	10.82	15.16
天门冬氨酸	6.15	7.25	6.13	6.58
赖氨酸	5.39	5.57	5.43	6.91
亮氨酸	5.37	6.16	5.34	7.23
精氨酸	4.14	5.12	4.15	6.12
丙氨酸	3.60	4.40	3.81	4.18
缬氨酸	3.49	3.80	3.37	4.17
异亮氨酸	3.36	3.56	3.20	4.23
甘氨酸	3.32	3.82	3.62	4.59
苏氨酸	3.08	3.35	3.08	4.17
苯丙氨酸	3.00	3.39	3.19	3.80
丝氨酸	2.70	3.22	2.84	3.80
组氨酸	2.04	2.29	2.36	2.43

（续上表）

氨基酸种类	养殖乌龟		野生乌龟	
	肌肉		肌肉	
	春季	夏季	春季	夏季
酪氨酸	2.03	2.64	1.97	3.11
蛋氨酸	1.78	2.14	1.48	2.40
脯氨酸	1.72	2.79	1.66	3.32
胱氨酸	0.68	0.38	0.63	0.41
羟基脯氨酸	—	0.85	—	1.19
牛氨酸	—	0.58	—	3.33
氨基酸总和	62.53	74.25	63.08	87.13

徐莹莹等（2017）检测了乌龟肌肉蛋白质中氨基酸的含量及游离氨基酸的含量（表5-2-4），两者均含17种氨基酸。游离氨基酸中，除了苏氨酸、缬氨酸、组氨酸及谷氨酸比肌肉氨基酸含量较多外，其余氨基酸的含量均低于肌肉氨基酸。在肌肉氨基酸中，以天门冬氨酸的含量最高，谷氨酸次之。在游离氨基酸中则以谷氨酸含量最高，苏氨酸次之。谷氨酸是特征性的鲜味氨基酸，故龟汤很鲜美。天门冬氨酸也是鲜味氨基酸，故乌龟的肌肉也很鲜甜。乌龟肌肉必需氨基酸的氨基酸分（AAS）均大于0.5，较接近1，说明其组成比例与人体的需求模式较接近，营养价值较高。

表 5-2-4　乌龟肌肉中氨基酸与游离氨基酸含量的比较

氨基酸种类	肌肉氨基酸		游离氨基酸	
	占鲜样百分比（%）	占干样百分比（%）	占鲜样百分比（%）	占干样百分比（%）
天门冬氨酸	1.62	7.51	0.13	0.59
谷氨酸	1.57	7.32	1.89	8.79
赖氨酸	1.41	6.53	0.26	1.21
亮氨酸	1.33	6.15	0.14	0.65
丙氨酸	1.16	5.39	0.50	2.30
甘氨酸	1.02	4.71	0.42	1.96
缬氨酸	1.01	4.70	1.02	4.72
半胱氨酸	0.98	4.53	0.03	0.12
精氨酸	0.87	4.05	0.03	0.14
苏氨酸	0.74	3.42	1.82	8.44
异亮氨酸	0.68	3.51	0.09	0.44
脯氨酸	0.59	2.74	0.21	0.98
丝氨酸	0.52	2.43	0.52	2.39
苯丙氨酸	0.46	2.15	0.11	0.50

（续上表）

氨基酸种类	肌肉氨基酸		游离氨基酸	
	占鲜样百分比（%）	占干样百分比（%）	占鲜样百分比（%）	占干样百分比（%）
酪氨酸	0.35	1.65	0.10	0.48
组氨酸	0.34	1.57	0.98	4.54
蛋氨酸	0.26	1.19	0.04	0.16

杨文鸽等（2004）检测了乌龟肌肉的脂肪酸组成及含量（表5-2-5），其脂肪酸组成以 $C_{18:1}$ 为主，达 39.32%，其次为 $C_{16:0}$ 及 $C_{22:6}$。不饱和脂肪酸占脂肪酸总量的 76.83%，多不饱和脂肪酸（$C_{20:5}$、$C_{22:5}$ 和 $C_{22:6}$）含量较高。葛雷等（2001）检测养殖龟脂肪块中 $C_{20:5}$ 为 0.19～0.21 mg/kg，$C_{22:6}$ 为 5.01～5.19 mg/kg。

表 5-2-5　乌龟肌肉脂肪酸的组成与含量

脂肪酸	肌肉（湿样）(mg/g)	占总脂肪酸比例（%）
$C_{14:0}$	0.198	1.480
$C_{14:1}$	0.023	0.180
$C_{14:2}$	0.033	0.250
$C_{14:3}$	0.018	0.130
$C_{16:0}$	2.158	16.150
$C_{16:1}$	1.085	8.120
$C_{16:2}$	0.063	0.470
$C_{16:3}$	0.036	0.270
$C_{18:0}$	0.670	5.020
$C_{18:1}$	5.254	39.320
$C_{18:2}$	1.042	7.800
$C_{18:3}$	0.057	0.430
$C_{20:1}$	0.266	1.990
$C_{20:4}$	0.25	1.870
$C_{20:5}$	0.405	3.030
$C_{22:5}$	0.231	1.730
$C_{22:6}$	1.269	9.500

徐莹莹等（2017）对乌龟肌肉的矿物质构成进行了检测，其结果表明，磷的含量最高，其次是钾（表5-2-6）。刘丽等（2005）的检测结果见表5-2-7，在所检测的4种矿物质中，钙的含量最高，其次是镁。

表 5-2-6　乌龟肌肉中矿物质的组成与含量（mg/100g）

矿物质	磷	钾	钠	钙	镁	铁	锌	铜	锰	硒
肌肉	410.63	116.40	47.3	32.62	10.69	5.41	4.18	0.07	0.05	0.02

表 5-2-7　乌龟肌肉中 4 种矿物质的含量（mg/100g）

矿物质	钙	镁	铁	铜
肌肉	85.59	15.56	15.18	0.05

（二）黄喉拟水龟

朱新平等（2005）对黄喉拟水龟的物质构成、肌肉中蛋白质与脂肪的含量、肌肉中氨基酸和脂肪酸的组成等进行了检测。在整体物质构成中，骨骼所占比例最大，其次是肌肉，且随着龟龄的延长，肌肉和骨骼的含量呈下降趋势，而脂肪块的含量则呈上升趋势（表 5-2-8）。不同龟龄肌肉所含的蛋白质和脂肪相差不大，均具有高蛋白、低脂肪的特点（表 5-2-9）。在肌肉中检出 16 种氨基酸，含量最高的为谷氨酸，其次为赖氨酸和天门冬氨酸（表 5-2-10）。脂肪酸检出 18 种（表 5-2-11），含量最多的为 $C_{18:1}$，其次为 $C_{16:0}$，$C_{18:0}$、$C_{16:1}$ 和 $C_{22:6}$ 含量也很高。

表 5-2-8　不同龄期黄喉拟水龟不同部分占体重的比例（%）

样本	肌肉	脂肪块	内脏	骨骼	血液与体液
4^+ 龄龟	26.60	1.20	13.90	40.90	18.10
9^+ 龄龟	20.10	8.70	14.00	37.80	18.70
均值	23.40	5.00	14.00	39.40	18.40

表 5-2-9　不同龄期黄喉拟水龟肌肉营养成分分析（%）

样本	蛋白质	脂肪	灰分	水分
4^+ 龄龟	17.90	0.30	1.00	79.70
9^+ 龄龟	18.40	0.30	1.00	79.60
均值	18.20	0.30	1.00	79.70

表 5-2-10　不同龄期黄喉拟水龟肌肉中氨基酸的组成与含量（%，鲜重）

氨基酸	4^+ 龄龟	9^+ 龄龟	均值
谷氨酸	2.24	2.58	2.41
赖氨酸	1.25	1.60	1.43
天门冬氨酸	1.23	1.44	1.34
亮氨酸	1.19	1.38	1.28
精氨酸	0.95	1.06	1.00

（续上表）

氨基酸	4⁺龄龟	9⁺龄龟	均值
缬氨酸	0.93	1.07	1.00
丙氨酸	0.81	0.92	0.86
异亮氨酸	0.74	0.84	0.79
甘氨酸	0.69	0.70	0.69
苏氨酸	0.66	0.77	0.72
丝氨酸	0.65	0.73	0.69
苯丙氨酸	0.64	0.73	0.68
脯氨酸	0.61	0.62	0.62
组氨酸	0.54	0.73	0.64
酪氨酸	0.36	0.41	0.38
蛋氨酸	0.34	0.46	0.40

表 5-2-11   不同龄期黄喉拟水龟肌肉中脂肪酸的组成与含量（%，鲜重）

脂肪酸	4⁺龄龟	9⁺龄龟	均值
$C_{12:0}$	0.08	0.25	0.17
$C_{14:0}$	2.33	1.02	1.67
$C_{15:0}$	0.56	0.41	0.49
$C_{16:0}$	20.50	17.04	18.77
$C_{16:1}$	8.30	4.91	6.61
$C_{17:0}$	0.91	0.64	0.77
$C_{17:1}$	1.73	1.34	1.54
$C_{18:0}$	11.58	13.66	12.62
$C_{18:1}$	33.77	30.50	32.13
$C_{18:2}$	2.43	5.85	4.14
$C_{18:3}$	0.42	0.50	0.46
$C_{19:0}$	0.37	0.22	0.29
$C_{20:0}$	0.31	0.59	0.45
$C_{20:1}$	1.57	1.60	1.59
$C_{20:4}$	3.56	9.45	6.51
$C_{20:5}$	2.34	2.73	2.53
$C_{22:5}$	2.19	2.35	2.27
$C_{22:6}$	7.05	6.94	6.99

（三）鳄龟

叶泰荣等（2007）对鳄龟的营养成分进行了分析。结果表明，每 100 g 鳄龟肌肉的蛋白质含量为 19.6 g，脂肪含量为 0.2 g，糖含量为 1.2 g，灰分含量为 2.5 g，水分含量为 71.4 g，具有高蛋白、低脂肪的特点。鳄龟肌肉中的氨基酸含量以谷氨酸最高，其次为天门冬氨酸（表 5-2-12）。肌肉所含脂肪酸以 $C_{18:1}$ 最多，也含有丰富的高不饱和脂肪酸

（表 5-2-13）。鳄龟的矿物质组成在肌肉中以钠含量最高，其次是钾；在背甲中以钙含量最高，其次是钠；微量元素中以铁、锌和硒的含量较高，特别是在背甲中（表 5-2-14）。肌肉中的维生素含量以维生素 B_6 最高，其次是维生素 E（表 5-2-15），肌醇的含量也较高（71.00 mg/100g），胆碱的含量为 0.16 mg/100g。

表 5-2-12　不同龄期鳄龟肌肉氨基酸的组成与含量（mg/100g，以干基计）

氨基酸	稚龟	一龄龟	二龄龟	三龄龟
谷氨酸	15 646.80	14 229.00	15 116.40	16 819.80
天门冬氨酸	9 547.20	8 639.40	8 241.60	10 189.80
亮氨酸	8 571.00	7 690.80	8 180.40	8 955.60
赖氨酸	8 302.80	6 456.60	6 202.62	8 435.40
丝氨酸	6 946.20	3 478.20	3 580.20	3 947.40
精氨酸	6 701.40	5 446.80	5 661.00	6 834.00
甘氨酸	5 936.40	4 610.40	5 263.20	5 752.80
丙氨酸	5 885.40	5 110.20	5 508.00	6 089.40
苯丙氨酸	5 059.20	4 488.00	4 814.40	5 263.20
缬氨酸	4 936.80	4 447.20	4 753.20	5 181.80
异亮氨酸	4 896.00	4 447.20	4 804.20	5 395.80
苏氨酸	4 549.20	4 029.00	4 171.80	4 600.20
酪氨酸	3 539.40	3 060.00	3 243.60	3 661.80
蛋氨酸	3 366.00	3 213.00	3 498.60	3 753.60
组氨酸	2 978.40	2 560.20	2 774.40	3 488.40
脯氨酸	2 019.60	1 285.20	1 897.20	2 631.60
胱氨酸	877.20	346.80	336.60	—
鸟氨酸	—	—	244.80	—

表 5-2-13　不同龄期鳄龟肌肉脂肪酸的组成及含量（%）

脂肪酸	一龄龟	二龄龟	三龄龟
$C_{14:0}$	3.98	4.27	3.75
$C_{16:0}$	17.89	15.03	15.94
$C_{16:1}$	6.52	5.35	9.65
$C_{18:0}$	6.43	4.77	3.99
$C_{18:1}$	33.08	34.60	42.51
$C_{18:2}$	4.58	8.90	4.76
$C_{18:3}$	4.21	6.13	3.69
$C_{20:4}$	5.63	4.48	2.57
$C_{20:5}$	7.94	7.08	6.30
$C_{22:4}$	1.06	0.91	0.73
$C_{22:5}$	1.74	1.76	1.21
$C_{22:6}$	8.91	9.62	6.88

表 5-2-14　鳄龟肌肉、背甲中矿物质的组成与含量（mg/100g，以湿基计）

矿物质	肌肉	背甲	矿物质	肌肉	背甲
钠	293.000	1 420.000	钼	0.250	3.130
钾	232.800	67.900	铅	0.220	0.510
钙	72.700	19 749.800	锰	0.210	1.020
铁	43.500	10.800	锑	0.180	2.970
镁	12.500	32.000	砷	0.140	1.130
硅	7.800	78.810	铬	0.083	0.528
锌	4.520	10.520	镍	0.050	0.920
磷	4.050	192.530	锡	0.041	0.840
铜	0.850	0.840	汞	0.013	0.010
硒	0.660	2.100	锶	0.006	50.200
铝	0.390	29.870	镉	0.005	0.083

表 5-2-15　鳄龟肌肉中维生素的组成与含量（mg/100g）

脂溶性维生素	含量	水溶性维生素	含量	水溶性维生素	含量
维生素 E	48.00	维生素 B_6	145.00	维生素 B_2	0.93
维生素 D_3	22.20	生物素	13.50	泛酸	0.85
维生素 A	1.21	烟酸	6.73	叶酸	0.15
		维生素 B_{12}	6.70	维生素 B_1	0.10

　　刘翠娥等（2007）对鳄龟物质结构的检测结果表明，肌肉、骨骼、脂肪块、内脏、血液与体液所占的比例分别为：40.10%、25.37%、9.01%、12.38%、13.18%。肌肉中水分、蛋白质、脂肪和灰分等物质的含量分别为：79.23%、16.70%、1.48% 和 0.80%。肌肉蛋白质中检出 18 种氨基酸，其中含量最多的为谷氨酸，其次为天门冬氨酸，赖氨酸的含量也很高（表 5-2-16），与叶泰荣等的检测结果相似。肌肉中的脂肪酸以 $C_{16:0}$ 的含量最高，其次为 $C_{18:1}$（表 5-2-17）。肌肉中矿物质的含量分别为：钙 246.37 mg/100g，磷 7.79 mg/100g，镁 57.35 mg/100g，铜 3.81 mg/100g，铁 1.16 mg/100g，锌 19.00 mg/100g，钼 0.93 mg/100g。可见，鳄龟肌肉中钙、镁及锌的含量很丰富。

表 5-2-16　鳄龟肌肉氨基酸的组成与含量（%）

氨基酸	含量	氨基酸	含量	氨基酸	含量
谷氨酸	2.41	丙氨酸	0.88	丝氨酸	0.53
天门冬氨酸	1.44	缬氨酸	0.84	组氨酸	0.45
赖氨酸	1.35	异亮氨酸	0.80	蛋氨酸	0.43
亮氨酸	1.29	苯丙氨酸	0.75	酪氨酸	0.42
精氨酸	0.99	脯氨酸	0.64	牛磺酸	0.10
甘氨酸	0.90	苏氨酸	0.64	半胱氨酸	0.07

表 5-2-17　鳄龟肌肉中脂肪酸的组成与含量（%）

脂肪酸	质量分数（湿样）	占总 FA
$C_{12:0}$	0.23	1.18
$C_{14:0}$	0.16	0.82
$C_{16:0}$	5.25	26.84
$C_{18:0}$	3.06	15.64
$C_{16:1}$	0.87	4.44
$C_{18:1}$	5.06	25.87
$C_{18:2}$	1.33	6.79
$C_{20:4}$	0.34	1.74
$C_{20:5}$	0.85	4.35
$C_{22:6}$	1.73	8.85

（四）三线闭壳龟

李贵生等（2000）报道了三线闭壳龟肌肉氨基酸的组成及含量（表 5-2-18）。与被检测过的其他龟类相似，谷氨酸的含量最高，天门冬氨酸次之，第三是亮氨酸，第四是赖氨酸。

表 5-2-18　三线闭壳龟肌肉中氨基酸的种类及含量（mg/100g）

氨基酸	含量	氨基酸	含量	氨基酸	含量
谷氨酸	12 740.00	缬氨酸	3 534.00	丝氨酸	2 929.00
天门冬氨酸	6 905.00	丙氨酸	3 483.00	酪氨酸	2 910.00
赖氨酸	6 190.00	苯丙氨酸	3 243.00	脯氨酸	2 685.00
亮氨酸	6 213.00	苏氨酸	3 240.00	蛋氨酸	1 676.00
精氨酸	4 294.00	异亮氨酸	3 123.00	胱氨酸	804.00
组氨酸	4 130.00	甘氨酸	2 953.00		

二、鳖的物质构成

在鳖类动物中，主要对中华鳖进行了研究。由于中华鳖养殖的历史较长，养殖的规模也较大，对其研究的人员也较多。

王道尊等（1997）测定了中华鳖不同生长阶段各部位的营养成分（表 5-2-19）。结果表明，随着鳖龄的增长，肌肉中的脂肪组织逐渐增加，蛋白质含量则有所下降；裙边和背甲的脂肪组织和蛋白质变化不显著。肌肉中氨基酸的含量以谷氨酸最高，天门冬氨酸次之，第三是亮氨酸，第四是赖氨酸（表 5-2-20）（王道尊等，1998），其构成模式与龟类相似，各龄期氨基酸的含量有所变化。肌肉中的脂肪酸以 $C_{18:1}$ 含量最高，多不饱和脂肪酸含量也很丰富（表 5-2-21）（王道尊等，1997）。肌肉与背甲矿物质含量的检测结果表明，背甲中含有丰富的钙，铁和锌等微量元素含量也很高（表 5-2-22）（王道尊等，1998）。

表 5-2-19　中华鳖不同生长阶段各部位营养成分的含量（%）

组织部位	营养成分	稚鳖	1 龄鳖	2 龄鳖	3 龄鳖	平均值
肌肉	水分	78.32	80.35	78.99	78.83	79.12
	灰分	1.24	1.21	1.36	1.37	1.30
	脂肪	0.57	0.73	0.88	1.29	0.87
	蛋白质	19.59	17.36	18.33	18.03	18.33
裙边	水分	77.85	76.95	79.33	73.03	76.79
	灰分	0.96	1.09	0.77	1.52	1.08
	脂肪	0.31	0.25	0.23	0.25	0.26
	蛋白质	20.64	21.40	19.31	24.74	21.52
背甲	水分	27.92	23.88	28.81	26.87	26.75
	灰分	46.05	50.95	48.36	51.67	49.26
	脂肪	0.41	0.40	0.34	0.30	0.36
	蛋白质	25.41	25.08	22.31	20.94	23.44
脂肪块	水分	11.17	10.66	10.95	10.44	10.81
	灰分	0.21	0.26	0.33	0.31	0.28
	脂肪	84.43	85.24	85.96	86.56	85.55
	蛋白质	4.11	3.77	2.63	2.54	3.26

表 5-2-20　中华鳖肌肉氨基酸的组成与含量（mg/100g 干重）

氨基酸	稚鳖	1 龄鳖	2 龄鳖	3 龄鳖	平均值
谷氨酸	15 340.00	13 950.00	14 820.00	16 490.00	15 150.00
天门冬氨酸	9 360.00	8 470.00	8 980.00	9 990.00	9 200.00
亮氨酸	8 350.00	7 540.00	8 020.00	8 780.00	8 172.50
赖氨酸	8 140.00	6 330.00	6 981.00	8 270.00	7 430.00
精氨酸	6 570.00	5 340.00	5 550.00	6 700.00	6 040.00
甘氨酸	5 820.00	4 520.00	5 160.00	5 640.00	5 285.00
丙氨酸	5 770.00	5 010.00	5 400.00	5 970.00	5 537.50
苯丙氨酸	4 960.00	4 400.00	4 720.00	5 160.00	4 810.00
缬氨酸	4 840.00	4 360.00	4 660.00	5 090.00	4 737.50
异亮氨酸	4 800.00	4 360.00	4 710.00	5 290.00	4 790.00
苏氨酸	4 460.00	3 950.00	4 090.00	4 510.00	4 252.50
丝氨酸	3 810.00	3 410.00	3 510.00	3 870.00	3 650.00
酪氨酸	3 470.00	3 000.00	3 180.00	3 590.00	3 310.00
蛋氨酸	3 300.00	3 150.00	3 430.00	3 680.00	3 390.00
组氨酸	2 920.00	2 510.00	2 720.00	3 420.00	2 892.50
脯氨酸	1 980.00	1 260.00	1 860.00	2 580.00	1 920.00
胱氨酸	860.00	340.00	330.00	—	510.00
鸟氨酸	—	—	240.00	—	240.00

表 5-2-21　中华鳖不同生长阶段肌肉脂肪酸的组成与含量（%）

脂肪酸	1 龄鳖	2 龄鳖	3 龄鳖	平均值
$C_{14:0}$	3.902	4.187	3.680	3.923
$C_{16:0}$	17.544	14.733	15.626	15.968
$C_{16:1}$	6.397	5.244	9.462	7.034
$C_{18:0}$	6.308	4.675	3.914	4.966
$C_{18:1}$	32.432	33.922	41.677	36.010
$C_{18:2}$	4.487	8.722	4.671	5.960
$C_{18:3}$	4.132	6.011	3.622	4.588
$C_{20:4}$	5.524	4.397	2.519	4.147
$C_{20:5}$	7.789	6.940	6.180	6.970
$C_{22:4}$	1.038	0.889	0.713	0.880
$C_{22:5}$	1.706	1.730	1.187	1.541
$C_{22:6}$	8.734	9.434	6.741	8.303

表 5-2-22　中华鳖肌肉、背甲中矿物质的含量（mg/100g）（以湿重计）

矿物质	肌肉	背甲	矿物质	肌肉	背甲
钾	303.000	1 348.000	砷	0.440	4.130
钠	252.800	65.900	铅	0.420	2.510
钙	75.700	21 961.300	钼	0.370	4.130
铁	36.700	8.800	锑	0.230	3.790
镁	10.500	28.000	锰	0.140	0.820
硅	8.200	75.110	铬	0.073	0.628
锌	3.320	8.120	镍	0.070	1.490
磷	3.150	212.510	锡	0.033	0.740
铜	0.650	0.640	汞	0.015	0.010
铝	0.570	37.470	锶	0.005	40.310
硒	0.540	1.500	镉	0.002	0.073

占秀安等（2000）对野生中华鳖（以下简称野生鳖）和养殖中华鳖（以下简称养殖鳖）肌肉的粗蛋白和粗脂肪的含量进行了检测，结果表明，野生鳖的粗蛋白含量为190.9 mg/g，粗脂肪含量为8.4 mg/g；养殖鳖的粗蛋白含量为178.3 mg/g，粗脂肪含量为9.9 mg/g。该结果表明野生鳖的粗蛋白含量较高，粗脂肪含量较低。对这两种鳖肌肉氨基酸的组成和含量的检测也表现出相同的趋势，大部分野生鳖氨基酸含量较高，少数养殖鳖氨基酸高于野生鳖（表 5-2-23）。肌肉中的脂肪酸以 $C_{18:1}$ 含量最多，在多不饱和脂肪酸含量中，养殖鳖明显高于野生鳖（表 5-2-24）。

表 5-2-23 野生中华鳖与养殖中华鳖肌肉氨基酸的组成和含量（mg/g）

氨基酸	野生中华鳖	养殖中华鳖	氨基酸	野生中华鳖	养殖中华鳖
谷氨酸	132.50	117.40	蛋氨酸＋胱氨酸	31.50	30.50
天门冬氨酸	78.70	78.30	缬氨酸	31.40	34.90
赖氨酸	69.50	51.50	甘氨酸	29.90	36.70
苯丙氨酸＋酪氨酸	60.20	59.10	丙氨酸	27.90	24.40
亮氨酸	58.90	61.50	丝氨酸	27.10	32.60
精氨酸	42.80	41.50	组氨酸	21.80	21.50
异亮氨酸	32.80	34.30	色氨酸	8.20	7.90
苏氨酸	32.20	31.70	总氨基酸	685.40	663.80

表 5-2-24 野生中华鳖与养殖中华鳖肌肉脂肪酸的组成和含量（mg/g）

脂肪酸	野生中华鳖	养殖中华鳖	脂肪酸	野生中华鳖	养殖中华鳖
$C_{14:0}$	7.50	7.10	$C_{18:2}$	92.20	88.40
$C_{16:0}$	188.60	171.50	$C_{18:3}$	21.80	11.20
$C_{16:1}$	113.20	102.90	$C_{20:4}$	91.30	11.30
$C_{18:0}$	34.40	35.40	$C_{20:5}$	36.60	99.30
$C_{18:1}$	365.90	360.50	$C_{22:6}$	48.60	91.20

张丹等（2014）分析了中华鳖腿肉和裙边蛋白质和脂肪的含量，其蛋白质含量分别为 18.20% 和 20.97%（占鲜重），脂肪含量分别为 0.96% 和 0.42%。裙边的蛋白质含量较高，脂肪含量较低。对腿肉、肌浆蛋白、肌原纤维蛋白及总基质蛋白中的氨基酸组成及含量也进行了检测，结果表明，谷氨酸的含量最高，其次是赖氨酸（表 5-2-25）。

表 5-2-25 中华鳖腿肉、肌浆蛋白、肌原纤维蛋白及总基质蛋白中氨基酸的组成与含量（%）

氨基酸	腿肉	肌浆蛋白	肌原纤维蛋白	总基质蛋白
谷氨酸	2.98	0.53	1.26	0.60
赖氨酸	1.79	0.39	0.73	0.31
天门冬氨酸	1.75	0.40	0.66	0.33
亮氨酸	1.62	0.35	0.66	0.28
精氨酸	1.33	0.24	0.49	0.32
丙氨酸	1.15	0.23	0.43	0.31
缬氨酸	0.98	0.23	0.31	0.17
甘氨酸	0.97	0.22	0.22	0.52
组氨酸	0.93	0.26	0.19	0.09
苏氨酸	0.88	0.18	0.34	0.18
异亮氨酸	0.86	0.17	0.32	0.14
丝氨酸	0.83	0.17	0.29	0.20
酪氨酸	0.78	0.16	0.28	0.13

（续上表）

氨基酸	腿肉	肌浆蛋白	肌原纤维蛋白	总基质蛋白
甲硫氨酸	0.74	0.10	0.26	0.10
苯丙氨酸	0.70	0.19	0.34	0.15
半胱氨酸	0.45	0.06	0.00	0.06
色氨酸	0.23	0.09	0.07	0.06
脯氨酸	0.19	0.08	0.00	0.19

张丹（2015）对中华鳖腿肉和裙边蛋白质中氨基酸的组成进行了分析，两者均能检出 18 种氨基酸，但氨基酸的构成模式具有差别（表5-2-26）。腿肉以谷氨酸含量最丰富，其次是异亮氨酸；而裙边则以甘氨酸含量最丰富，其次是脯氨酸。热处理后，腿肉的氨基酸含量比热处理前大部分有所下降，少数则有所上升，特别是脯氨酸上升较多（表5-2-27）。腿肉和裙边的脂肪酸组成和含量均有差异（表5-2-28）。在腿肉中，检出了 20 种脂肪酸，裙边中只检出 12 种脂肪酸。两个部位的脂肪酸构成均以油酸（$C_{18:1}$）为主，油酸是人体的必需脂肪酸。腿肉的多不饱和脂肪酸含量高于裙边。

表 5-2-26 中华鳖腿肉和裙边氨基酸的组成与含量（%）

氨基酸	腿肉	裙边	氨基酸	腿肉	裙边
谷氨酸	2.84	2.23	组氨酸	0.87	0.36
异亮氨酸	1.83	0.48	苏氨酸	0.84	0.58
赖氨酸	1.70	0.95	丝氨酸	0.80	0.97
天门冬氨酸	1.67	1.28	酪氨酸	0.74	0.41
亮氨酸	1.55	0.83	甲硫氨酸	0.71	0.49
精氨酸	1.27	1.77	苯丙氨酸	0.67	0.75
丙氨酸	1.10	1.96	半胱氨酸	0.43	0.41
缬氨酸	0.95	0.67	色氨酸	0.23	0.07
甘氨酸	0.93	4.62	脯氨酸	0.19	2.74

表 5-2-27 中华鳖腿肉热处理前后氨基酸组成及含量的对比（%）（以干质量计）

氨基酸	热处理前腿肉	热处理后腿肉	氨基酸	热处理前腿肉	热处理后腿肉
谷氨酸	14.00	13.21	苏氨酸	4.13	4.40
赖氨酸	8.39	8.32	异亮氨酸	4.09	3.89
天门冬氨酸	8.25	8.30	丝氨酸	3.92	3.70
亮氨酸	7.62	7.25	酪氨酸	3.66	3.32
精氨酸	6.26	5.83	甲硫氨酸	3.50	2.65
丙氨酸	5.42	5.21	苯丙氨酸	3.30	3.80
缬氨酸	4.67	3.53	半胱氨酸	2.13	1.66
甘氨酸	4.56	4.40	色氨酸	1.13	0.71
组氨酸	4.28	2.70	脯氨酸	0.94	2.97

表 5-2-28 中华鳖腿肉和裙边脂肪酸的组成与含量（%）

脂肪酸组成	腿肉	裙边	脂肪酸组成	腿肉	裙边
$C_{14:0}$	2.57	15.17	$C_{22:1}$	2.10	—
$C_{15:0}$	0.30	—	$C_{24:1}$	0.47	—
$C_{16:0}$	17.93	15.87	$C_{18:2}$	6.20	9.93
$C_{17:0}$	0.60	—	$C_{18:3}$	0.90	1.93
$C_{18:0}$	4.73	5.00	$C_{20:2}$	0.20	—
$C_{20:0}$	0.30	—	$C_{20:3}$	0.13	—
$C_{16:1}$	7.87	7.23	$C_{20:4}$	0.80	1.87
$C_{17:1}$	0.67	—	$C_{20:5}$	4.10	2.87
$C_{18:1}$	33.47	32.20	$C_{22:5}$	1.63	1.43
$C_{20:1}$	3.73	2.37	$C_{22:6}$	11.33	4.13

冒树泉等（2014）对野生中华鳖、温室养殖的中华鳖（以下简称温室鳖）和仿野生状态养殖的中华鳖（以下简称仿野生鳖）的腿肉和裙边进行了粗蛋白和粗脂肪的含量对比，野生鳖的粗蛋白含量高于温室鳖，特别是腿肉，而粗脂肪的含量则明显低于温室鳖。仿野生鳖腿肉和裙边的粗蛋白和粗脂肪含量介于野生鳖和温室鳖之间，更接近于野生鳖。方燕等（2007）对比了温室、池塘和野生三种不同养殖方式中华鳖腿肉与裙边的氨基酸组成，研究表明腿肉与裙边的氨基酸总量、必需氨基酸总量和呈味氨基酸总量均为：野生鳖＞池塘鳖＞温室鳖。

第三节　龟鳖配合饲料

要进行龟鳖的规模化人工养殖，必须解决龟鳖的饲料问题。龟的种类很多，其食性各异。应根据各种龟的不同食性，科学地配制不同龟的饲料。鳖的饲料则较为简单，只需配制中华鳖的饲料即可，其他鳖可参照使用。龟鳖饲料可分为鲜活饵料和配合饲料，常两者结合使用。

配合饲料（Formulated feed）是指根据动物的不同生长阶段、不同生理需求、不同生产用途的营养需求，按科学配方把多种不同来源的饲料，依一定比例均匀混合，并按规定的工艺流程生产的饲料。

使用配合饲料养殖龟鳖具有以下优点：

（1）配合饲料能根据龟鳖的不同发育阶段对营养物质的需求不同，有针对性地制定相应的饲料配方，因而能满足龟鳖各生长发育阶段的营养需求，最大限度地促进龟鳖体重增加，达到加速其生长的目的。

（2）配合饲料是使用多种动物性饲料、植物性饲料及添加多种维生素、矿物质、诱食剂、促生长剂等配制而成。因此，饲料来源广泛，配制成的饲料比单一成分的饲料营养全面，饲料效率高。

（3）配合饲料的加工生产可以实现机械化生产，劳动效率高，生产量大，可适应于集约化养殖的需要。

（4）可以降低饲料系数和生产成本，增加单位面积产量，提高经济效益。

（5）投喂便利，可减小劳动强度和缩减劳动力。

因此，有条件时，应使用配合饲料来养殖龟鳖。

一、配合饲料的各种原料

配合饲料由各种营养素按比例构成。所需的营养素有蛋白质、脂类、糖类、维生素和矿物质等。

配合饲料中最主要的营养素是蛋白质。在配合饲料中采用何种蛋白源，往往关系到养殖的成败，应给予高度重视。应根据养殖目的和养殖条件，选用适宜的蛋白源。常用的蛋白源有如下几种：

（一）鱼粉

鱼粉是龟鳖最理想的蛋白源，不仅蛋白质和必需氨基酸含量高，糖类含量极低，而且含有丰富的维生素及较多的钙、磷、铁、碘等矿物质。鱼粉是将鱼体或其他部分经不同工艺加工制成的粉末，蛋白质含量高，一般达60%～70%。鱼粉有进口鱼粉和国产鱼粉之分，进口鱼粉主要有日本产的北洋鱼粉和褐色鱼粉，秘鲁产的秘鲁鱼粉等。北洋鱼粉为少脂鱼粉，蛋白质含量高达65%，氨基酸平衡好，消化吸收率高。褐色鱼粉含脂量高达7%～10%，容易引起氧化，饲养效果比北洋鱼粉低很多。秘鲁鱼粉优于褐色鱼粉，但比北洋鱼粉差。国产鱼粉次于进口鱼粉。龟鳖配合饲料的主要蛋白源应尽可能选择北洋鱼粉或秘鲁鱼粉。

（二）肉粉、骨肉粉和骨粉

肉粉的质量取决于加工的方式和所采用的原料。肉粉作为配合饲料中的动物蛋白源，价值低于鱼粉和豆粕，但优质肉粉的蛋白质含量很高，而脂肪和矿物质含量较低。肉粉中维生素B_{12}和烟酸等B族维生素含量丰富，但不含维生素A和维生素D，核黄素含量也低。

骨肉粉是屠宰场的副产品，由于加工方式不同，其中营养成分亦不同。骨肉粉一般含蛋白质40%～60%，脂肪10%，矿物质10%～25%，富含维生素B_{12}，平均可被消化蛋白质为38%左右。

骨粉的制法是先将动物的骨头进行热处理，然后磨碎成细粉。根据加工方式不同，骨粉中营养成分亦不同，其中蛋白质含量最高可达36%。不过蛋白质质量多数比较差，主要是骨胶原。骨粉主要用来补充矿物质，在配合饲料中，骨粉是钙和磷的主要来源。

（三）血粉

血粉是新鲜动物血加工后的干制品，其中所含的粗蛋白量极高，可达80%以上，而赖氨酸、精氨酸、蛋氨酸、胱氨酸等氨基酸含量也很高，是良好的蛋白质补充饲料。血粉最好用蛋白酶进行酵解或膨化，否则其蛋白难以消化。血粉中铁的含量较高，但钙、磷、碘的含量较低。由于动物血来源充足，在配合饲料中添加适量的酶化血粉可降低饲料成本。

（四）蚕蛹

蚕蛹属蚕业副产品，来源较广，其特点是蛋白质含量高，可达50%以上，但脂肪含量也高，且易氧化腐败。因此，不宜大量、长期使用，可在需要增加脂肪含量时（如冬眠前）适量添加。或用脱脂蚕蛹，不仅油脂含量大为下降，蛋白质含量增加，而且能消除臭味的产生。

（五）蝇蛆

蝇蛆干制品中含蛋白质63.1%，含有各种必需氨基酸。但脂肪含量较高，容易变质，不宜长期保存。

（六）酵母类

酵母是单细胞生物体，蛋白质含量46%～65%，蛋白质中氨基酸的组成比较合理，其消化利用率近似动物蛋白。酵母中含有丰富的水溶性维生素，矿物质含量也较丰富，还含有多种酶和激素，此外还含有植物胰岛素，能增进龟鳖的食欲，促进龟鳖的生长。养殖业应用的酵母类有啤酒酵母、饲料酵母和石油酵母等，在配合饲料中的含量可达5%～10%。

（七）藻类

藻类主要是螺旋藻和小球藻，经分离干燥后的藻粉含蛋白质55%，可作为配合饲料的蛋白源。

（八）植物性蛋白饲料

常用的植物性蛋白饲料有豆粕、大豆饼、花生粕、菜籽粕和菜籽饼等，一般含粗蛋白40%以上，矿物质含量亦丰富，如豆粕是最常用的植物性蛋白。豆粕是大豆经浸提法提取大豆油后得到的副产品，其蛋白质含量高达 43%～48%，除含硫氨基酸偏少外，其他氨基酸则较平衡，尤其是赖氨酸，其含量高达 2.5%～2.8%。豆粕中还含有异黄酮、磷脂等生物活性物质。但豆粕中存在多种抗营养因子，如植酸、大豆抗原蛋白、胃肠胀气因子、胰蛋白酶抑制因子、大豆凝集素、脲酶、脂肪氧化酶等。这些抗营养因子对营养物质的消化、吸收、代谢以及对养殖动物的健康和生产性能均会产生不良的影响，故用其代替鱼粉用量不要超过 15%。

豆粕经发酵后，通过微生物分泌的蛋白酶的分解作用，大豆蛋白被分解为小分子蛋白和小肽。小肽具有很好的溶解性和低黏度等特性，在动物体内吸收快、不易饱和及耗能低，各种小肽之间的运转无竞争性抑制，转化利用率高。有些小肽还具有特殊生理调节功能，可促进动物健康和生长发育。发酵过程中，微生物大量增殖，增加了菌体蛋白，提高了蛋白质水平，发酵过程还可产生多种生物活性因子，如益生素、乳酸及蛋白酶等。发酵过程也可消除抗营养因子，从而改善豆粕的利用率。因此，近年来，发酵豆粕的应用越来越普遍。

综上所述，龟鳖配合饲料必须以动物性蛋白质为主，而且最好的蛋白源是鱼粉。同时要适量配些植物蛋白，特别是发酵豆粕，既可起到营养素的互补作用，又可降低成本。配合饲料可单独使用，也可与鲜饵混合使用。

二、龟的配合饲料

淡水龟类在能量利用上以蛋白质和脂肪为主，对糖的利用程度不高。故龟饲料中蛋白质含量较高，据卞伟等（1999）报道，龟饲料的最适蛋白质含量为 44%～48%，稚龟饲料为 48%，幼龟饲料为 46%～47%，亲龟饲料为 45%，成龟饲料为 44%。周贵谭等（1999）研究表明，乌龟最适宜的蛋白质需求量在 35.75%～40.38%。乌龟饲料中动植物蛋白质比为 2.82 时，相对增重率处于最优水平，饲料系数最小，蛋白质效率最高（周贵谭等，2004）。配合饲料中必须提供足够、平衡的各种必需氨基酸，以保证龟的快速生长和避免必需氨基酸不必要的浪费。

龟生长阶段的脂肪适宜量是 6%（卞伟等，1999）。在配合饲料中，应加入 2%～3% 植物油（如玉米油、花生油等），龟不能吸收动物油。

糖类有节约蛋白质的作用，同时具有来源丰富且价格低廉的优势。不同的龟类对糖类的利用能力不同，淡水龟类饲料的添加量一般控制在 20% 以下，如鳄龟配合饲料中添加 α - 淀粉的量为 15%（叶泰荣等，2007）。配合饲料中可添加适量的粗纤维，这样可刺激消化酶的分泌，促进消化道蠕动和对营养物质的消化吸收，但过量添加会影响龟类的生长，其添加量一般控制在 4% 以下。

龟类对各种维生素的需求量受龟的种类、发育阶段、饲料组成、养殖环境以及各种营养因子之间的相互关系等的影响，较难准确定量。这方面的研究也罕见。淡水龟可参照一般水产动物如鱼类的需求量。

龟类矿物质需求量的研究资料较少。所需矿物质有钙、镁、磷、钠、硫、氯、铁、铜、锰、钴、锌、硒及钼等，其中钙磷总量及比例非常重要。乌龟饲料中钙磷总量的适宜含量为 4 580 mg/100g，钙、磷适宜比率为 2.2∶1（周贵谭等，2004）。

三、鳖的配合饲料

与淡水龟类相似，鳖类也以蛋白质和脂肪作为主要的供能物质，对糖类的利用较差。一般认为，中华鳖对饲料蛋白质的最适需求量应在 43% 以上，但也有一些研究者认为在 40% 以下。如要添加豆粕，其添加量一般为 5%～10%。要注意添加必需氨基酸，如饲料中蛋白质含量为 47% 时，可添加缬氨酸 1.99%、蛋氨酸 1.22%、亮氨酸 3.79%、异亮氨酸 2.12%、苯丙氨酸 1.82%、赖氨酸 3.36%、苏氨酸 1.97%、组氨酸 1.54%。粗纤维的添加量不宜超过 6%。

当摄食低蛋白质饲料时，中华鳖可将摄入的蛋白质更多地用于生长，减少代谢损失，从而提高了蛋白质的利用效率。中华鳖的消化道形态对饲料存在一定的适应性，摄食低蛋白质饲料时，中华鳖消化道的长度和宽度有增加的趋势。其消化酶的活性和种类会随着摄食不同的食物而发生相应的改变。

在中华鳖中，存在着补偿生长现象。由于在自然界中，随着季节的更替和环境的改变，中华鳖可出现周期性缺食，但其可通过一系列的调节措施来应付这种情况，如降低基础代谢水平和消耗自身贮存的营养物质等。当食物充足时，则恢复正常生理机能，加快生长速度，增加能量利用效率，使体重、体长等生长指标赶上或超过一直充分摄食的群体水平，这种现象称为补偿生长（Compensatory growth）。中华鳖经驯化后可适应较低的蛋白质水平，饲料蛋白质水平降低 10%，产生适应的时间大于 28 天；饲料蛋白质含量降至 33% 左右时，对其生长影响不大（齐占会，2006）。

在鳖的配合饲料中，脂类的适宜含量为 8%，糖类的适宜含量为 18.24%，钙磷比为 1.51∶1。添加适量的酵母培养物（如 0.15%）可提高鳖的免疫力和成活率。

第六章 龟鳖育种学

第一节 育种方法

一、选择育种

选择育种是利用固有品种内存在的变异进行选种、选配、培育新品种的方法。其原理是利用生物的变异，通过长期选择汰劣留良，培养出优良品种。其不足之处是育种周期长，选择的范围有限。

二、杂交育种

杂交（Cross）：指不同基因型配子结合或相互交配产生杂种的过程。

杂交育种（Sexual cross breeding）：通过不同基因型品种有性杂交产生基因重组，选择和培育聚合双亲优良性状、符合育种目标的新品种，包括品种间杂交和远缘杂交。

杂交育种是重要的育种手段之一，也是与其他育种途径相配套的重要程序。杂交育种可同时改良多个目标性状，因此，在动物育种方面具有非常重要的作用。其不足之处是杂交育种只能利用已有基因的重组，按需选择，并不能产生新的基因。杂种后代出现分离现象，育种进程缓慢，过程复杂。

三、诱变育种

诱变育种指的是通过物理因素或化学因素对生殖细胞和受精卵处理产生新的突变，通过育种措施定向选择培育新品种的方法。其优点是能提高突变率，产生新基因，在较短时间内获得更多的优良变异类型。

四、分子育种

分子育种就是将基因工程应用于育种工作中，通过基因导入，从而培育出符合一定要求的新品种的育种方法。利用基因工程技术进行作物品种改良，可以突破种源之限制及种间杂交之瓶颈，创造新性状或新品种。

第二节　杂交育种

一、杂交育种的遗传学原理

（一）遗传学原理

1. 基因重组

杂交育种使分散在不同亲本中控制不同有利性状的基因组合在一起，形成具有不同亲本优点的后代。

2. 基因累加

通过基因效应的累加，从后代中选出受微效多基因控制的某些数量性状超过亲本的个体。

3. 基因互作

通过非等位基因之间的互作产生不同于双亲的新的优良性状。

（二）杂种优势

杂种优势指基因型不同的亲本相互杂交产生的杂种一代，在生长势、生活力、繁殖力、抗逆性、产量和品质等一种或多种性状上优于两个亲本的现象。杂种优势在F1代表现最明显。例如：马和驴杂交获得体力强大、耐力好的杂种——骡。

1. 亲本选配原则

在进行杂交育种时，杂种优势的获得与亲本的选择是紧密相关的。亲本选配的原则为：

（1）性状互补原则。

双亲都具有较多的优点，没有突出的缺点，在主要性状上的优缺点尽可能互补。

（2）适应性原则。

亲本之一最好是能适应当地条件、综合性状较好的推广品种。

（3）遗传差异原则。

注意亲本间的遗传差异，选用生态类型差异较大，亲缘关系较远的亲本材料相互杂交。

（4）配合力原则。

杂交亲本应具有较好的配合力，以提高基因的累加效应。

（5）纯合性原则。

杂种优势的大小与双亲基因型的纯合度密切相关，双亲基因型纯合度越高，其杂交产生的子一代群体基因型的异质性越整齐和一致，不出现性状的分离。

2.杂种优势的遗传学机理

杂种优势是一种复杂的生物学现象，有关杂种优势的遗传机理，存在着很多假说。

（1）显性假说。

显性假说认为杂种优势的数量性状由多个基因控制，在这些基因中，显性基因大多控制着杂交亲本的有利性状，隐性基因大多控制着不利性状。野生型基因一般是显性的，显性基因多编码具有生物学活性的蛋白质，突变基因一般是隐性的，隐性基因多编码失去或降低活性蛋白质。通过杂交，双亲的显性基因全部集中在杂种里，使杂种中显性基因的有利性状能够抑制或掩盖隐性基因的不利性状，结果增加了杂交代的生长优势，从而表现出杂种优势。

（2）超显性假说。

超显性假说认为杂种优势是由于双亲异质基因型结合而引起等位基因间的互作，刺激了杂交代的生长，故杂交代表现出较大的优势。

（3）上位性互作假说。

上位性互作假说认为杂种优势是由于非等位基因间的相互作用产生的。这种相互作用既可能表现为显性上位的相互作用，亦可表现为隐性上位的相互作用。

此外，上位性互作假说还认为杂种优势与 DNA 甲基化、基因互补、基因网络系统及生物钟等有关。

综上所述，杂种优势遗传学原理复杂，涉及的生理生化过程众多，影响杂种优势形成的因素是多方面的，它是环境与基因相互作用以及多种机理综合作用的结果。

（三）杂种不活、杂种不育及杂种破落

杂交育种时，除了可出现杂种优势外，亦可出现如下表现：

1.杂种不活

杂种合子不能发育或不能发育到性成熟而死亡。

2.杂种不育

杂种合子能发育，个体能达到成熟，并且是强壮的，却是不育的。如雌马和雄驴产生粗壮的后代马骡，雌驴和雄马产生后代驴骡。而马骡和驴骡是不育的，均不能与马或驴杂交。

3.杂种破落

第一代杂种是能存活的而且是可育的，但当这些杂种彼此间交配或同任一亲本交配，其子代却是衰弱的或者是不育的。

二、杂交育种的方式和方法

（一）杂交育种的方式

杂交育种的方式很多，有根据杂交亲本的不同而进行的单交和复交，也有根据亲缘关系远近进行的种内、种间、属间和亚科间的杂交育种。

1. 单交

由两个品种或遗传类型成对杂交，称为单交（Single cross）。单交简单易行，育种时间短，杂种后代群体规模也相对较小。当两个亲本主要优缺点能互补、两个亲本性状的综合基本上能符合育种目标要求时，应尽量采用单交方式。

2. 复交

复交（Multiple crossing）也称多元杂交。配组涉及三个或三个以上的亲本，要进行两次或两次以上的杂交，称为复交。复交有如下类型：

（1）三交。

先由两个亲本杂交获得一个单交F1，然后再与另一个亲本杂交，称为三交。

（2）双交。

由四个亲本，先用两两杂交得到两个F1，再用两个F1杂交，称为双交。

（3）四交。

由四个亲本进行分步杂交，即为四交。

（4）聚合杂交。

聚合杂交是用多个亲本进行的一种复杂的杂交方式，通过多次杂交将多个亲本的优良性状聚合在一个后代群体中。

（5）回交。

两个品种杂交后，子一代再和双亲之一重复杂交，称为回交。多用于改进某一推广品种的个别缺点，或转育某个性状。

（6）循序杂交。

循序杂交是多个亲本逐个参与杂交的方式。

复交的应用：①单交的双亲优缺点不能互补，或需要将多个亲本的优良性状聚合于一体时，应采用复交方式。②当某亲本的缺点很明显，一次杂交难以完全克服其缺点时，也宜采用复交方式。

（二）杂交育种的方法

1. 级进杂交

级进杂交也称改造杂交或吸收杂交，是动物杂交繁育方法之一。两个品种杂交，其杂种后代连续几代与其中一个品种进行回交，最后所得的动物群基本上与此品种相近，同时亦吸收了另一品种的个别优点。级进杂交通常有两种方式。

（1）改造杂交。

改造杂交又称改良杂交。若某一品种生产性能低劣，可将该品种母本与另一高产品种的父本杂交，其杂种后代连续3～4代与高产品种回交，后代保留低劣品种个别优点，生产性能接近或超过高产的优良品种。

（2）引入杂交。

引入杂交又称导入杂交，是在保留原有品种基本品质的前提下，用引入品种来改良原有品种某些缺点的杂交育种方法。若某一品种基本上能满足需要，但个别性状不佳，难以通过纯繁育得到改进，则选择此性状特别优良的另一品种进行杂交改良。杂种后代连续3～4代与原有品种回交，可纠正原有品种的个别缺点，以提高动物群的生产性能。此方式常称为引入杂交或导入杂交。

2. 育成杂交

当原品种不能满足需要时，则利用两个或两个以上的品种进行杂交，最终育成一个新品种，此为育成杂交。用两个品种杂交育成新品种的称为简单育成杂交；用三个或三个以上品种杂交育成新品种的称为复杂育成杂交。

三、龟鳖的杂交育种

在龟鳖的杂交育种中，进行较多的是龟的杂交育种。早在100多年前，人们就发现了海龟的杂交。近30年来，龟类的自然杂交现象不断被发现，如琼崖闭壳龟是黄额闭壳龟和锯缘闭壳龟杂交的后代，最近又发现了地龟和锯缘闭壳龟在自然环境下杂交的后代。在龟类的人工养殖中，最早出现的杂交龟并不是养殖者有意杂交的，而是在龟类混养中产生的（由于场地限制而混养或龟在逃逸过程中进入另一些龟类的饲养池）。10多年来，龟的杂交育种逐渐被人们所认识，并努力培育新的杂交龟品种。

（一）杂交后代的检测

在龟类的杂交育种中，杂交后代可出现形态与性状的改变，形态与性状是由基因决定的，故可通过遗传标记的检测来了解杂交后代的变异。

遗传标记是指可追踪染色体、染色体某一节段、某个基因座在家系中传递的任何一种遗传特性。它具有两个基本特征，即可遗传性和可识别性。因此生物的任何有差异表型的基因突变型均可作为遗传标记。

（二）动物遗传育种中常用的遗传标记类型

1. 形态学标记

形态学标记指动物的外部形态特征，如体色、体型、外形、皮肤结构等。形态学标记是基于个体性状的描述，得到的结论往往不够完善，且数量性状很难剔除环境的影响，但用直观的形态学标记研究遗传性状显得简单、方便。

2. 细胞学标记

细胞学标记指对杂交后代个体的染色体数目和形态进行分析，主要包括染色体组型和带型及缺失、重复、倒位、易位等。染色体是遗传物质的载体，是基因的携带者，染色体变异必然会导致生物体发生遗传变异。

（1）染色体组型分析。

染色体组型是指一个个体或一组相关个体特有的染色体组，通常以有丝分裂中期染色体的数目和形态来表示。染色体组型分析是以细胞分裂中期的染色体为对象，根据染色体的长度、着丝点位置、臂比、随体的有无等形态特征建立的细胞遗传学分析方法。

（2）染色体带型分析。

染色体带型分析是借助于酶、酸、碱、温度等理化因素处理后，用染色法使染色体呈现出深浅不同的染色带的分析方法。对不同亲本与杂种进行染色体带型分析，可以研究亲本与杂种在染色体结构上的差异。

（3）染色体原位杂交技术。

染色体原位杂交技术是用标记的 DNA 或 RNA 为探针，原位检测染色体上特定核苷酸序列的一种技术。现多用荧光原位杂交技术（Fluorescence in situ hybridization，FISH）。FISH 的基本原理是：将荧光标记的已知序列的单链核酸特异地与染色体上互补的 DNA 片段结合，通过荧光显微镜检测样本上杂交荧光的位置，从而在染色体上定位特定的基因。该检测方法因特异性强、灵敏度高和重复性好等特点，已被应用于远缘杂种的鉴定。染色体原位杂交是检测种间杂种染色体易位、重组的有效手段。

3. 生物化学标记

生物化学标记以动物体内的某些生化性状为遗传标记，如血型、血清蛋白和同工酶等。生物化学标记经济、方便，且多态性比形态学标记和细胞学标记丰富，但蛋白质和同工酶都是基因的表达产物，非遗传物质本身，其表现易受环境和发育状况的影响。

4. 分子标记

分子标记是以个体间遗传物质内核苷酸序列变异为基础的遗传标记，是 DNA 水平遗传多态性的直接反映。与其他几种遗传标记相比，DNA 分子标记具有更大的优越性。DNA 分子标记技术已有数十种，在遗传育种中应用较广泛的分子标记有：

（1）限制性片段长度多态性。

限制性片段长度多态性（Restriction fragment length polymorphism，RFLP）是以DNA-DNA 杂交为基础的第一代 DNA 标记技术。其原理是利用特定的限制性内切酶识别并酶切基因组 DNA，得到大小不等的 DNA 片段，所产生的 DNA 数目和各个片段的长度反映了 DNA 分子上不同酶切位点的分布情况。将获得的 DNA 片段经凝胶电泳分离、克隆 DNA 探针杂交和放射自显影，即获得反映个体特异性的 RFLP 图谱。其代表的是基因组 DNA 在限制性内切酶消化后产生片段在长度上的差异。由于不同个体的等位基因之间碱基的缺失、替换、重排等变化导致限制性内切酶识别和酶切位点发生变化，从而造成基因型间限制性片段长度的多态性。

（2）随机扩增多态性 DNA。

随机扩增多态性 DNA（Random amplified polymorphic DNA，RAPD）是利用随机引物对不同样品基因组 DNA 进行 PCR 扩增而产生产物片段多态性的检测技术。RAPD 技术具有快速、简便和灵敏等优点，已被应用于种质资源分析。

（3）扩增片段长度多态性技术。

扩增片段长度多态性技术（Amplified fragment length polymorphism，AFLP）是 RFLP与 PCR 技术相结合产生的分子标记。其原理是使用限制性内切酶对基因组 DNA 切割后，将得到的限制性酶切片段的黏性末端接上特定的接头。接头和邻近限制性酶切位点序列作为引物结合位点，设计特定引物进行扩增，采用电泳分离的方法检测其产物，以期反映不同个体基因组的限制性酶切长度多态性。AFLP 具有高重复性、高分辨率、高灵敏度及对DNA 模板需求量少等特点，可以在不了解任何基因组序列信息的情况下实行。

AFLP 在群体的遗传多样性分析、基因定位、品种鉴定、系统进化、遗传图谱构建及目的基因的克隆等领域有着广阔的应用前景，已成为目前常用的分子标记之一。

（4）微卫星 DNA。

微卫星 DNA（Microsatellite DNA）也称简单串联重复序列（Simple sequence repeat，SSR）或短串联重复序列（Short tandem repeats，STRs），是一类由 2～6 个核苷酸为重复单位组成的长达几十个核苷酸的重复序列，广泛分布于真核生物的基因组。在不同个体中因重复次数的不同而呈现长度差异，可通过两端的保护序列设计引物进行 PCR 扩增。微卫星 DNA 标记多样性水平高，数量丰富，在基因组中分布广泛，是共显性标记，其引物具有较好的保守性，实验重复性好。

SSR 的产生是由于 DNA 复制或修复过程中 DNA 滑动和错配，或减数分裂时姐妹染色单体的不等交换造成的串联重复序列，因其广泛存在于真核细胞的基因组中，且重复次数是可变的，因此具有高度的多态性，被认为遗传信息含量最高的遗传标记。

（5）简单重复序列区间扩增多态性。

简单重复序列区间扩增多态性（Inter-simple sequence repeats，ISSR）技术是在 SSR 序列两端接上 2～4 个随机核苷酸作为引物，对 2 个相距较近 SSR 序列之间的一段短 DNA 片段进行扩增。ISSR 具有丰富的多态性，操作简单，重复性好，近年来得到广泛的应用。

（6）单核苷酸多态性。

单核苷酸多态性（Single nucleotide polymorphism，SNP）是指在基因组水平上由单个核苷酸的变异所引起的 DNA 序列多态性。SNP 所表现的多态性只涉及单个碱基的变异，这种变异可由单个碱基的转换或颠换所引起，一般不包括单核苷酸的插入和缺失。SNP 标记具有分布广泛、数量多、易于基因分型、遗传稳定性高及快速自动化分析等优点，被称为继限制性片段长度多态性和微卫星标记之后的第三代 DNA 遗传标记，已被应用于基因定位、群体遗传结构和分子标记辅助育种等方面的研究。

第七章　养殖资源

全世界目前有记载的现生龟鳖种类有 350 多种，养殖资源丰富。根据龟鳖的栖息习性，可将其分为淡水龟、陆龟及海龟。鳖类均栖息于淡水中。进行产业化养殖的一般为淡水龟类和一些鳖类，陆龟类的养殖也逐渐普及。海龟类的养殖目的主要为科研和增殖放流。

第一节　龟　类

一、淡水龟类

（一）国产龟类

1. 乌龟

乌龟（*Mauremys reevesii*）俗称草龟、中华草龟、金龟、金线龟、墨龟、泥龟、水龟、山龟、臭青龟、长寿龟和八卦龟等，是我国龟类中分布最广、数量最多的一种。在国内，除海南、西藏、青海、宁夏、吉林、山西、新疆、辽宁、黑龙江和内蒙古未发现外，其余各地均有分布。国外分布于日本和朝鲜。乌龟栖息于池塘、沼泽、溪流和小河中，喜晒背。

（1）识别要点。

头中等大小，呈灰黑色或黑橄榄色，顶部平滑无鳞，吻短。上喙边缘平直或中间部微凹；鼓膜明显。背甲较平扁，呈长椭圆形，稍隆起，具 3 条纵棱（图 7-1-1），中央嵴棱明显，但在较老的个体身上则不明显；颈盾 1 枚，呈窄长方形，后缘较宽；椎盾 5 枚，第 1 枚呈五边形，宽长相等或长略大于宽，第 2 枚至第 4 枚呈六边形，宽大于长；肋盾 4 枚，较之相邻椎盾略宽或等宽；缘盾 11 对；臀盾 1 对，呈矩形。甲桥明显，具腋盾和胯盾，腋盾的大小变异较大。腹甲平坦，棕色或黑色（图 7-1-2）。腹甲几与背甲等长，前缘平截略向上翘，后缘缺刻较深，前宽后窄；喉盾近三角形；肱盾外缘较长，呈楔形。腹甲公式为：腹盾＞或＜胸盾＞或 ＜股盾＞喉盾＞肛盾＞肱盾。四肢灰黑色，前肢 5 爪，后肢 4 爪，指、趾间具蹼。尾较短小，灰黑色。

雄性随着年龄的增长出现黑化，可能失去壳上、头和颈部的所有浅色标志。雌性比雄性大，但雄性腹甲的后中部略凹，尾的基部较粗和泄殖腔孔位于背甲后缘的后面。

（2）繁育要点。

杂食性，偏爱动物性食物，如蚯蚓、小鱼、小虾和螺等。

雌龟达到性腺发育成熟阶段需 6 年，体重平均 400 g 左右。雄龟性成熟年龄是 5 年，体重平均 200 g 左右。作为繁殖用的亲龟，应选 8～10 年的雌龟，不仅产卵量多，而且卵的质量好，孵化率高。每年的 4—10 月为繁殖期。在不同的地区，由于环境条件不同，雌龟的产卵数量也不同。一般每只雌龟每年可产 3～4 窝卵，通常每窝卵 4～9 枚，平均 5 枚。孵化期受温度影响较大，通常为 57～75 天。

乌龟的适应性强，食性广，而且味美和有较高的药用价值，是最常见的养殖品种。养殖时要注意水质的变化，最好在池塘中养，保持水呈淡绿色。

图 7-1-1　乌龟的背部

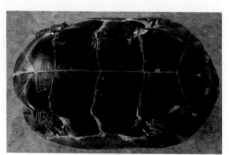

图 7-1-2　乌龟的腹部

2. 中华花龟

中华花龟（*Mauremys sinensis*）俗称花龟、珍珠龟、台湾草龟、六线草、中国条颈龟、斑龟及美女龟。国内分布于广东、广西、海南、福建、江苏、浙江、上海、香港和台湾，国外分布于越南。在野外，栖息于池塘、沼泽、河流、湖泊和水潭中。有上岸晒背的习性。

（1）识别要点。

头较小，头背部光滑无鳞。头侧面和颈部具有许多细的、黑色镶边的、淡绿色或黄色的纵条纹。背甲椭圆形，可达 24 cm，棕红色或黑色（图 7-1-3），在中间后部最宽，最高处在第 2 枚和第 3 枚椎盾之间的沟处，后缘稍微锯齿状。在幼龟中有 3 条低的、不连续的嵴，但这些嵴通常随着年龄的增加而消失。椎板六角形，第 4 枚椎盾位于第 4 枚椎板上。第 1 枚椎盾前面比后面宽；第 2 枚至第 4 枚椎盾宽大于长，或长与宽相等。第 5 枚椎盾始终是宽大于长。背甲红棕色到黑色，盾沟黄色（特别是在幼龟）。腹甲无嵴，发育良好，在甲桥处尖锐地弯曲，后面缺刻。每枚盾片上均具大的、棕黑色或黑色斑块（图 7-1-4）。腹甲公式为：腹盾＞胸盾＞股盾＞喉盾＞肛盾＞肱盾。腹甲、甲桥和缘盾的下边黄色。四肢扁平，橄榄色，具许多黄色条纹。尾较长，末端尖细。

雄性腹甲稍微凹陷，泄殖腔孔位于背甲后缘的后面。雌性腹甲平坦或稍微凸出，泄殖腔孔在背甲后缘的下面。

（2）繁育要点。

杂食性，食物以果实、昆虫、鱼和蠕虫为主。人工饲养时，可食各种肉类和瓜果，如蚯蚓、小鱼、虾、螺、牛肉、猪肉、猪肝、玉米、木瓜、南瓜、西红柿、各种水草及蔬菜等。

在人工养殖条件下，中华花龟3年即可达性成熟。在海南，每年2月中旬产卵，4月为产卵高峰期，每窝卵4～20枚。孵化温度为28℃～30℃时，孵化期55～60天。在广州地区，2—6月为产卵期，每年产1～3窝卵，每只雌龟年平均产卵43枚。

中华花龟是常见的养殖品种，其养殖技术与乌龟基本相似。

图7-1-3　中华花龟的背部

图7-1-4　中华花龟的腹部

3. 黄喉拟水龟

黄喉拟水龟（*Mauremys mutica*）俗称石金钱、香乌龟、石龟、水龟、黄龟和绿毛龟等，在国内广泛分布，遍及福建、安徽、江苏、浙江、广东、广西、湖南、湖北、海南、云南、香港及台湾等地，国外分布于越南。栖息于丘陵地带，半山区的山间地和河流、稻田及湖泊中，也常到附近的灌木及草丛中活动。白天多在水中戏游觅食，晴天喜在陆地上活动，有时爬到岸边晒背。

（1）识别要点。

头部中等大小，吻较尖，头背光滑无鳞，鼓膜圆形，颌部和喉部黄色。头侧自眼后至鼓膜上方有一条窄的黄色纵纹，头背及两侧橄榄色。背甲椭圆形，棕褐色，有3条纵棱，中央脊棱明显，两侧棱不明显（图7-1-5）。第1枚椎盾前面比后面宽。背甲颜色从带灰棕色到棕色，沟通常为暗色。腹甲橘黄色或淡黄色，各盾片上具对称的棕黑色斑块（图7-1-6），后缘缺刻。腹甲公式为：股盾≥腹盾＞胸盾＞肱盾＞肛盾＞喉盾。甲桥的颜色与腹甲相似，有2个大的暗色斑块。四肢和尾的上面灰色到橄榄色，腹面黄色。四肢扁圆，指、趾间具蹼。尾短。

雄性有稍微凹陷的腹甲和较长及较粗的尾。泄殖腔孔在背甲后缘的后面。

（2）繁育要点。

杂食性，喜食蚯蚓、小鱼、小虾、螺及蚌等。可用人工合成饲料和活饵料配合使用。

4月中旬开始产卵，一直持续至9月；5月下旬至7月上旬为产卵高峰期。每只雌龟每年可产1～2窝卵，每窝卵3～7枚。卵孵化期为65天。

黄喉拟水龟是培育绿毛龟的优良品种，而且繁殖率较高，容易养殖，生长比乌龟快，备受养殖者的欢迎。其养殖的适宜水温为20℃～30℃。养殖模式较多，可室内养殖、阳台养殖、天台养殖、庭院养殖和室外池塘养殖。水质要保持清新或淡绿色。

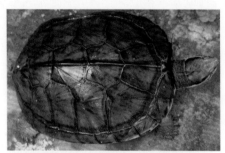

图7-1-5　黄喉拟水龟的背部

图7-1-6　黄喉拟水龟的腹部

4. 三线闭壳龟

三线闭壳龟（*Cuora cyclornata*）俗称金钱龟、红边龟、红肚龟、金头龟、断板龟、川字龟等。国内分布于广东、广西、海南和福建等地，国外分布于越南等东南亚国家。生活于丘陵山区，栖息在溪流、池塘及草丛等潮湿安静的地方。喜晒背。

（1）识别要点。

头部中等大小，背面光滑，颜色棕褐色或金黄色。背甲椭圆形，棕褐色，中央略隆起，具3条明显的黑色纵棱（图7-1-7）。第1枚椎盾前面比后面宽。腹甲与背甲近等长，黑色，周边为黄色或橘黄色（图7-1-8）。腹甲的胸盾与腹盾之间有明显的韧带组织相连，形成前后可活动的两部分，头尾及四肢缩入壳内后，腹甲可完全闭合于背甲。腹甲公式为：胸盾＞或＜腹盾＞肛盾＞喉盾＞股盾＞肱盾。四肢扁圆，外侧灰棕色，内侧及裸露的皮肤为橘红色，指、趾间具蹼。尾短小尖细。

雄性背甲较窄，尾较长和基部较粗，泄殖腔孔在背甲后缘的后面，腹甲后缘缺刻较深。雌性背甲较宽，尾细且短，泄殖腔孔在腹甲后缘内，腹甲后缘缺刻较浅。

（2）繁育要点。

杂食性，以蜗牛、蚯蚓、小鱼、虾、螺类、金龟子以及植物的嫩叶和种子为食。人工养殖时，食鱼、虾、牛肉、鸡肉、葡萄、香蕉及西瓜等。

雌龟的性成熟年龄为7年，雄龟4～5年。产卵季节为5—9月，6—7月为产卵高峰期，每只雌性亲龟每年只产 1 窝卵，极少数可产 2 窝卵，每窝卵最少 1 枚，最多 13 枚，通常 4～6 枚。孵化温度 24 ℃～32 ℃时，孵化期 50～90 天；室温孵化时，孵化期约 88 天。

养殖的环境与黄喉拟水龟相似，适宜水温为 20 ℃～30 ℃。要保持水质清新。

三线闭壳龟集药用、食用和观赏价值于一身，深受养殖者的喜爱。其养殖规模不断扩大，养殖技术日臻成熟。其为国家二级保护动物，养殖时要注意合法性。

目前已把分布于越南和广西的一些种类命名为丽圆闭壳龟（*Cuora cyclornata*），并分出 3 个亚种（丽圆闭壳龟指名亚种，*Cuora cyclornata cyclornata*；丽圆闭壳龟安南亚种，*Cuora cyclornata annamitica*；丽圆闭壳龟梅氏亚种，*Cuora cyclornata meieri*）。分布于广东、广西、海南及香港等地的三线闭壳龟也分为 2 个亚种，即三线闭壳龟指名亚种（*Cuora trifasciata trifasciata*）和三线闭壳龟黄头亚种（*Cuora trifasciata luteocephala*）。

图 7-1-7　三线闭壳龟的背部　　　　图 7-1-8　三线闭壳龟的腹部

5. 黄缘闭壳龟

黄缘闭壳龟（*Cuora flavomarginata*）又称黄缘盒龟、夹板龟、夹蛇龟、呷蛇龟、黄板龟、驼背龟、金头龟和断板龟。国内分布于安徽、湖北、湖南、江苏、浙江、福建、台湾、广东、广西、江西、河南和重庆等省（地区），国外分布于日本。生活于亚热带丘陵山区的丛林、溪流、湖泊的近水湿地，也可出没于稻田和杂草丛中。栖息于杂草树根、灌木和岩缝中。不能生活在深水中，也不能长时间生活在干燥环境中，喜欢洗浴和饮水，较耐饥饿，但不耐渴，下雨时喜爬山活动和觅食。喜晒背。

（1）识别要点。

头部光滑，吻短，鼓膜圆形且显著，上喙钩形；头背黄绿色，眼后至枕部有一条鲜明的金黄色纵条纹，后端变粗，两侧连起来看似 U 形，常称"U 线"；头侧淡橘红色或淡黄色，颌部和喉部橘黄色，颈部黄色。背甲高而隆起，中央脊棱明显，呈黄色（图 7-1-9）；有两条断裂的、低的侧脊。每块盾片上均有同心环纹，棕红色。沿着每枚缘盾外面的边界有一个黄色或棕红色的斑块。腹甲长椭圆形，黑色或黑褐色（图 7-1-10），胸盾与腹盾之间具韧带，腹甲与背甲可完全闭合，后缘无缺刻。腹甲公式为：腹盾＞肛盾＞胸盾＞喉盾＞肱盾＞股盾。四肢表面灰棕色，具覆瓦状排列的大型鳞片。前肢5爪，后肢4爪，两后肢之间及尾部的皮肤具疣粒，指、趾间具半蹼。尾短，灰色，具有褪色的黄色背部条纹。

雄性腹甲在前面和后面是圆的，尾在其基部，比雌性粗。雌龟腹甲较大，后面稍微向上弯曲。

（2）繁育要点。

杂食性，喜食蚯蚓、蝇蛆、黄粉虫、蜗牛、小鱼、小虾、蛙、蛇、螺、蚬、香蕉和植物茎叶等食物。人工饲养时，可食瓜果、蔬菜、红薯、瘦猪肉及家禽内脏等。

野生黄缘闭壳龟体重500 g以上具繁殖能力。人工养殖时，通常需6～7年，部分龟4～5年可达性成熟。5—9月为产卵期。大部分雌龟一年产1窝卵，也有产2窝和3窝的，通常每窝卵2～4枚。

黄缘闭壳龟具有很高的药用价值与观赏价值，近年来的养殖数量增加很快。因其为水陆两栖的龟类，养殖时要有一定面积的陆地，最好在陆地上种一些草或小灌木，要保持阴凉的环境。该龟有吃卵的现象，在孵化时应注意防范。

 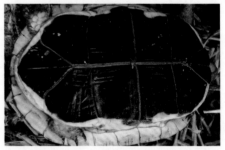

图 7-1-9　黄缘闭壳龟的背部　　　　图 7-1-10　黄缘闭壳龟的腹部

6.黑颈乌龟

黑颈乌龟（*Mauremys nigricans*）又称为广东乌龟和广东草龟。只分布于国内的广东和广西。海南是否有分布有待证实。在野外栖息于丛林、山区的溪流、河流和水塘中。

（1）识别要点。

头较长，吻钝。头顶有散在粉红色斑点或光滑无斑点。背甲椭圆形，棕褐色，中央具嵴棱，无侧棱，前缘较平，后缘微锯齿状（图7-1-11）。腹甲前缘平直，后缘缺刻较深（图7-1-12）。腹甲上的颜色和斑纹变化较大，有粉红色的、棕色的、棕黄色的甚至黑色的。腹甲公式为：腹盾＞胸盾＞或＜股盾＞喉盾≥肛盾＞肱盾。甲桥棕色，其腋盾比胯盾小很多。四肢扁平，具鳞，指、趾间具蹼。尾部短，黑色。

雄龟体型较小，头顶部黑色，间有少量红色，颈部、胯窝和腹甲红色或橘红色；四肢有分散粉红色斑点，两侧各有 1 条黄绿色斑纹，尾根部粗且较长，泄殖腔孔位于背甲后缘之外。雌龟体型较大，头部、四肢和腹甲黑色或褐色，尾较细和较短，泄殖腔孔位于背甲后缘之内。

（2）繁育要点。

杂食性，食物包括昆虫、螺类、小鱼、小虾、蚯蚓和水生植物等。人工饲养时，可食鱼肉、牛肉、鸡肉、虾、香蕉和菜叶等。

雌龟的性成熟年龄为 4～5 年。雌龟在每年的 4 月开始产卵，至 7 月产卵结束。每年产 1～5 窝卵，每窝卵 5～13 枚。孵化温度 30 ℃时，孵化期 60～65 天。

黑颈乌龟的抗病能力较强，较易养殖。

图 7-1-11　黑颈乌龟的背部

图 7-1-12　黑颈乌龟的腹部

7. 平胸龟

平胸龟（*Platysternon megacephalum*）又称为鹰嘴龟、大头龟、英龟和三不象等。国内分布于广东、广西、海南、福建、江苏、浙江、安徽、江西、湖南、云南和贵州，国外分布于缅甸和越南。栖息于山涧溪流、溪边碎石、石缝、岩洞等阴暗潮湿地。平胸龟现有 3 个亚种，国内养殖的为中国亚种（*Platysternon megacephalum megalorcephalum*）。

（1）识别要点。

头大，呈三角形，不能缩入甲内。头部覆以整块的角质鳞，头顶光滑，棕黄色；两侧具碎米粒样棕黄色斑点。颌部强壮，淡棕色，可见数条淡黑色纵纹；上喙钩曲呈鹰嘴状。背甲扁平，棕黑色，具微弱脊棱（图 7-1-13）。背甲与腹甲在甲桥处以韧带组织相连，具 3～4 枚下缘盾。腹甲黄色，前缘平切，后缘缺刻（图 7-1-14），每枚盾片上具对称排列的黑斑。腹甲公式为：肛盾＞肱盾＞股盾＞胸盾＞腹盾＞或＜喉盾。甲桥黄色。四肢覆盖大鳞，前后肢均具 5 爪，除外侧的指、趾外，其余指、趾均有锐利的长爪，具蹼。尾长，其长度几乎与背甲等长，尾覆盖环状排列的大鳞片。

雄性的腹甲凹陷，泄殖腔孔位于背甲后缘的后面。

（2）繁育要点。

喜食动物性饵料，尤喜食活物，如蚯蚓、黄粉虫、蜗牛、螺类、蚬、贝、鱼、虾、蟹、蝌蚪、蛙、昆虫和蠕虫等。人工养殖时，也食死虾、死鱼、家禽内脏、糠麸、豆饼、果实及水果皮等。

性成熟年龄为5年左右，产卵期为6—9月，每次产卵1～3枚，可分批产卵。

平胸龟的繁殖是一个难题，但近年已攻克，已能产卵和孵出稚龟（图7-1-15、图7-1-16）。

图7-1-13　平胸龟的背部
（李旭东供稿）

图7-1-14　平胸龟的腹部
（李旭东供稿）

图7-1-15　平胸龟稚龟的背部
（李旭东供稿）

图7-1-16　平胸龟稚龟的腹部
（李旭东供稿）

8. 黄额闭壳龟

黄额闭壳龟（*Cuora galbinifrons*）又称黄额盒龟、海南闭壳龟、花金钱、金头龟和梅花盒龟。国内分布于海南，国外分布于越南。栖息于海拔较高的森林中。

（1）识别要点。

头部较宽，吻短，头顶乳白色，具黑色斑点，头侧有1条黑色纵纹。背甲椭圆形，中央隆起较高，后缘不呈锯齿状，幼龟具中央嵴棱，成龟中央嵴棱消失，第1枚椎盾前部较宽，其长与宽基本相等，第 2～4 枚椎盾的长与宽相等或稍宽，第 5 枚椎盾后部较宽，肋盾比相应的椎盾较宽，背甲中央有 1 条黄色或乳白色纵纹。椎盾和肋盾的上部为黑棕色或橄榄色（图 7-1-17），通常有黑色斑点；肋盾下部的 2/3 或 3/4 为黄色，具黑色斑点和放射状条纹。腹甲较大，能完全闭合，暗棕色或黑色，或有黄斑（图 7-1-18）；肛盾后端圆形，无缺刻。腹甲公式为：腹盾＞肛盾＞胸盾＞喉盾＞股盾＞肱盾。四肢橄榄色，前肢前部具较大的黄色或橙色鳞片，后肢的鳞片较小，指、趾间蹼不发达。尾短，橘红色。雄性尾较粗。

（2）繁育要点。

杂食性，食多种植物，如香蕉、草莓、樱桃、苹果、梨、西红柿、莴苣和一些花蕾；动物性食物包括猪肉、猪肝、牛肝及龟的配合饲料等。

每年 2—6 月为产卵期，每只雌龟每年产卵 1～2 窝，每窝卵 2～3 枚。孵化温度为 27 ℃～28 ℃时，孵化期为 65～90 天。

人工饲养时，成活率较低，对新环境的适应能力较弱，因此要注意营养平衡和病害的防治。

图 7-1-17　黄额闭壳龟的背部

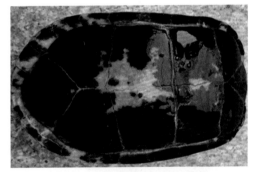

图 7-1-18　黄额闭壳龟的腹部

9. 眼斑龟

眼斑龟（*Sacalia bealei*）又称眼斑水龟和四眼龟。中国特有种，分布于广东、福建、湖南、广西、江西、贵州、安徽和香港。通常生活于低山和丘陵的溪流和小河中。喜晒背。

（1）识别要点。

头部较尖，顶部平滑，棕褐色，布满黑色虫纹状小点。头顶后侧具 1～2 对马蹄状眼斑，第 1 对眼斑较小，第 2 对眼斑较大，2 对眼斑间界限不明显或相连；雌龟的第 1 对眼斑棕褐色，第 2 对眼斑淡黄色，颈部条纹为淡黄色（图 7-1-19）；雄龟的第 1 对眼斑淡绿色，第 2 对眼斑黄绿色，颈部条纹为红色（图 7-1-20）。背甲卵圆形，棕红色或棕色

（图 7-1-21），密布黑色细小斑点，中央嵴棱明显。腹甲平坦，淡黄色，具黑色斑纹或斑点（图 7-1-22），前端平，后端缺刻。腹甲公式为：腹盾＞胸盾＞肛盾＞股盾＞肱盾＞或＜喉盾。腹甲和甲桥从黄色到浅橄榄色，可能有暗色蠕虫状的图案。四肢扁平，前肢的前面覆盖着大的鳞片，从黄色、粉红色或红色到暗棕色，指、趾间具蹼。尾短而细。

雄性腹甲凹陷，尾较长和较粗，泄殖腔孔位于背甲后缘的后面，头部的眼斑绿色。雌性腹甲平坦，泄殖腔孔在背甲后缘的下面，头部的眼斑黄色。

（2）繁育要点。

杂食性，人工饲养时，食鱼、虾、蚯蚓和配合饲料。

雌龟性成熟年龄为 9 年左右。5 月开始产卵，每窝卵 2～3 枚，孵化期 90 天以上。

眼斑龟的养殖数量较少，通常为散养。

图 7-1-19　雌性眼斑龟的头部和颈部

图 7-1-20　雄性眼斑龟的头部和颈部

图 7-1-21　雄性眼斑龟的颈部和背部

图 7-1-22　眼斑龟的腹部

10. 四眼斑龟

四眼斑龟（*Sacalia quadriocellata*）又称六眼龟和四眼斑水龟。国内分布于广东、广西和海南，国外分布于越南和老挝。在自然界，栖息于山区溪流、小河、稻田及水潭中。每逢大雨后常出来觅食。

（1）识别要点。

头顶皮肤光滑无鳞，无斑点，具1对明显的马蹄状眼斑，每个眼斑中央具一小黑点，雌性的眼斑为黄色，雄性的眼斑为绿色。颈部有3条纵条纹，其颜色因性别不同而有差异，雌性为黄色，雄性为红色。背甲较扁平，卵圆形，棕色，中央嵴棱明显（图7-1-23）。腹甲淡黄色，前缘平切，后缘缺刻，每块盾片上均有黑色的小斑点（图7-1-24）。四肢扁平，淡棕色，前肢外侧有若干大鳞片，指、趾间具蹼。尾较短，灰褐色。

（2）繁育要点。

杂食性，以大果榕的果实为主要食物。人工饲养条件下，尤喜食动物性饵料，如昆虫、小鱼、小蛙、瘦猪肉及肝等，也食少量胡萝卜、果实、桑葚、香蕉、嫩草、黄瓜及配合饲料。

产卵期在5—6月中旬，每次产卵1~2枚，并有分批产卵的现象。

四眼斑龟的养殖情况与眼斑龟相似。

图7-1-23　四眼斑龟的背部

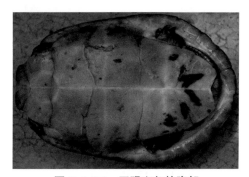

图7-1-24　四眼斑龟的腹部

11. 锯缘闭壳龟

锯缘闭壳龟（*Cuora mouhotii*）又称锯缘摄龟、锯缘龟、方龟、八角龟和平背龟。国内分布于广东、广西、海南、云南和湖南，国外分布于越南、泰国、老挝、印度和缅甸。生活于山区丛林、灌木丛及小溪中，喜栖息于竹林的根下，在雨季或下午出来活动，喜暖怕寒。

（1）识别要点。

头中等大小，顶部棕黄色，密布细小黑色虫纹。背甲卵圆形，顶部平坦，具3条显著的纵嵴棱，侧棱与中央嵴棱在同一平面；背甲前缘无齿，后缘具八齿（图7-1-25）。腹甲黄色，边缘具不规则黑斑；胸盾与腹盾之间具韧带，但腹甲小于背甲的开口，故闭合不完全，头和四肢不能全部缩入壳内（图7-1-26）。腹甲公式为：腹盾>肛盾>胸盾>肱盾>或<股盾>喉盾。四肢扁平，黑褐色，具覆瓦状鳞片，指、趾间具半蹼。尾短小，黑褐色。

雄性的尾较长和较粗。

（2）繁育要点。

杂食性，喜食蚯蚓、蟋蟀、蜗牛、蝗虫、黄粉虫、蛞蝓和蠕虫等。人工饲养时，食各种肉类、虾、昆虫、香蕉和西红柿等。

一般需6～8年才能达到性成熟。6—7月为产卵期，每只雌龟每年产2窝卵，每窝卵2～6枚，孵化期为60～75天。

锯缘闭壳龟虽然为半水栖龟类，但偏陆栖性，很少进入水中，显然为森林居住者。在养殖时可按陆栖龟类进行养殖，但要提供水环境。

图7-1-25　锯缘闭壳龟的背部　　　　　　　图7-1-26　锯缘闭壳龟的腹部

12. 齿缘摄龟

齿缘摄龟（*Cyclemys dentata*）又称齿缘龟、锯缘圆龟和版纳摄龟。国内分布于云南和广西，国外分布于印度北部、缅甸、泰国、越南、柬埔寨、菲律宾、马来西亚、苏门答腊、爪哇和婆罗洲等地。栖息于山区和低地的浅溪流中。

（1）识别要点。

头顶平滑，红棕色，具许多黑色或棕褐色小斑点。吻稍突出。背甲卵圆形，稍隆起，具中央嵴棱，后缘锯齿状（图7-1-27）。腹甲黄色或浅棕色，具黑色放射状条纹（图7-1-28）。腹甲公式为：胸盾＞腹盾＞肛盾＞股盾＞或＜喉盾＞肱盾。四肢浅棕色，前部表面具大的鳞片。蹼在幼体时明显。尾细短，黑褐色。

雄性比雌性小，有较长和较粗的尾。

（2）繁育要点。

杂食性，食鱼、虾、泥鳅、蜗牛、芒果、西瓜、香蕉、木瓜、桑葚及蔬菜等食物。

雌龟产卵期为4—8月，每只雌龟每年可产卵2～6枚。孵化温度为25℃～30℃时，孵化期约69天。

齿缘摄龟常栖息于低海拔至海拔1 000多米的溪流中，在高山和平原都有发现，但主要是在低海拔地区。这种龟出现在小河和池塘中。幼龟比成龟更倾向于水栖性。成龟可按半水栖龟类进行饲养。

图 7-1-27　齿缘摄龟的背部

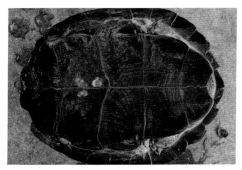
图 7-1-28　齿缘摄龟的腹部

13. 地龟

地龟（*Geoemyda spengleri*）又称十二棱龟、金龟、枫叶龟、树叶龟、黑胸叶龟、长尾山龟和泥龟。国内分布于广东、广西和海南，国外分布于越南、苏门答腊岛和婆罗洲。栖息于山中溪流和水塘附近。

（1）识别要点。

头扁平，短小，顶部平滑无鳞。背甲呈枫叶状（图 7-1-29），橘黄色或橘红色，微隆起，具 3 条嵴棱。腹甲长椭圆形，暗棕色或黑色，具有黄色边纹（图 7-1-30）。腹甲公式变化很大：腹盾＞或＜胸盾＞或＜股盾＞肱盾＞肛盾＞喉盾。四肢棕色，前肢前部具大的、覆瓦状的鳞片，后肢的跟部也有大鳞片，臀部和尾基部有小的结节状突起。指、趾间的蹼不发达。尾灰棕色。

雄性的腹甲凹陷，尾长和粗，泄殖腔位于背甲边缘的后面。雌性腹甲平坦，尾较短，泄殖腔孔位于背甲边缘的下面。

（2）繁育要点。

杂食性，喜食蚯蚓、蚂蚁、蟋蟀和黄粉虫等，也食香蕉、苹果、黄瓜、草莓和西红柿等。人工饲养时，可食龟的配合饲料，但仍偏食蚯蚓和黄粉虫，不吃鱼和肉。

背甲长 120～160 mm 的龟可达性成熟，产卵季节为 2—10 月。每只雌龟每年可产 2～3 窝卵，每窝卵 1～3 枚，通常 2 枚。孵化温度为 25℃～30℃时，孵化期为 65～73 天。

地龟为半水栖龟类，可按黄缘闭壳龟的养殖技术进行养殖。

图 7-1-29　地龟的背部

图 7-1-30　地龟的腹部

14. 云南闭壳龟

云南闭壳龟（*Cuora yunnanensis*）仅分布于中国的云南，为我国二级保护动物。生活于高海拔的高原地区。

（1）识别要点。

头顶光滑，吻稍尖，略突出；头橄榄色或棕色，有 2 条黄色纵纹，1 条较窄的纵纹从眼部延伸至颈部，另 1 条从上喙与下喙连接处延伸至颈部；颌部和喉部黄色或橙色，具橄榄色的斑纹；颈部橄榄色或棕色，每侧具 2 条橙色条纹。背甲椭圆形，具 3 条嵴棱，中央嵴棱明显（图 7-1-31）；椎盾的长径与宽径相等，比肋盾窄；成龟缘盾后缘平滑，幼龟略呈锯齿状；背甲栗棕色或橄榄色，在某些个体，嵴棱为黄色。腹甲韧带较弱，后缘不能完全闭合，后缘缺刻较浅（图 7-1-32）；腹甲橄榄色或棕色，盾沟黑色；每枚盾片上有红棕色的斑块，幼龟和亚成体较明显，成龟斑块较小，且只分布在盾沟周围。腹甲公式为：腹盾＞胸盾＞肛盾＞喉盾＞股盾＞肱盾。甲桥具黑色棒状条纹。四肢扁平，橄榄色或棕色，具橙色条纹，指、趾间蹼发达。尾短，橄榄色或棕色，具橙色条纹。

雄性有较长和较粗的尾，泄殖腔孔在背甲的后面。

（2）繁育要点。

杂食性，以动物性食物为主，食鱼、虾、肉类、草莓、西红柿、木瓜、葡萄及人工配合颗粒饲料等。

性成熟期为 7 年，雌性重 850 g 性成熟，雄性重 375 g 性成熟。4—12 月为交配期，4—5 月为产卵期，可分批产卵，每只雌龟每次可产卵 4～8 枚。孵化温度为 28 ℃～32 ℃时，孵化期为 64～68 天。

云南闭壳龟为我国特有的珍稀动物，其养殖数量非常少。

图 7-1-31 云南闭壳龟的背部

（任镇民供稿）

图 7-1-32 云南闭壳龟的腹部

（任镇民供稿）

15. 金头闭壳龟

金头闭壳龟（*Cuora aurocapitata*）又称金龟、黄板龟和夹板龟，分布于我国安徽省黟县、泾县、南陵县和广德县以及浙江、河南和湖北的山区。栖息于水质清澈的溪流、山涧水潭和水潭两岸茂密的阔叶乔木、竹林和灌丛中。

（1）识别要点。

头顶平滑，无鳞，顶部金黄色，侧面黄褐色，有 3 条细的黑色纵纹，上喙略呈钩形，眼较大；颈背部灰褐色，腹部金黄色。背甲绛褐色，卵圆形，中央隆起，具中央嵴棱，无侧棱；第 2 枚至第 5 枚椎盾淡红色或深红色（图 7-1-33）。腹甲黄色，前缘圆，后缘微缺刻，每枚盾片上有对称的黑色斑块（图 7-1-34）。四肢具鳞片，背部灰褐色，前肢 5 爪，后肢 4 爪，指、趾间蹼发达。尾细，具细小鳞片，背面具 3 条黑色纵纹，腹面黄色。

雄龟比雌龟小。

（2）繁育要点。

肉食性，以溪蟹、小鱼虾和水生昆虫为食。人工养殖时，喜食蚯蚓、蝗虫、蜗牛和瘦猪肉等。

雌龟重 500 g 以上、雄龟重 120 g 以上达到性成熟。每年 4—5 月和 9—10 月为交配期。产卵期为 7 月下旬至 8 月上旬。每年产卵 1～2 次，每次产卵 1～4 枚，可分批产卵。孵化温度 25 ℃～28 ℃时，孵化期为 62～70 天。

金头闭壳龟体色漂亮，腹甲上有如雄鹰展翅般的黑色图案，使人感觉到凌空飞舞的气势，深受养殖者的喜爱。

目前已把金头闭壳龟分成 2 个亚种，即指名亚种（*Cuora aurocapitata aurocapitata*）和大别山亚种（*Cuora aurocapitata dabieshani*）。前者分布于安徽和浙江，后者分布于安徽、河南和湖北。

图 7-1-33　金头闭壳龟的背部
（毕悦供稿）

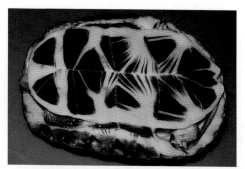

图 7-1-34　金头闭壳龟的腹部
（毕悦供稿）

16. 潘氏闭壳龟

潘氏闭壳龟（*Cuora pani*）仅分布于国内的陕西、四川、河南和湖北。生活于丘陵地区的山溪和岩石缝中，并常出现在稻田旁的水沟中。

（1）识别要点。

头较小和较长，顶部光滑，黄绿色，头侧可见 3 条细的黑色纵纹；上喙钩形。背甲卵圆形，较扁平（图 7-1-35），最高处在第 2 枚椎盾；背甲棕黑色，具中央嵴棱；颈盾长且窄，椎盾上具棕红色矩形斑块。腹甲黄色或棕色，前缘圆，后缘缺刻；沿盾沟有规则的连续黑色斑纹，在稚龟时斑纹较细，至幼龟时斑纹逐渐变大，成为大的黑色斑块，到了成龟，黑色斑块基本占据整个腹部（图 7-1-36）。腹甲公式为：胸盾＞或＜肛盾＞腹盾＞喉盾＞股盾＞肱盾。四肢灰橄榄色至棕色，前肢前部具大的纵鳞，指、趾间蹼发达。尾黄色，背部具棕色条纹。

雄性腹甲稍凹陷，尾较长和较粗，泄殖腔孔在背甲后缘的后面。雌性的尾较小。

（2）繁育要点。

杂食性。人工养殖时，以动物性食物为主，可食各种蠕虫、蚯蚓、小鱼、虾及牛肝等，也食一些瓜果和蔬菜。

亲龟性成熟期 7 年以上。6—8 月为产卵期，可分批产卵，每窝卵 3～7 枚。在 26.5 ℃孵化时，孵化期为 63～72 天；在 31 ℃孵化时，孵化期为 54～55 天。

潘氏闭壳龟的养殖相似于三线闭壳龟。

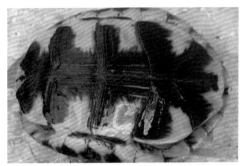

图 7-1-35　潘氏闭壳龟的背部
（毕悦供稿）

图 7-1-36　潘氏闭壳龟的腹部
（毕悦供稿）

17. 周氏闭壳龟

周氏闭壳龟（*Cuora zhoui*）又称黑龟。分布于广西。有晒背习性。

（1）识别要点。

头部光滑，黄色；吻较尖，鼓膜浅黄色，上喙钩形；颈部布满疣粒，背面及侧面橄榄绿色，腹面浅灰黄色。背甲卵圆形，黑色或褐黑色，中央嵴棱稚龟时明显，成龟时不明显（图 7-1-37），无侧棱，后缘略呈锯齿状。腹甲褐黑色，前缘圆，后缘缺刻，肛盾 2 枚，胸盾和腹盾中央有较大的不规则形黄色斑块（图 7-1-38）。四肢略扁，背面橄榄绿色，腹面浅灰黄色，前肢前部具大的鳞片，指、趾间具蹼。尾较短小，橄榄色。

雄龟比雌龟小。

（2）繁育要点。

杂食性，食蚯蚓、黄粉虫、蝗虫、泥鳅、小鱼、虾、猪肉和猪肝等，也食香蕉、葡萄和草莓。

6—8 月产卵，每窝卵 2～6 枚。孵化温度 27 ℃～31 ℃时，孵化期为 72 天。

周氏闭壳龟的模式标本在中国广西南宁与凭祥市场购得，具体产地不详。其种群数量极少。

图 7-1-37　周氏闭壳龟的背部
（毕悦供稿）

图 7-1-38　周氏闭壳龟的腹部
（毕悦供稿）

18. 百色闭壳龟

百色闭壳龟（*Cuora mccordi*）又称麦氏闭壳龟。仅分布于国内的广西。在野外，生活于山间溪流中，特别喜栖于竹林的竹叶和竹根下或灌木丛中，喜阴暗潮湿的环境，在雨季或下午出来活动。

（1）识别要点。

头窄和尖，顶部光滑，淡绿色；头侧面、颔部和颈部为黄色或粉红色，有些龟头侧有两条纵行的黑色条纹；吻稍突出，虹膜黄色或黄绿色；一条浅色的、窄的、黑色镶边的黄色条纹从吻部向后伸展，通过眼部到达颈部；颔和颈部黄色。背甲隆起较高，椭圆形，棕红色，具有黑色的沟（图7-1-39）；具中央嵴棱，在第2枚至第4枚椎盾上明显；每枚缘盾上有一黑色的楔形斑块，背甲后缘略呈锯齿状。腹甲黄色，喉盾黑色，呈倒三角形，肱盾后部为黑色斑块，腹甲前半部黑色斑纹似"米"字（图7-1-40），后缘缺刻；腹甲公式为：腹盾＞胸盾＞肛盾＞喉盾＞股盾＞肱盾。甲桥有2个黑斑。四肢棕色或橘黄色，前肢前部具大的棕色或棕红色鳞片，指、趾间蹼不发达。尾短小，黄色，背面具棕色或橄榄色条纹。

雄龟较小，腹甲凹陷，尾较长和较粗，泄殖腔孔在背甲边缘的后面。雌龟较大，腹甲平坦，尾较短和较细。

（2）繁育要点。

杂食性。人工养殖时，以动物性食物为主，如黄粉虫、蚯蚓、蠕虫、虾、小鱼、蛙和牛心等，也食香蕉、葡萄和草莓等植物性食物。

亲龟的性成熟年龄为7～9年。4—8月产卵，每只雌龟每年可产1～3窝卵，每窝卵1～4枚。孵化温度26.5℃～30.0℃时，孵化期为72～82天。

百色闭壳龟为珍稀龟类，养殖数量很少。养殖时要注意防治水霉病和腐皮病等常见的病害。

图 7-1-39　百色闭壳龟的背部
（毕悦供稿）

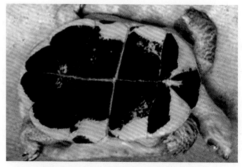

图 7-1-40　百色闭壳龟的腹部
（毕悦供稿）

（二）国外引进的龟类

1.红耳彩龟

红耳彩龟（*Trachemys scripta elegans*）又称巴西彩龟、巴西翠龟、巴西龟、红耳龟、翠龟和彩龟，为普通彩龟（*Trachemys scripta*）中的一个亚种。分布于美国密西西比河沿岸及墨西哥等国家。喜栖息于底部柔软、水生植物丰富及适于晒背的静止水体中。

（1）识别要点。

头部暗绿色，头顶后部两侧有 2 条红色粗条纹。背甲淡黄色或淡绿色，每一枚肋盾上有一条较宽的镶有黑边的黄色条纹和数条较细的黄色条纹（图 7-1-41）。腹甲淡黄色，每枚盾片上均有圆形或长条形黑色或深褐色斑纹（图 7-1-42）。腹甲公式为：腹盾＞肛盾＞股盾＞或＜喉盾＞或＜胸盾＞肱盾。四肢绿色，具淡黄色纵条纹。尾较短，具淡黄色纵条纹。

雌性尾较短和较细，泄殖腔孔在背甲后部边缘内。雄性尾较长和较粗，泄殖腔孔在背甲后部边缘的外面。

（2）繁育要点。

稚龟肉食性，成龟杂食性，摄取任何可得到的食物。在野外，其食谱包括藻类、浮萍及水中浮出的其他草本植物、蚯蚓、蝌蚪、小鱼、虾等甲壳类动物及螺蛳等各种软体动物；饲养情况下可吃黄粉虫、蝇蛆、瘦猪肉、牛肉、鱼肉、莴苣、菜叶、水花生叶、香蕉、西瓜和水葫芦等，更喜食配合饲料。

性成熟期一般在 4～5 年。交配期为每年的 5—8 月，产卵期为 4—7 月。一年可产 3～4 窝卵，每窝卵 2～17 枚。孵化期为 65～75 天。

红耳彩龟具有个体大、食性杂、适应性强、生长快和抗病力强的特点，是进口龟中养殖数量最多的一种。但在人工养殖过程中不能让其逃逸野外，也不能作为放生龟进行放生，因其可造成外来物种入侵。

图 7-1-41　红耳彩龟的背部

图 7-1-42　红耳彩龟的腹部

2. 鳄龟

鳄龟属（*Chelydra*）现有 3 种鳄龟：南美鳄龟（*Chelydra acutirostris*）、中美鳄龟（*Chelydra rossignonii*）和北美鳄龟（*Chelydra serpentina*）。在我国养殖最多的为北美鳄龟。北美鳄龟又称蛇鳄龟、小鳄龟和拟鳄龟，分布于美国和加拿大；栖息于其分布地带的所有淡水中，也进入低盐度的潮间带水坑中；喜爱具有柔软底泥和丰富水生植物或长有灌木丛及树枝的水体；习惯在水中栖息。

（1）识别要点。

头三角形，棕褐色，不能完全缩入壳内，上喙钩形。背甲卵圆形，棕褐色；3 条峭棱呈棘状突起，但随着年龄的增长而逐渐变平滑，故老年个体的背甲常常是平滑的。背甲后部边缘呈锯齿状（图 7-1-43）。椎盾宽大于长，第 5 枚椎盾侧面扩展。具有短的、宽的颈盾。没有臀盾，但有 24 枚缘盾。背甲颜色从黄褐色、棕色或橄榄色到黑色。甲桥小。腹甲退化，黄色，较小，呈十字形（图 7-1-44）。腹甲公式为：肛盾＞或＜肱盾＞胸盾＞股盾＞喉盾＞腹盾。四肢灰褐色，具覆瓦状鳞片。尾较长，覆有鳞片，背面中央具 1 行刺状硬棘，腹面具 2 列鳞片。

雄性长得更大，具有更长的尾部。雄性尾部的长度为腹甲后叶长度的 86%，而雌性尾部的长度短于腹甲后叶长度的 86%。雄性的泄殖腔孔在背甲后缘的后面。

（2）繁育要点。

杂食性，食谱很广，包括昆虫、甲壳类、招潮蟹、虾、水螨、蛤、螺、蚯蚓、水蛭、蠕虫、鱼类、蛙类、蟾蜍、蝾螈、蛇、小龟、鸟类、小哺乳动物、淡水海绵及不同的藻类等。

产卵期为 5—9 月，6 月为高峰。每年产 1 窝卵，每窝卵的数量为 11～83 枚，通常为 20～30 枚。孵化期为 55～125 天，依环境情况而定。

鳄龟作为肉食性龟类，具有产卵多、生长快、出肉率高的特点，养殖数量较多，但其攻击性很强，如逃逸到野外，可对当地生态系统造成很大的影响，成为害龟，故养殖时要注意，不要让其逃到野外，更不能当作放生龟放生野外。

图 7-1-43　鳄龟的背部

图 7-1-44　鳄龟的腹部

3. 安南拟水龟

安南拟水龟（*Mauremys annamensis*）又称安南龟、越南龟和安南叶龟。分布于越南中部。在自然界，栖息于浅水潭、沼泽地和缓流的河川中。

（1）识别要点。

安南龟的头部黑色，顶部两侧具一淡黄色"V"形条纹；头侧及颈部具黄色纵条纹数条，颌部和喉部黄色。背甲宽椭圆形，稍隆起，黑灰色，具三条峭棱，中间一条明显（图7-1-45）。腹甲平坦，黄色，每枚盾板上有一大黑斑（图7-1-46）。腹甲公式为：腹盾<胸盾>股盾>肛盾>肱盾>或<喉盾。然而，胸盾、腹盾和股盾之间的沟的长度几乎相等。甲桥发育良好，具腋盾和胯盾。四肢灰黑色或黑色，指、趾间具全蹼。尾短，褐色。

雄性尾基部较粗。

（2）繁育要点。

杂食性。人工养殖时，喜食黄粉虫、小鱼、虾、瘦猪肉及家禽内脏，偶尔食少量香蕉。

性成熟年龄为4～5年。产卵季节为5—8月。每只雌龟每年产卵1～3窝，每窝卵4～9枚。

安南龟的形态结构和生态习性与黄喉拟水龟相似，其养殖技术也相似于黄喉拟水龟。

图7-1-45　安南拟水龟的背部

图7-1-46　安南拟水龟的腹部

4. 大东方龟

大东方龟（*Heosemys grandis*）又称为亚洲巨龟和巨型山龟，为大型龟，背甲长度可达43.5 cm。分布于缅甸、泰国、柬埔寨、马来西亚和越南。栖息于江河、湖泊、溪流及沼泽中。

（1）识别要点。

头和颈部较宽，头从灰绿色至棕色，具有许多黄色、橙色或粉红色的碎小斑点。头顶后部具不规则形的鳞片。背甲宽，卵圆形，棕色或灰棕色，所有椎盾均宽大于长，中央峭棱明显，后缘锯齿状（图7-1-47）。腹甲大，黄色，后缘缺刻（图7-1-48）。腹甲公式为：腹盾＞股盾＞胸盾＞肛盾＞或＜肱盾＞或＜喉盾。甲桥发育良好，存在腋盾和胯盾。腹甲、甲桥和缘盾的下边是黄色的。四肢棕色，前肢前部具宽的鳞片，所有指、趾间具蹼。尾短。

雄性与雌性的区别较明显，雄性体型较狭长，头部斑点橘红色，腹部凹陷，尾较长和较粗。雌性体型较宽短，头部的斑点为淡黄色或淡红色，腹部平坦。

（2）繁育要点。

杂食性，在自然界主要食水生植物。人工饲养时，喜食瓜果蔬菜如香蕉、黄瓜、菜瓜、西葫芦、白菜及植物茎叶等，也食猪肝、猪肺、鱼和虾等动物性饲料。

要5年以上才能达到性成熟。每年10月中旬至次年1月上旬为产卵期，11—12月为产卵高峰期。每年产1窝卵，每窝卵为1～8枚。孵化温度为28℃时，孵化期为99～113天。

大东方龟在繁殖期间要注意保温。

图7-1-47　大东方龟的背部

图7-1-48　大东方龟的腹部

5.安布闭壳龟

安布闭壳龟（*Cuora amboinensis*）又称马来闭壳龟和驼背龟。分布于缅甸、越南、泰国、孟加拉国、柬埔寨、印度尼西亚、马来西亚及印度东部。栖息于底质柔软和水流缓慢的水体中，如沼泽、湖泊、池塘、水潭及山涧溪流等。成龟虽然高度水栖性，但也常出现于远离水体的陆地上，幼龟则一直生活在水体中。

（1）识别要点。

头较小或中等大小，顶部橄榄色或棕黑色，后部黄色或橄榄色，侧面黑色。背甲椭圆形（图7-1-49），扁平或隆起；深橄榄色或黑色，无斑点，有或无中央峰棱。腹甲大，能完全闭合，黄色或浅棕色，每枚盾片上具黑色斑块（图7-1-50）。腹甲公式为：腹盾＞或＜肛盾＞胸盾＞喉盾＞股盾＞肱盾。四肢橄榄色或黑色，前肢前部具大的纵鳞，指、趾间具蹼。尾中等长。

雄性具有稍微凹陷的腹甲和较长、较粗的尾。

（2）繁育要点。

在自然界中为植食性。但在人工养殖时，小鱼、昆虫、蜗牛和植物茎叶均食。

通常雄龟背甲长 130 mm（8～9 年）、雌龟背甲长 152 mm（5～6 年）时达性成熟。产卵季节为 4—6 月，每只雌龟每年可产 3～4 窝卵，每窝卵 1～6 枚，通常为 2 枚。孵化温度为 29 ℃～30 ℃时，孵化期为 64～66 天。

安布闭壳龟在养殖时要注意常见病害的防治。

安布闭壳龟有 4 个亚种：安布闭壳龟指名亚种（*Cuora amboinensis amboinensis*）（俗称扁安）、安布闭壳龟灰背亚种（*Cuora amboinensis couro*）（俗称灰安）、安布闭壳龟黑背亚种（*Cuora amboinensis kamaroma*）（俗称黑安）和安布闭壳龟线纹亚种（*Cuora amboinensis lineata*）（俗称线安）。这 4 个亚种我国均有养殖，但市场上较常见的是灰安和黑安。

图 7-1-49　安布闭壳龟的背部　　　　　图 7-1-50　安布闭壳龟的腹部

6.布氏闭壳龟

布氏闭壳龟（*Cuora bourreti*）又称花背箱龟。分布于越南、柬埔寨和老挝。栖息于湿润阴凉的森林中。

（1）识别要点。

头部光滑，顶部黄橙色，有较大的黑色斑块。背甲较低平，色斑与黄额闭壳龟相似，但肋盾下部乳白色或淡黄色，通常无放射状条纹（图 7-1-51）。腹甲淡黄色或乳白色（图 7-1-52），每一枚盾片上均具有大的黑色斑块。指、趾间具微蹼。尾短。

（2）繁育要点。

杂食性，食昆虫、鱼、虾、蔬菜、西红柿及水果等。可少量养殖，但缺乏有关繁殖方面的资料。

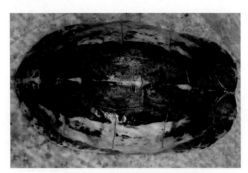

图 7-1-51　布氏闭壳龟的背部

图 7-1-52　布氏闭壳龟的腹部

7. 钻纹龟

钻纹龟（*Malaclemys terrapin*）又称菱斑龟、钻背龟和金刚背泥龟。分布于美国。栖息于沼泽、港湾、小海湾和入海口处，是北美龟类中唯一可生活于含盐水域的种类。

（1）识别要点。

头部乳白色，具有蠕虫样的黑色条纹。背甲椭圆形，灰色、浅棕色或黑色。中央具1条嵴棱，每块盾片上均有2～3圈黑色环形斑纹（图7-1-53），但其色彩和斑纹变化较大。缘盾和甲桥下面常有黑色斑点。腹甲绿色到黄色，具黑色斑点或斑块（图7-1-54）。腹甲公式为：腹盾＞或＜肛盾＞股盾＞喉盾＞胸盾＞肱盾。四肢从灰色到黑色。尾短。

雄性小于雌性。雌性有更宽、更钝的头，壳更深，尾更短，泄殖腔孔更近躯体，在背甲后缘的下面。

（2）繁育要点。

杂食性，以螺和甲壳类为主，也食湿地植物。人工饲养时，可食鱼肉、蟹、螺、蛤、昆虫及牛肉等。

产卵期为4—7月。每年至少产2窝卵，每窝卵4～18枚。孵化期平均90天。

钻纹龟体色艳丽，具有很高的观赏价值。

图 7-1-53　钻纹龟的背部

图 7-1-54　钻纹龟的腹部

8.纳氏伪龟

纳氏伪龟（*Pseudemys nelsoni*）又称火焰龟、纳尔逊氏伪龟、佛罗里达红肚龟和佛州火焰龟。分布于美国的佛罗里达州及佐治亚州南部的奥克弗诺基沼泽。栖息于含有丰富水生植物的池塘、沼泽、湖泊、泥沼、沟渠及水流缓慢的河流中。喜晒背。

（1）识别要点。

头中等大小，黑色，头顶和头的侧面具淡黄色条纹。背甲高隆，椭圆形，最高点通常在前部到中部，最宽点在中部，后缘稍微锯齿状。第1枚椎盾长大于宽或长等于宽。第2枚至第5枚椎盾宽大于长。背甲的颜色是可变的，但通常为黑色，在肋盾和缘盾上具有红色或黄色图案。第2枚肋盾有一条浅色的中央带，腹背走向，正好在背缘的下边，通常朝后部急剧弯曲，行至肋盾上部的后缘。这条带通常是分支的，形成一个"Y"形的图形（图7-1-55）。腹甲橙色或黄色，后缘缺刻（图7-1-56）。腹甲公式为：腹盾＞肛盾＞胸盾＞或＜股盾＞喉盾＞肱盾。四肢黑色，其上分布有黄色纵条纹。尾短，棕黑色，具有黄色纵条纹。

雄性有修长的和稍微有点弯曲的前爪，长和粗的尾，泄殖腔孔在背甲后缘的后面。雌性稍大于雄性。

（2）繁育要点。

成龟植食性，喜食慈姑和假泽兰等植物，但也有吃腐肉的倾向，如吃死鱼；幼龟更喜爱吃肉。全年均可交配和产卵，每只雌龟每年可产5～6窝卵，每窝卵2～12枚。孵化期60～75天。

纳氏伪龟体色艳丽，深受养殖者的喜爱。其养殖在近年来呈发展的趋势。

图 7-1-55 纳氏伪龟的背部

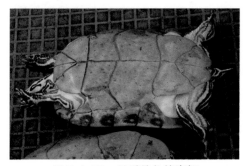

图 7-1-56 纳氏伪龟的腹部

9.亚拉巴马伪龟

亚拉巴马伪龟（*Pseudemys alabamensis*）又称亚拉巴马红肚龟、红肚龟和红肚甜甜圈。分布于美国的亚拉巴马州和莫比尔湾。栖息于淡水至中度咸水的沼泽地和具有丰富水生植物的滞水处，有时进入溪流和河流中。

（1）识别要点。

头中等大小，吻不突出，上颌有明显的中部缺刻，皮肤橄榄色或黑色，具有黄色的条纹。颞上条纹和旁中条纹是突出的和平行的，但在眼部后面不联合。颞上条纹朝前经过眼部，在鼻孔后上方联合。一条矢状条纹在眼部之间经过，向前与颞上条纹连合，在结合处形成前额剑。背甲椭圆形，隆起（图7-1-57），最高点常在前部或中间，中间最宽。椎盾宽大于长，第1枚椎盾最窄，第5枚椎盾扩展。后缘锯齿状。背甲橄榄色或黑色，在肋盾和缘盾上具有红色到黄色的棒。第2枚肋盾有一条宽的、浅色的、位于中央的、可能是"Y"形的横棒。腹甲橘红色或淡黄色，有对称黑色斑块或无斑块（图7-1-58），后缘缺刻。腹甲公式为：腹盾>肛盾>胸盾>或<喉盾>或<股盾>肱盾。四肢橄榄色，具有淡红色和黄色的纵条纹。尾橄榄色，具有淡黄色纵条纹。

雌性长得更大，其背甲更加隆起。雄性具有长和直的前爪及长和粗的尾，泄殖腔孔在背甲边缘的后面。

（2）繁育要点。

植食性，食各种水生植物。人工养殖时，可食莴苣和鱼肉。

繁殖季节为5—6月，可分批产卵，通常每窝卵4～9枚。但有的养殖者称，每只雌龟每年可产6窝卵，每窝10多枚，一年最多可产108枚卵，平均也有90多枚卵，可见其生殖潜力很大。人工孵化时，在27.5℃的恒温下，孵化期约63天。

亚拉巴马伪龟现已作为常见的观赏龟进行养殖，其养殖数量不断扩大。

图7-1-57　亚拉巴马伪龟的背部

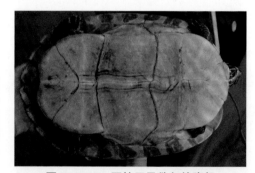
图7-1-58　亚拉巴马伪龟的腹部

10. 河伪龟

河伪龟（*Pseudemys concinna*）又称甜甜圈和河龟。分布于大西洋和海湾的沿海平原，从美国的弗吉尼亚到墨西哥均有分布。栖息于河流、湖泊、池塘和沼泽等地，特别喜欢生活于中等流速、具丰富水生植物和底质为岩石的河流中。喜晒背。

（1）识别要点。

河伪龟的头中等大小，吻稍突。颞上条纹和旁中条纹平行，矢状条纹经过眼之间的前部，但与颞上条纹不相交。颈部下面有宽的黄色条纹，一条颔中央条纹向后延伸，分叉形成一个"Y"形标志。背甲卵圆形，具中央嵴棱（图7-1-59），后缘略呈锯齿状。第1枚椎盾长与宽相等或长稍大于宽，第2枚到第5枚椎盾宽大于长。背甲棕色，具有黄色到奶油色的标志。在背侧，每枚缘盾有一块黑色区域，通常有两圈同心圆，一些个体在每枚缘盾上具有浅色的棒状条纹。每枚缘盾的腹面有一条中央浅黑色斑点镶边的沟。甲桥有一条到两条黑色的棒状条纹。腹甲黄色（图7-1-60），有一条黑色图案随着沟延伸，但它可能仅存在于腹甲的前半部，并随着年龄的增长而消退。腹甲后缘具缺刻。腹甲公式为：腹盾＞肛盾＞股盾＞喉盾＞或＜胸盾＞或＜肱盾。四肢皮肤橄榄色或棕色，具黄色或乳白色条纹。尾短。

雄性具有长和直的前爪及长和粗的尾，泄殖腔孔在背甲后缘的后面。

（2）繁育要点。

杂食性，食藻类、甲壳类、昆虫、螺类、蝌蚪和鱼。

每年的5—6月为产卵期。通常每次产卵1～9枚，最多一次可产19枚卵。

河伪龟也是近年来比较受重视的观赏龟，其养殖与纳氏伪龟基本相同。

图7-1-59　河伪龟的背部

图7-1-60　河伪龟的腹部

11. 佛罗里达伪龟

佛罗里达伪龟（*Pseudemys floridana*）又称黄腹火焰龟、黄肚伪龟和黄肚甜甜圈。其背甲长可达400 mm，是淡水龟中较大的一种。分布于美国，沿着大西洋沿海平原，从北卡罗来纳州到佛罗里达州，向西穿过海湾沿海平原到俄克拉荷马州的东部、堪萨斯州的东南部、密苏里州的南部和伊利诺伊州的南部均有分布。栖息于底质柔软、水流缓慢、具有丰富水生植物和晒背地点的水域中，如湖泊、河流和池塘等地。群居，喜晒背，常20～30只龟在同一原木上一起晒背。

（1）识别要点。

头中等大小，棕色或黑色，具黄色条纹并延伸至颈部；吻稍突出，吻部下面具淡黄色"八"字形宽条纹，另有数条淡黄色窄条纹；颈部腹面具宽的黄色条纹，颌部中央条纹向后延伸时分成 2 条，形成"Y"形图案。背甲椭圆形，棕色，具黄色条纹，第 2 枚肋盾上有一较宽的横向黄色条纹；第 1 枚椎盾长可能大于宽或长与宽相等。第 2～5 枚椎盾宽大于长。背甲后缘略呈锯齿状（图 7-1-61）。腹甲黄色，无斑点，后缘缺刻（图 7-1-62）。腹甲公式为：腹盾＞肛盾＞股盾＞或＜胸盾＞喉盾＞肱盾。四肢黑色，有黄色纵条纹。尾短。

雄性较小，具有伸长的前爪和长而粗的尾，泄殖腔孔在背甲边缘的后面。

（2）繁育要点。

成龟植食性，食各种水生植物和藻类。人工饲养时，食莴苣、菠菜、甘蓝、西瓜、香瓜和香蕉等。幼龟杂食性，可食鱼、贝类、昆虫和水生植物等。

在佛罗里达，全年均可交配和产卵。在较远的北方，交配限于春季，产卵季节为 5 月底至 7 月中旬。每只雌龟每年至少可产 2 窝卵，每窝卵 8～29 枚。孵化期 70～100 天。

佛罗里达伪龟在国内按火焰龟类进行养殖，具有较好的观赏价值。

图 7-1-61　佛罗里达伪龟的背部　　　　　图 7-1-62　佛罗里达伪龟的腹部

12. 圆澳龟

圆澳龟（*Emydura subglobosa*）又称红肚短颈龟、红纹曲颈龟、红纹短颈龟和红肚澳龟。主要分布于新几内亚南部，也发现于澳大利亚昆士兰州约克角半岛北部的贾丁河。栖息于河流、湖泊和泻湖中。很少晒背。

（1）识别要点。

头部橄榄色，顶部光滑，一条黄色的条纹从吻的端点穿过眼部到鼓膜的上面，另一条黄色的条纹可能沿着上颌存在。一条断裂的红色条纹沿着下颌延伸到颈部，常常延伸到腹甲。2 条黄色的触须出现在下颌处。颈部背面暗灰色，但腹面则为亮灰色，具有红色的条纹。背甲卵圆形，棕色，后部宽于前部（图 7-1-63）。颈盾发育良好，椎盾宽大于长，缘盾下边红色。腹甲较长，较窄，无韧带，红色或黄色，后缘缺刻（图 7-1-64）。腹甲公式为：胸盾＞股盾＞腹盾＞肛盾＞或＜间喉盾＜喉盾＞肱盾。甲桥由部分胸盾和腹盾构成，无腋盾，仅有小的胯盾。甲桥黄色，具有一些淡红色的标志。四肢灰褐色，前肢 5 爪，后肢 4 爪，指、趾间具发达的蹼。尾短，灰褐色。

雄性有长和粗的尾，腹甲后部的缺刻较窄。雌性的尾较短，腹甲后部的缺刻较宽。

（2）繁育要点。

肉食性，以软体动物、甲壳类及水生昆虫为主。人工养殖时，吃鱼即可生长良好。

每年的 9—11 月为产卵期，每窝可产 10 枚卵。

圆澳龟的观赏价值较高，养殖较易。

图 7-1-63　圆澳龟的背部

图 7-1-64　圆澳龟的腹部

13. 希氏蟾龟

希氏蟾龟（*Phrynops hilarii*）又称蟾龟、希氏蟾头龟和斑点肚侧颈龟。分布于巴西、乌拉圭和阿根廷。栖息于具有柔软底质和丰富水生植物的水体中，如池塘、湖泊和沼泽地。

（1）识别要点。

头大而宽，吻突出，下颌有 2 条触须，上颌无缺刻和不呈钩状。在背面，头部覆盖着不规则形鳞片，额鳞明显。头灰色到橄榄色，每边有明显的黑色条纹，条纹起源于鼻孔，向后延伸，通过眼部和鼓膜上面到达颈部。在这一条纹下面，头和颈白色到奶油色。在咽喉的每一边通常存在另外的黑色条纹，起源于后面的触须，向后延伸，有时连接到上面的黑色条纹。颌黄色。背甲卵圆形（图 7-1-65），扁平，具有平行的边，靠近中部最宽，后缘平滑。在幼龟时期，所有椎盾均宽大于长。在成体时期，第 1 枚至第 3 枚椎盾和第 5 枚椎盾宽大于长，但第 4 枚椎盾则长与宽相等或长大于宽。第 1 枚椎盾前面扩展且最大，第 5 枚椎盾后面扩展。颈盾通常长又窄。背甲暗棕色、橄榄色或灰色，有黄色镶边。盾片常常多皱纹。腹甲发育良好，肛盾缺刻。腹甲公式变化很大：间喉盾＞或＜股盾>或<腹盾>或<肛盾>喉盾>肱盾>胸盾。腹甲和甲桥黄色，有许多不规则形的黑色斑点（图7-1-66）。四肢前部和侧面灰色或橄榄色，底部乳白色；指、趾黑色，蹼发达。尾短。

雄龟腹甲凹陷，尾较长和较粗。

（2）繁育要点。

肉食性，食鱼和软体动物等。人工饲养时，也吃肉类。

产卵期为5—6月，每只雌龟每年可产1～5窝卵，每窝卵2～30枚，通常20枚左右。

希氏蟾龟为常见的观赏龟，适合家庭养殖。

图7-1-65　希氏蟾龟的背部

图7-1-66　希氏蟾龟的腹部

14. 红面蛋龟

红面蛋龟的学名为蝎形动胸龟红面亚种（*Kinosternon scorpioides cruentatum*）。分布于尼加拉瓜东北部、洪都拉斯及墨西哥的韦拉克鲁斯州和塔毛利帕斯州。栖息于溪流、河流、湖泊和池塘中，如果水体干涸，它将藏在泥底，直至下一个雨季的到来。

（1）识别要点。

头较大，灰棕色，背面黑色，头侧具鲜红色或橙色斑点和斑纹。吻略突出，上喙钩状。颌部前面具两条大的触须，后面具2～3对较小的触须。背甲椭圆形，平滑，隆起较高，状似鸡蛋（图7-1-67）；背甲黄色或橙色，具3条明显的嵴棱，但嵴棱随年龄增长而变平。腹甲橙色，具1条韧带，能完全闭合（图7-1-68）。肛盾无缺刻。腹甲公式为：腹盾>肛盾>喉盾>肱盾>股盾>胸盾。甲桥棕色。四肢灰棕色，指、趾间具蹼。尾灰棕色。

雄龟腹甲稍凹，尾较长，末端具刺状物；雌龟腹甲平坦，尾较短。

（2）繁育要点。

杂食性，食鱼、螺类、两栖类、昆虫、藻类和其他植物。

4—5月和8—9月为交配季节，12月和翌年3月为产卵季节。每只雌龟每年产2窝卵，每窝产卵2～3枚。在30℃孵化时，孵化期约6个月。

红面蛋龟观赏价值较高，具有较好的养殖前景。

图7-1-67　红面蛋龟的背部

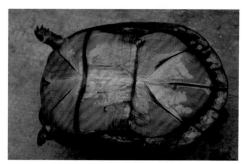

图7-1-68　红面蛋龟的腹部

15.密西西比麝香龟

密西西比麝香龟（*Kinosternon odoratum*）又称麝动胸龟、普通麝香龟和蛋龟。分布于美国和墨西哥。栖息于软底质和水流缓慢的水体中，如河流、小溪、池塘和沼泽。

（1）识别要点。

头灰色至黑色，吻突出，颌部具1～2对触须，喉部亦有触须；头侧面具2条黄色或白色的纵条纹，起源于吻部，向后延伸，经过眼的上面和下面至颈部。背甲椭圆形，高度隆起；稚龟和幼龟可见中央嵴棱和侧棱，成龟消失；背甲前后缘平滑（图7-1-69）；成龟背甲为单一的灰棕色或黑色，但幼龟具散在黑色斑点或黑色放射状条纹。第1枚椎盾长，从不接触第2枚缘盾。其余4枚椎盾通常宽大于长，第5枚椎盾向后扩展。腹甲黄色至棕色（图7-1-70），仅1枚喉盾，后缘缺刻浅。在胸盾和腹盾之间有1条不明显的韧带。腹甲公式为：腹盾>肛盾>胸盾>或<股盾>或<肱盾>喉盾。四肢褐色，指、趾间具蹼。尾短，褐色。

雄性有较长和较粗的尾，尾的末端为刺状，泄殖腔孔在背甲后缘的后面。

（2）繁育要点。

杂食性。背甲50 mm以下的个体主要摄食小的水生昆虫和藻类，而背甲50 mm以上的个体则食蚯蚓、水蛭、蛤、螺、蟹、淡水鳌虾、水生昆虫、鱼卵、蝌蚪、小鱼、藻类和部分高等植物。

多数雄龟于背甲长60～70 mm时达性成熟；雌龟于背甲长57～65 mm时达性成熟。产卵季节与温度有关，在美国南部为2—7月，在北部则为5—8月。每只雌龟每年可产4窝卵，每窝卵1～9枚，通常为2～5枚。体形较大的雌龟可产较多的卵。孵化期为75～80天。

密西西比麝香龟是一种性情活泼且易怒的小型水龟，作为观赏龟养殖时应注意这种特性。

图 7-1-69　密西西比麝香龟的背部

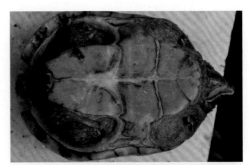

图 7-1-70　密西西比麝香龟的腹部

16. 剃刀麝香龟

剃刀麝香龟（*Sternotherus carinatus*）又称剃刀龟、屋顶龟和剃刀动胸龟。分布于美国俄克拉荷马州东南部、阿肯色州中部、密西西比州南部及墨西哥湾。栖息于水流缓慢的小溪、池塘、溪流和沼泽中。

（1）识别要点。

头中等大小，灰色、浅棕色或粉红色，满布黑色小斑点；吻突出呈管状，上喙略呈钩状，颌部具 1 对触须；喙黄褐色，具黑色条纹。背甲卵圆形，浅棕色至橙色，具黑色斑点或放射状条纹；中央隆起，两侧陡峭如屋顶（图 7-1-71）；有中央嵴棱，无侧棱。腹甲黄色，具黑色斑块，缺喉盾，仅有 10 枚盾片（图 7-1-72），胸盾与腹盾间具韧带。腹甲公式为：肛盾＞腹盾＞胸盾＞肱盾＞或＜股盾。四肢淡橄榄色，指、趾间具蹼。尾淡橄榄色。

雄性具有粗的、长的、末端带刺的尾，泄殖腔孔在背甲后缘的后面。

（2）繁育要点。

杂食性，食昆虫、甲壳类、螺、蛤、两栖类和水生植物。

产卵期为 4—6 月。每只雌龟每年产 2 窝卵，每窝卵 2～4 枚。

剃刀麝香龟较害羞，养殖环境要安静，少打扰。

图 7-1-71　剃刀麝香龟的背部

图 7-1-72　剃刀麝香龟的腹部

17.三棱麝香龟

三棱麝香龟（*Staurotypus triporcatus*）又称大麝香龟、三脊麝香龟、三弦巨型麝香龟、斑喙麝香龟和墨西哥巨蛋龟。分布于墨西哥、伯利兹、危地马拉和洪都拉斯等国家。栖息于水流较慢的湖泊、沼泽和大河的泻湖中。

（1）识别要点。

头较大，黄色至橄榄色，头顶部和侧面均具显眼的黑色网状斑纹，颌部具2条触须。背甲长椭圆形，棕色，具黑色放射状条纹和斑点，具3条明显的嵴棱（图7-1-73）。腹甲较小，黄色，"十"字形，在胸盾和腹盾间具一活动的韧带（图7-1-74），无肛盾缺刻，缺乏喉盾和肱盾。腹甲公式为：股盾＞胸盾＞肛盾＞或＜腹盾。甲桥宽，黄色，具大的腋盾和胯盾。四肢灰棕色，具黑色斑块，指、趾间具蹼。尾短，灰棕色，具两排圆锥形的瘤状突起。

雄性具有长和粗的尾，在大腿上及下肢有一片粗糙的鳞片（此鳞片与交配时抓住雌龟有关）。雌性尾短，后腿缺少粗鳞。

（2）繁育要点。

肉食性，为贪婪的捕食者，捕食多种动物，如水生昆虫、蠕虫、蛤、螺、甲壳类、鱼和两栖类等。

繁殖季节为9月。每只雌龟每年可产4窝卵，每窝卵3～6枚。孵化期约120天。

三棱麝香龟脾气暴躁，有时会主动进攻人，对触摸它的人造成伤害，因此应加以提防。

图7-1-73　三棱麝香龟的背部

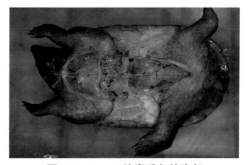
图7-1-74　三棱麝香龟的腹部

18.东部锦龟

东部锦龟（*Chrysemys picta picta*）为锦龟（*Chrysemys picta*）的一个亚种，分布于加拿大和美国。喜欢水流缓慢的浅水，如池塘、沼泽、湖泊和溪流。具软底、有晒太阳地点和有水生植物的水体为首选栖息地。

（1）识别要点。

头中等大小，深橄榄色，头顶具数条淡黄色条纹，每侧眼后上方具前后排列的两个不规则形黄色大斑块，眼后的中部及下方具黄色纵条纹，一直延伸至颈部。颌部具"人"字形淡黄色纵条纹，颈部具数条宽窄相间的淡黄色纵条纹。背甲平滑，卵圆形，扁平，无嵴棱，橄榄色，在椎盾与椎盾、肋盾与肋盾之间的接缝为黄色条纹（图7-1-75），每一枚缘盾上具有数条红色条纹，中央具有一个大的红色斑块。腹甲黄色，无斑点，前沿略呈弧形，后缘无缺刻或具微缺刻（图7-1-76）。腹甲公式为：腹盾＞或＜肛盾＞喉盾＞胸盾＞股盾＞肱盾。四肢深绿色，前肢5爪，背面中央具一条宽的红色纵条纹，后肢4爪，边缘具一条红色纵条纹。指、趾间具蹼。尾短而细，腹面中央具一条宽的红色条纹。

雄性有长的前爪及长和粗的尾，泄殖腔孔位于背甲后缘的后面。雌性比雄性大。

（2）繁育要点。

杂食性，吃蜗牛、蛞蝓、昆虫、小龙虾、蝌蚪、小鱼、腐肉、水藻和水生植物。幼龟偏向食肉性，而成龟偏向于植食性。

在原产地，产卵期为5月下旬至7月中旬。每只雌龟每年产2～3窝卵，每窝卵2～12枚。人工孵化时，其孵化期为65～80天，平均76天。自然孵化时，其孵化期为72～80天，平均76天。

东部锦龟为国外常见的观赏龟，国内养殖也有一定的数量。养殖技术较成熟。

图7-1-75　东部锦龟的背部

图7-1-76　东部锦龟的腹部

19.西部锦龟

西部锦龟（*Chrysemys picta bellii*）为锦龟（*Chrysemys picta*）的一个亚种，分布于加拿大、美国和墨西哥的奇瓦瓦州。栖息于底质柔软、具有晒背地点和水生植物的缓流水体中，如池塘、沼泽、湖泊和小溪，有时进入微咸水体中。

（1）识别要点。

头部绿色，头顶具有数条黄色纵条纹，有些纵条纹从头部一直延伸至前肢。眼后有一条较宽的黄色纵条纹。颌部和喉部有数条黄色纵条纹，中央的纵条纹较宽，呈"人"字形。背甲卵圆形，深绿色，椎盾与肋盾交错排列，肋盾与缘盾上面有一条淡黄色条纹（图7-1-77）。腹甲粉红色，前缘略呈弧形，后缘稍凹陷，每块盾片上具暗黑色图案，连起来构成一个大图案（图 7-1-78）。四肢深绿色，前肢 5 爪，具数条黄色纵纹，中央 1 条较宽，黄色斑纹中散布着红色斑点；后肢 4 爪，具淡黄色纵条纹。指、趾间具蹼。尾较短，具淡黄色条纹。

雄性的爪比雌性的爪修长。

（2）繁育要点。

成龟杂食性，吃鱼、水生昆虫、蝌蚪、蛙、小龙虾及螺类等，也吃腐肉和水生植物。幼龟基本上是肉食性的。

繁殖季在每年的 6—7 月，每只雌龟每年产 1～2 窝卵，每窝卵 4～20 枚。孵化温度为 28 ℃～32 ℃时，孵化期为 60～65 天。

西部锦龟具有良好的观赏价值，其养殖数量有不断增加的趋势。

图 7-1-77　西部锦龟的背部

图 7-1-78　西部锦龟的腹部

20. 三棱黑龟

三棱黑龟（*Melanochelys tricarinata*）又称三龙骨龟和三脊棱龟。分布于印度、孟加拉国、不丹和尼泊尔。生活于海拔较高的林地。

（1）识别要点。

头棕红色或黑色，两侧各具一条红色或淡黄色条纹，条纹从鼻孔处出发，经眼部、鼓膜上方延伸至颈部，另有一条相似颜色的条纹从喙部向后延伸。背甲长椭圆形，棕红色或黑色，有 3 条黄色或棕色崤棱，椎盾宽大于长（图 7-1-79）。腹甲较长，黄色或橙色，后缘缺刻（图 7-1-80）。腹甲公式为：腹盾＞胸盾＞肛盾＞喉盾＞股盾＞或＜肱盾。甲桥黄色到橙色。四肢具黄色斑点，爪很长；前肢前部具方形或尖的大鳞片，指、趾间具半蹼；后肢圆柱形，一般无蹼，如果有蹼，也是微蹼。尾短。

雄性腹甲稍凹，尾较长和较粗，泄殖孔在腹甲后缘外面。在较老的雄性个体中，头部的条纹可消失。年长的雌性腹甲下板仅由韧带与背甲相连，使腹甲后部可稍微移离背甲，有利于产卵。

（2）繁育要点。

杂食性，食鱼、昆虫及蠕虫。人工喂养时，对水龟饲料、小鱼虾、干虾、面包虫、蟋蟀、蚯蚓、蔬菜和水果等都不排斥。

每只雌龟每年可产2～3窝卵，每窝卵2～4枚。孵化期60～70天。

国外报道为陆栖，但国内目前按水栖龟类饲养。根据其生态习性和四肢的形态结构，按半水栖龟类进行饲养可能会更合适。

图 7-1-79　三棱黑龟的背部

图 7-1-80　三棱黑龟的腹部

21. 锦箱龟

锦箱龟（*Terrapene ornata*）又称丽箱龟、绚丽箱龟和饰纹箱龟。分布于美国和墨西哥。生活于大草原，栖息于无树的草原或灌木丛中。

（1）识别要点。

头中等大小，顶部光滑，棕色或绿色，头背面具黄色斑点。背甲圆形或卵圆形，隆起较高，无嵴棱。背甲暗棕色到红棕色，常常有黄色的中线条纹，而且每枚盾片上有放射状的黄色条纹（图7-1-81）。腹甲在胸盾和腹盾间具韧带，黄色，每枚盾片上均具放射状黑色条纹（图7-1-82）。腹甲公式为：肛盾＞腹盾＞或＜喉盾＞股盾＞或＜胸盾＞肱盾。腹甲后缘无缺刻。无甲桥。四肢具淡黄色鳞片，前肢5爪，前肢前部具大鳞片；后肢通常具4爪，少数个体仅3爪；指、趾间仅有少量蹼。尾较短，背面可有黄色条纹。

雄性的虹膜是红的，腹甲稍微凹陷，后肢的第1个趾粗且宽并内转。雌性比雄性大，其虹膜黄棕色，腹甲平坦或稍凸起。

（2）繁育要点。

杂食性。在自然界中主要食昆虫，其食物的90%均为昆虫，如甲虫、昆虫幼虫和蝗虫等，其中金龟子科的甲虫是最重要的食物，也食桑葚和腐肉。人工养殖时，食黄粉虫、瘦猪肉、香蕉和西红柿等。

雌性一般要8年才能达到性成熟，雄性至少也要5年。产卵季节为5月上旬至7月中旬。雌性每年可产1～2窝卵，每窝卵2～8枚，通常4～6枚。在自然条件下，孵化期约70天。

锦箱龟虽为陆栖龟类，但对水的依赖性较高，如交配时就要在水中进行，故饲养时应提供较好的水环境。

图7-1-81　锦箱龟的背部　　　　　图7-1-82　锦箱龟的腹部

22. 东部箱龟

东部箱龟（*Terrapene carolina carolina*）为卡罗来纳箱龟（*Terrapene carolina*）的一个亚种。分布于美国东部、加拿大及墨西哥。栖息范围较广，如旱地、草原、森林、山地、沼泽、湖泊及河川等地。

（1）识别要点。

头小到中等大小，吻不突出，上颌钩状，中间缺少缺刻。背甲高隆，具有棱突；颜色和图案多变，花纹与锦箱龟类似（图7-1-83）。腹甲通常与背甲等长，茶色至深棕色、黄色、橙色或橄榄色（图7-1-84），一般无花纹。腹甲公式为：肛盾＞腹盾＞喉盾＞胸盾＞肱盾＞或＜股盾。腹甲后缘无缺刻。四肢黄褐色，前肢5指，后肢4趾，鳞片黄色。尾较短细。

雄龟的虹膜为红色，腹甲后部凹陷，后肢的爪短，尾较长和较粗。雌龟的虹膜为黄棕色，腹甲平坦或稍微凸起，后肢的爪长，尾较短和较细。

（2）繁育要点。

杂食性，吃蜗牛、蚯蚓、蛞蝓、各种浆果及蘑菇等。

产卵季节为5月上旬至7月中旬，6月为产卵高峰期。每只雌龟每年产1～2窝卵，每窝卵2～8枚，通常4～6枚。在自然条件下孵化时，孵化期约70天。

东部箱龟为陆栖龟类，在夏天，它们的活动大部分限于早上或下雨后。这些龟常常在腐朽的原木下面或大量腐烂的叶片下面或哺乳动物的地洞中躲避炎热的天气。在最热的时候，它们常进入遮阴的、浅的水池或水坑中，在那里逗留一段时间，从几小时到几天。因此，在养殖时，要提供阴凉遮阴的地方和有水的环境。

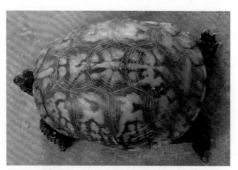

图 7-1-83　东部箱龟的背部　　　　　　图 7-1-84　东部箱龟的腹部

23. 湾岸箱龟

湾岸箱龟（*Terrapene carolina major*）为卡罗来纳箱龟的一个亚种，而且是其所有 6 个亚种中体型最大的一种。主要分布于美国的德克萨斯州、路易斯安那州、亚拉巴马州和佛罗里达州。陆栖为主，但生活于比较潮湿的环境。

（1）识别要点。

其形态特征与东部箱龟相似，主要特征为背甲颜色深浅不一，花纹呈点状或条状（图 7-1-85）。腹甲黄色，具有大的黑色斑点（图 7-1-86）。

（2）繁育要点。

杂食性，主要以水果、蕈类、蚯蚓、蜗牛和昆虫为主食。其繁殖特性与养殖方法相似于东部箱龟。

图 7-1-85　湾岸箱龟的背部　　　　　　图 7-1-86　湾岸箱龟的腹部

24. 佛州箱龟

佛州箱龟（*Terrapene carolina bauri*）也称佛罗里达箱龟，是卡罗来纳箱龟的一个亚种，而且是卡罗来纳箱龟中体型最小之亚种。分布于美国佛罗里达州。喜欢栖息在枯木底下。

（1）识别要点。

头的每一边有两条特征性的条纹。背甲高耸，有明亮的放射线浅色图案（图7-1-87）。腹甲黄色，腹甲盾片上有散在的黑色斑点（图7-1-88）。

雄龟的虹膜通常为红色，腹甲凹陷，尾更粗和更长。雌龟的虹膜呈棕色或黄色，腹部平坦，背甲更高。

（2）繁育要点。

杂食性，喜爱吃虫，偶尔吃一点蔬果。

在野外需12年左右才能达到性成熟，人工饲养下，6年左右即可达到性成熟。每只雌龟每年可产4窝卵，每窝卵1～9枚。在28℃～30℃的温度下孵化，孵化期为60～70天。

佛州箱龟为陆栖性，最好在室外饲养，铺上沙与无菌土各半的混合底材，撒上一些落叶和枯木，再加上一大盆水。

图7-1-87　佛州箱龟的背部　　　　图7-1-88　佛州箱龟的腹部

25. 三爪箱龟

三爪箱龟（*Terrapene carolina triunguis*）又称箱龟、三爪龟和三趾箱龟，为卡罗来纳箱龟的一个亚种。分布于美国。栖息于开阔的林地、牧场和沼泽中的草地上。

（1）识别要点。

头中等大小，顶部光滑，颈部具黄色斑点。背甲椭圆形，黄褐色，具中央嵴棱（图7-1-89）。腹甲黄褐色，在胸盾和腹盾之间具有韧带，后缘平滑（图7-1-90）。四肢具淡黄色至粉红色的鳞片，前肢5爪，后肢仅3爪，指、趾间蹼不明显。尾短。

雄龟眼睛的虹膜为红色，头顶斑点为深橘红色或淡橘红色，前肢上的鳞片为深橘红色，腹甲后部略凹陷，尾较长，泄殖腔孔距背甲后部边缘较远。雌龟眼睛虹膜为淡黄色，头顶斑点为淡黄色，前肢上的鳞片为淡黄色，腹甲平坦，尾较短，泄殖腔孔距背甲后部边缘较近。

（2）繁育要点。

杂食性，主要食螺类、蠕虫、昆虫、甲壳类、蜘蛛、马陆、蛙类和蝾螈等。

5—7月为繁殖期。雌龟每次产卵2～7枚。孵化期为75～90天。

可按半水栖龟类进行饲养。

图 7-1-89　三爪箱龟的背部　　　　　　　图 7-1-90　三爪箱龟的腹部

26. 木雕龟

木雕龟（*Glyptemys insculpta*）又称木雕水龟、木纹龟、森林水龟和森石龟。分布于美国和加拿大。栖息于落叶林、林地的沼泽、泥塘和湿地中。白天活动，常在陆地上觅食；喜在上午晒背；在夏天干燥的时候，常在泥泞的水坑中泡澡；冬天在河床的泥底中或河堤的洞穴中冬眠。

（1）识别要点。

头较大，黑色，吻不突出，上颌有缺刻。颈部常具一些橙色或红色的斑点。背甲从灰色至棕色，具有中央嵴棱（图7-1-91）。有宽的、低的和粗的雕刻纹。每一枚盾片有一个不规则的图案，由一系列同心圆的生长环和沟构成。椎盾宽大于长，后面的缘盾锯齿状。腹甲黄色，每枚盾片上均具不规则形大黑斑（图7-1-92），肛盾后缘缺刻。腹甲公式为：肛盾＞喉盾＞腹盾＞或＜胸盾＞股盾＞肱盾。四肢较粗壮，棕红色，指、趾间的蹼不发达。尾长，黑色。

雄性腹甲凹陷，后缘深度缺刻，有长和粗的尾，泄殖腔孔位于背甲后缘的后面。

（2）繁育要点。

杂食性，食藻类、苔藓、水草、柳树叶、草莓、黑莓、昆虫、软体动物、蚯蚓及蝌蚪等。人工养殖时，食苹果、罐装狗粮及煮熟的鸡蛋等食物。

产卵季节为5—7月。一般情况下每只雌龟每年产1窝卵，每窝卵4～18枚，通常为7～8枚。自然孵化时，孵化期为70～80天。

木雕龟与主人的互动性好，环境适应能力也很强，深受养殖者的喜爱。但其以陆栖为主，应注意满足其生活的环境条件。

图 7-1-91　木雕龟的背部　　　　　　　图 7-1-92　木雕龟的腹部

27. 锦木纹龟

锦木纹龟（*Rhinoclemmys pulcherrima*）又称美鼻龟、木纹鼻龟、木纹龟、图纹木纹龟和中美木纹龟。分布于墨西哥、哥斯达黎加、萨尔瓦多、危地马拉、洪都拉斯和尼加拉瓜。栖息于海拔较低的林地溪边附近，喜潮湿环境，雨后特别活跃，气候干燥时可进入溪流或水坑中泡澡。当远离水体时，它们通常寻找和进食含水分高的植物来补充水分。

（1）识别要点。

头较小，棕色至微绿色；头侧有多条镶黑边的橙红色条纹。背甲较粗糙，盾片上的年轮清晰，具中央嵴棱（图 7-1-93），后缘锯齿状。背甲棕色，具镶黑边的黄色或红色斑点、条纹或环斑，椎盾具黑色斑点和黄色或红色放射状条纹。腹甲黄色，中央具窄至宽的黑色纵纹，盾沟可有黑色镶边；肛盾后缘缺刻（图 7-1-94）。腹甲公式为：腹盾＞胸盾＞股盾＞肛盾＞喉盾＞肱盾。甲桥纯棕色或有 1 条纵向的黄色宽条纹。四肢橄榄色，前肢具大的红色或黄色鳞片，有数排黑色斑点；指、趾间通常无蹼，如有亦为微蹼。尾短，灰褐色。

雄龟较小，腹甲凹陷，尾较长和较粗，泄殖腔孔开口于背甲后部边缘外。雌龟较大，腹甲平坦，尾较短和较细，泄殖腔孔开口于背甲后部边缘内。

锦木纹龟可分 4 个亚种，即指名亚种（*Rhinoclemmys pulcherrima pulcherrima*）、雕纹亚种（*Rhinoclemmys pulcherrima incisa*）、中美亚种（*Rhinoclemmys pulcherrima manni*）和索诺拉亚种（*Rhinoclemmys pulcherrima rogerbarbouri*）。国内目前养殖的种类为雕纹亚种和中美亚种。

雕纹亚种分布于萨尔瓦多、危地马拉、洪都拉斯、墨西哥和尼加拉瓜。背甲棕色，中度隆起到高度隆起，有暗色的色斑。每枚肋盾上有 1 条暗色镶边的红色或黄色条纹或大的眼斑，在每枚缘盾的腹面有 1 条浅色的棒。腹甲的暗色斑块窄和不分叉。甲桥棕色。

中美亚种分布于尼加拉瓜的南部和哥斯达黎加的北部，是最富色彩的龟之一。背甲高度隆起，棕色。每枚肋盾上有几条大的红色或黄色的眼斑，每枚缘盾的下边有 2 条浅色的棒。腹甲窄且色暗，可能有在喉盾和肛盾上分叉的中央斑块。甲桥含有 1 条黄色的和 1 条黑色的横行棒。

（2）繁育要点。

杂食性，以植物为主。人工饲养时，可食各种水果、蔬菜、蚯蚓、鱼、牛肉及罐装狗粮等，当给予选择时，更喜欢食植物性食物。

产卵季节为 9—12 月。每年每只雌龟可产 4 窝卵，每窝卵 3～5 枚。

锦木纹龟为陆栖种类，但要求潮湿的环境。已被观察到在溪流和池水中漫步和游泳。可按半水栖龟类进行养殖。

 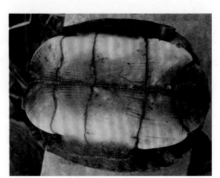

图 7-1-93　锦木纹龟的背部（雕纹亚种）　　图 7-1-94　锦木纹龟的腹部（雕纹亚种）

28. 斑点池龟

斑点池龟（*Geoclemys hamiltonii*）又称哈米顿氏龟、黑池龟和池龟。分布于印度、巴基斯坦、尼泊尔和孟加拉国。栖息于具有水生植物的河流、溪流、池塘和沼泽中。

（1）识别要点。

头部宽大，吻钝；头部和颈部黑色或棕黑色，满布黄色或白色斑点。背甲长椭圆形，黑色，布满橙色、黄色、乳白色或白色的斑点或斑块，3 条嵴棱明显（图 7-1-95），后缘锯齿状。腹甲黄色，具许多黑色的放射性条纹，前缘平切，后缘深度缺刻（图 7-1-96）。腹甲公式为：腹盾＞股盾＞胸盾＞喉盾＞肛盾＞肱盾。甲桥宽，具腋盾和胯盾。四肢黑色或棕黑色，布满黄色或白色大斑点，指、趾具全蹼。尾黑色，有细小斑点，较短。

雄性腹甲凹陷，尾较粗。雌性腹甲平坦，尾较小。

（2）繁育要点。

肉食性，食螺类和其他的无脊椎动物，也食鱼和两栖类的幼体。

产卵季节为 5—6 月。每窝卵 26～36 枚。孵化温度为 30 ℃时，孵化期约 65 天。

其养殖技术与黄喉拟水龟相似。

图 7-1-95 斑点池龟的背部

图 7-1-96 斑点池龟的腹部

29. 斑点水龟

斑点水龟（*Clemmys guttata*）又称星点水龟、斑点龟和黄斑石龟。分布于加拿大和美国。栖息于森林浅沼泽区或水生植物丰富的水流缓慢的溪流中。

（1）识别要点。

头中等大小，黑色，头顶部、侧面和颈部均有黄色圆形斑点。背甲较宽，椭圆形，平滑，无嵴棱，有圆形黄色斑点（图 7-1-97）。腹甲黄色或浅橙色，外缘具大的黑色斑块，在有些成体黑色斑块可覆盖整个腹甲，后缘缺刻（图 7-1-98）。腹甲公式为：肛盾＞腹盾＞或＜胸盾＞喉盾＞股盾＞肱盾。四肢黑色，具黄色或浅红色斑点。尾黑色。

雄性的颌黄褐色，虹膜棕色，腹甲稍微凹陷，尾较长和较粗。雌性的颌黄色，虹膜橙色，腹甲平坦或凸起。

（2）繁育要点。

杂食性，其食物包括水生植物、蠕虫、蜗牛、螺类、小甲壳类、淡水螯虾、马陆、蜘蛛及昆虫等。人工养殖条件下，可吃新鲜鱼、罐头鱼、西瓜和哈密瓜。

5—7 月为产卵季节。每只雌龟每年产 1～2 窝卵，每窝卵 2～8 枚，通常 3～4 枚。孵化期为 70～83 天。

斑点水龟喜欢有一些水生植物的水体。养殖时可放养一些水浮莲等水生植物。

图 7-1-97 斑点水龟的背部

图 7-1-98 斑点水龟的腹部

30. 欧洲泽龟

欧洲泽龟（*Emys orbicularis*）又称欧洲池塘龟、流星泽龟和欧洲龟。其分布范围广泛，包括德国、俄罗斯、白俄罗斯、法国、意大利、奥地利、比利时、波斯尼亚和黑塞哥维那、保加利亚、克罗地亚、捷克、丹麦、爱沙尼亚、格鲁吉亚、匈牙利、哈萨克斯坦、科索沃、拉脱维亚、立陶宛、卢森堡、摩尔多瓦、荷兰、波兰、罗马尼亚、塞尔维亚、斯洛伐克、斯洛文尼亚、瑞士、土耳其和乌克兰等国。生活于水流缓慢、具有泥或沙软底质及水生植物丰富的水体中，如池塘、湖泊、沼泽、湿地、小溪、河流及排水沟渠等。喜晒背。

（1）识别要点。

头中等大小，顶部黑色，具黄色斑点。背甲卵圆形，黑色，满布黄色放射状条纹或斑点（图7-1-99）。幼龟可见中嵴，但随着背甲的生长，这个中嵴逐渐降低，直到消失。椎盾宽大于长，第5枚椎盾最宽。腹甲大，黄色，有些亚种具棕黑色的放射纹图案（图7-1-100）。腹甲公式为：肛盾＞腹盾＞胸盾＞喉盾＞股盾＞肱盾。通常缺乏腋盾和胯盾。四肢黑色或棕色，布满黄色细小斑点，指、趾间具蹼。尾较长，黑色或棕色，密布黄色斑点。

雄性眼的虹膜红色，有较长和较粗的尾。雌性眼的虹膜为黄色。

（2）繁育要点。

肉食性，其食物包括昆虫、甲壳类、软体动物、蠕虫、蛙类和鱼类。

产卵期为5—6月。每只雌龟每年可产3窝卵，每窝卵3～16枚，通常为9~10枚。

欧洲泽龟是欧洲分布最广的龟类，适应性强，较容易养殖。

图7-1-99　欧洲泽龟的背部

图7-1-100　欧洲泽龟的腹部

31. 玛塔龟

玛塔龟（*Chelus fimbriatus*）又称枯叶龟、蛇颈龟和玛塔蛇颈龟，为世界上最奇特的动物之一。分布于玻利维亚、秘鲁、厄瓜多尔、哥伦比亚、委内瑞拉、圭亚那、巴西及特立尼达岛。栖息于缓流和水体呈黑色的溪流、湖泊、池塘及沼泽中，生活于水体的浅水处，使吻能伸出水面进行呼吸，这样可使它模拟长着藻类的岩石，躺在水底而不运动即可进行长时间的呼吸，为其实施独特的捕食策略打下基础。当它进行运动时，喜好在水底爬行而不是游泳。幼龟泳技很差，成龟可能因笨重而不喜欢游泳。罕见晒背。

（1）识别要点。

头大，三角形，非常扁，灰棕色，具许多皮质的结节状扁平物；吻长，呈管状（图7-1-101）；具2条圆锥形的触须，另有2条丝状触须；颈很长，背面灰棕色，腹面粉红色（图7-1-102），具许多结节状突起物。背甲椭圆形，棕色或黑色，颈盾小；幼体时第1～4枚椎盾长径小于宽径，至成体时第2～4枚椎盾长径与宽径基本相等或稍长于宽径；第1枚椎盾向前扩展，第5枚椎盾则向后扩展。每枚椎盾和肋盾中央均呈山峰状突起，具3条结节状的嵴棱，形似鳄龟（图7-1-103）；每枚盾片均有生长年轮和许多皱纹，此结构为藻类提供了良好的附着点。背甲前缘平直，后缘深度锯齿状。腹甲窄长，黄色或棕色，具喉间盾，肛盾缺刻（图7-1-104）。甲桥窄，黄色或棕色，具腋盾和胯盾。四肢灰棕色，前肢5爪，指、趾间具蹼。尾短。

雄龟腹甲凹陷，尾较长和较粗。

（2）繁育要点。

肉食性，食水生无脊椎动物和鱼。其捕食策略很有趣。它通过其奇特的结构及附着藻类的伪装，扮演"等待和突然袭击"的捕食者。当捕猎时，其头部松弛的皮质扁平物和颈部的摆动使其看上去好像一簇水生植物，使猎物丧失警惕，当猎物进入可捕获的范围内时，玛塔龟突然出击，头和颈部快速向前伸出，张开大口，依靠产生的低压将猎物吸入口内，然后排出多余的水分，吞下猎物。有时也把鱼赶入浅水处捕捉，特别是在幼龟时期。

产卵期为10—12月，每窝卵12～28枚。

玛塔龟外形奇异，具有很高的观赏价值。饲养时要注意它独特的捕食策略，创造有利的生态环境。

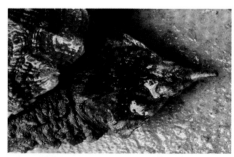

图7-1-101 玛塔龟的头部

图7-1-102 玛塔龟的颈部

图 7-1-103　玛塔龟的背部

图 7-1-104　玛塔龟的腹部

32. 沃希托地图龟

沃希托地图龟（*Graptemys ouachitensis*）又称和纹地图龟和斑点地图龟。分布于美国的得克萨斯州、路易斯安那州、内布拉斯加州、明尼苏达州、威斯康星州、印第安纳州、俄亥俄州及西弗吉尼亚州等地。生活于大的河流、湖泊及沼泽地。喜晒背。

（1）识别要点。

头中等大小，橄榄色至棕色，具淡黄色纵条纹；眼后具长方形或椭圆形黄色斑块；颈部和颌部有许多较窄的黄色条纹，颈部延伸到眼部的条纹有 1～9 条。背甲卵圆形，橄榄色至棕色，具有明显的中央嵴棱，其上有低刺；每枚盾片上具黄色条纹或黑色斑块（图 7-1-105）。腹甲淡黄色，具棕色和黑色条纹，幼龟时明显，成龟可消退（图 7-1-106），后缘缺刻。腹甲公式为：腹盾＞肛盾＞股盾＞胸盾＞肱盾＞或＜喉盾。甲桥有黑色条纹。四肢布满黄色纵条纹。

雄龟较小，有长和粗的尾，泄殖腔孔在背甲后缘的后面；有修长的前爪（特别是第 3 爪）。雌龟较大，尾较短和较细。

（2）繁育要点。

杂食性，食藻类、各种高等水生植物、软体动物、昆虫、蠕虫、淡水螯虾和鱼。

春天为交配季节，5—6 月为产卵期。每只雌龟每年可产几窝卵，每窝卵 8～17 枚。孵化期为 60～75 天。

可按一般的淡水龟（如黄喉拟水龟）进行养殖。

图 7-1-105　沃希托地图龟的背部

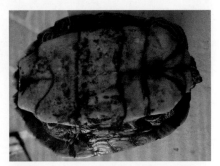

图 7-1-106　沃希托地图龟的腹部

33. 拟地图龟

拟地图龟（*Graptemys pseudogeographica*）又称伪图龟和丽图龟。分布于美国威斯康星州、路易斯安那州和得克萨斯州中的密西西比河流域。栖息于湖泊、池塘、沼泽和大河中，喜爱具有丰富水生植物的水体。喜晒背。

（1）识别要点。

头中等大小，橄榄色至棕色，满布黄色条纹，头顶正中有一条较宽的纵行黄色条纹；眼后两边各有一枚黄色新月形宽条纹，与直达颈部的黄色条纹相连；具眼线；颈部满布黄色条纹，有4～7条纵纹直达眼部。背甲圆形，橄榄色或棕色，中央嵴棱明显，其上具很低的棘；每枚盾片上具有黄色细条纹，似地图状；后缘锯齿状（图7-1-107）。腹甲淡黄色，有淡棕色线形图案（图7-1-108），幼龟明显，成龟消退；后缘缺刻。腹甲公式为：腹盾＞肛盾＞股盾＞胸盾＞喉盾＞或＜肱盾。甲桥具有明显的浅色棒。四肢橄榄色至棕色，布满黄色细条纹。

雄龟比雌龟小，有较长和较粗的尾，泄殖腔孔在背甲后缘的后面，还有修长的前爪。

（2）繁育要点。

杂食性，食藻类、水生植物、昆虫、软体动物和鱼。

春天和秋天为交配期，5—7月为产卵期。每年每只雌龟可产1～3窝卵，每窝卵9～10枚，孵化期为60～75天。

养殖中要注意常见病害的防治，如腐皮病和水霉病等。

图7-1-107 拟地图龟的背部

图7-1-108 拟地图龟的腹部

34. 黄斑侧颈龟

黄斑侧颈龟（*Podocnemis unifilis*）又称黄头侧颈龟、黄头南美侧颈龟和黄斑亚马孙河龟。分布于委内瑞拉、圭亚那、玻利维亚、秘鲁、厄瓜多尔、巴西和哥伦比亚。栖息于河川、湖泊、池塘和沼泽等水域中，经常在河中的浮木或石头上晒背。

（1）识别要点。

头部椭圆形，灰色、橄榄色或棕色，具黄色斑块，分布于吻的上方、吻的两侧、眼部的下面及背面；眼后的头顶具 4 个显眼的大斑块，中央 2 个长椭圆形，外侧 2 个为不规则形，幼体时特别鲜艳，成体变暗淡；吻突出，眼睛较大；颌部具有 1 条或 2 条触须。背甲卵圆形，稍隆起，具中央峙棱；背甲中间最宽，后缘平滑；幼龟背甲棕色或灰绿色，具有黄色的镶边；成龟橄榄色或棕色（图 7-1-109）。腹甲黄色，具黑斑；前部边缘半圆形，肛盾后缘缺刻；间喉盾较长，将喉盾完全分开，并将肱盾的前面部分分开（图 7-1-110）。腹甲公式为：胸盾＞腹盾＞股盾＞间喉盾＞肛盾＞喉盾＞肱盾。甲桥黄色。四肢灰色至橄榄棕色，后肢边缘有 3 枚大鳞片。尾短，灰色至橄榄棕色。

雄性较小，有长和粗的尾。

（2）繁殖要点。

以植物性食物为主，如水生植物和果实等。人工养殖时可吃鱼。

在不同的地区，其繁殖期有差异。在巴西，普鲁斯河种群的繁殖期为 6—7 月；特龙贝塔斯河种群的繁殖期为 9—10 月；尼格罗河种群的繁殖期为 12 月。在哥伦比亚，繁殖期为 7—12 月。每年每只雌龟至少产 2 窝卵，每窝卵 15～25 枚。

黄斑侧颈龟头部的斑点很漂亮，特别是幼龟时。较易养殖。

图 7-1-109　黄斑侧颈龟的背部　　　　图 7-1-110　黄斑侧颈龟的腹部

35. 黄耳彩龟

黄耳彩龟（*Trachemys scripta scripta*）又称黄腹彩龟、黄耳龟、黄彩龟、黄耳滑龟和黄龟，为普通彩龟的一个亚种。分布于美国。栖息于河流、沟渠、池塘和湖泊中。

（1）识别要点。

头部绿色，顶部中央有一条较宽的淡黄色纵条纹，头顶后部具数条较细的淡黄色纵纹，眼后有一淡黄色大斑块。颈部有数条宽的黄色条纹，颌中央有一条纹向后延伸，分叉形成"Y"形。背甲卵圆形，有低的峙，后缘锯齿状。第 1 枚椎盾长比宽大或长与宽相等。其余 4 枚椎盾宽大于长。背甲橄榄色到棕色，具有黄色的标志，依地理种群而变化，从条纹、棒状到网状和眼斑状（图 7-1-111）。腹甲淡黄色，在喉盾上有黑色斑点（图 7-1-112）。腹甲公式为：腹盾＞肛盾＞股盾＞或＜喉盾＞或＜胸盾＞肱盾。四肢黑色，具淡绿色或黄色纵纹。尾短，具黄色纵纹。

好雄性通常比雌性小，具有较长和较粗的尾，泄殖腔孔开口于背甲边缘的后面。

（2）繁育要点。

幼龟偏好食动物性食物，吃水生昆虫、甲壳类、软体类和小鱼。成龟杂食性，人工饲养条件下，食鱼、虾、蝇蛆、水蚯蚓及瓜果蔬菜，也食人工混合饵料。

产卵季节为3—7月。每只雌龟每年产卵1～3窝，每窝卵4～23枚。

黄耳彩龟体色艳丽，具有很高的观赏价值。其养殖要求类似于红耳彩龟。

图7-1-111 黄耳彩龟的背部

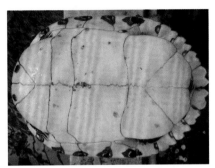
图7-1-112 黄耳彩龟的腹部

36. 黄动胸龟

黄动胸龟（*Kinosternon flavescens*）又称黄泽龟、黄泥龟和黄泽泥龟。分布于墨西哥。栖息于长有水生植物并具泥底或沙底的沼泽、河流、小溪、湖泊及水库中。

（1）识别要点。

头中等大小，吻略突出，雄性上喙呈钩状，雌性上喙略呈钩状；头部黄色或灰色，喙白色或黄色，可具小的黑色斑点；具2对触须。背甲黄色或棕色，盾片接缝为黑色；背甲宽，平滑，缘盾不呈锯齿状；中央嵴棱在稚龟中可见，成龟不明显；第1枚椎盾呈扇形（图7-1-113），前端宽，后端窄；第2～5枚椎盾宽径大于长径。腹甲大，具2条韧带；黄色或棕色，盾沟黑色；肛盾微缺刻（图7-1-114）。腹甲公式为：肛盾>腹盾>肱盾>喉盾>或<股盾>胸盾。在甲桥上，腋盾和胯盾很少接触。四肢黄色或灰色，指、趾间具蹼。尾短，黄色或灰色。

雄性的尾比雌性长和粗。

（2）繁育要点。

杂食性，食昆虫、甲壳类、软体动物、两栖类、腐肉及水生植物。

雄性达到性成熟需要5～6年的时间，雌性则需要4～10年。产卵期为5—8月。每只雌龟每年产1窝卵，每窝卵1～6枚，通常2～4枚。孵化期为80～119天。

黄动胸龟在养殖时要注意常见病害的防治。

图 7-1-113　黄动胸龟的背部

图 7-1-114　黄动胸龟的腹部

37. 粗颈龟

粗颈龟（*Siebenrockiella crassicollis*）又名白颊龟。分布于柬埔寨、印度尼西亚、老挝、马来西亚、缅甸、新加坡、泰国和越南。栖息于水流缓慢、底质柔软和具有丰富水生植物的水体，如浅的溪流、河流、池塘、湖泊和沼泽等地。主要生活于水底，大部分时间藏在泥中，偶尔也晒背。

（1）识别要点。

头大且宽，吻短并略突出；头黑色或黑灰色，眼后具有淡白色、乳白色或黄色斑点；头后部覆盖小鳞片；颈部较粗，黑色或黑灰色。背甲椭圆形，黑色或暗棕色（图 7-1-115）；具有 3 条嵴棱，中央嵴棱明显，两侧嵴棱随年龄的增长而逐渐变得不清晰；背甲后缘深度锯齿状，幼龟中特别明显。腹甲发育良好，无韧带，黄色或棕色，具有黑色斑块（图 7-1-116）；肛盾具缺刻。腹甲公式为：腹盾＞胸盾＞股盾＞肛盾＞喉盾＞肱盾。甲桥黄色或棕色，具黑色斑点，腋盾和胯盾较大。四肢灰色或黑色，指、趾间具蹼，前肢前部具大的鳞片。尾灰色或黑色。

雄龟腹甲略凹，颌部和喉部灰黑色，尾较粗和较长。雌龟腹甲平坦，颌部中央灰黑色，外周黄色，喉部黄色，尾较细和较短。

（2）繁育要点。

杂食性，食蠕虫、螺类、蚯蚓、虾和两栖类，也食腐肉和腐烂的植物。

繁殖季节为 4—6 月。每只雌龟每年可产 3～4 窝卵，每窝卵 1～2 枚。

粗颈龟是底栖者，大部分时间均埋入泥中。但在人工饲养条件下，它偶然会晒太阳。

图 7-1-115　粗颈龟的背部

图 7-1-116　粗颈龟的腹部

38. 黑腹刺颈龟

黑腹刺颈龟（*Acanthochelys spixii*）又称蛇颈刺龟和黑色刺颈沼泽龟。分布于巴西和乌拉圭。栖息于亚马孙河流域。喜晒背。

（1）识别要点。

头橄榄色或白色，覆盖着许多鳞片，颌部淡黄色，有两枚小的灰色触须，颈背部有许多硬棘状的长刺。背甲椭圆形，暗灰色或黑色（图 7-1-117），较平直，第 1 枚椎盾最大，第 2～4 枚椎盾中央凹陷，呈沟状；后缘轻微锯齿状。腹甲黑色，间喉盾发达，略呈三角形（图 7-1-118）；肛盾后缘缺刻。腹甲公式为：间喉盾＞股盾＞腹盾＞肛盾＞喉盾＞肱盾＞胸盾。甲桥暗灰色或黑色。大腿上有几排刺状的结节。四肢暗灰色或黑色，较粗壮，前肢前部具大鳞片，指、趾间具蹼。尾较短。

雄性腹甲凹陷，有较长和较粗的尾，泄殖腔孔位于背甲后缘的后面。雌性的腹甲平坦，尾比雄性短，泄殖腔孔在背甲后缘的下面。

（2）繁育要点。

杂食性，以蠕虫、昆虫、蜗牛、小鱼、小虾和一些小型的两栖动物为食，偶尔也啃食水生植物。

每年 8—10 月为产卵季节。每只雌龟每年产 2～3 窝卵，每窝卵 4～5 枚。孵化期约150 天。

黑腹刺颈龟对水的酸碱度十分敏感，特别是野生个体，如果水质 pH 低于 5.5，龟甲和皮肤容易出现剥落和脱皮。在养殖时，水体最理想的 pH 值为 5.5～6.0。适合生长温度为 25 ℃～30 ℃。

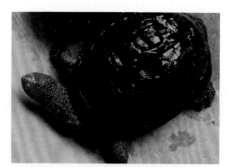

图 7-1-117　黑腹刺颈龟的背部

图 7-1-118　黑腹刺颈龟的腹部

39. 黑龟

黑龟（*Melanochelys trijuga*）又称黑山龟。分布于印度、缅甸、孟加拉国、斯里兰卡和尼泊尔。栖息于清澈的小河、溪流、池塘及近水的陆地。喜晒背。

（1）识别要点。

头中等大小，棕色或黑色，顶部无鳞，吻短，喙呈"Λ"形；颈部背面黑色，腹面淡黄色。背甲椭圆形，颜色变异较大，棕红色、黑色或棕黑色；具 3 条黄色的嵴棱（图 7-1-119）；背甲前缘平切，后缘不呈锯齿状。腹甲椭圆形，发育良好，整体棕黑色或黑色，有黄色镶边（图 7-1-120）。肛盾后缘缺刻。腹甲公式为：腹盾＞或＜胸盾＞股盾＞或＜肛盾＞喉盾＞或＜肱盾。甲桥的胯盾短。四肢灰色、棕黑色或黑色，前肢前部具大鳞片，指、趾具发达的蹼。尾短，灰色或黑色。

雄龟的尾较长和较粗，腹甲凹陷。

（2）繁育要点。

杂食性，食谱非常广泛，人工饲养时，从鱼、虾、水生植物到昆虫、蠕虫、蔬菜和瓜果都可以投喂。

全年均可筑巢，每只雌龟每年可产几窝卵，每窝卵 3～8 枚。孵化期为 60～65 天。

黑龟有 6 个亚种，国内养殖的主要为缅甸黑龟（*Melanochelys trijuga edeniana*）。可按常见的淡水龟进行养殖。

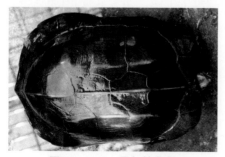

图 7-1-119　黑龟的背部

图 7-1-120　黑龟的腹部

40. 日本拟水龟

日本拟水龟（*Mauremys japonica*）又称日本石龟。分布于日本的本州岛、九州岛和四国岛。栖息于池塘、溪流和沼泽中。喜晒背，有时在陆地上活动。

（1）识别要点。

头小，吻稍突，头顶光滑，浅棕色，头侧、喙、颌部和喉部具黑色斑点；颈部棕色，具黑色条纹。背甲棕色，具中央嵴棱，稚龟的侧棱明显，成龟的侧棱不明显（图7-1-121）；椎盾宽径大于长径，第1枚椎盾最宽；每枚盾片上均可见生长年轮和放射状条纹；缘盾略上翻，后缘深度锯齿状。腹甲扁平，黑色或棕色，后缘缺刻（图7-1-122）。腹甲公式为：腹盾＞股盾＞或＜胸盾＞肛盾＞喉盾＞肱盾。甲桥棕色。四肢深棕色，具一些浅黄色条纹。尾深棕色，背面具浅黄色条纹。

雄性腹甲轻度凹陷，股盾的侧缘朝下弯曲，尾在基部较粗，其泄殖腔孔位于背甲后缘的后面。

（2）繁育要点。

杂食性，喜食动物性食物。食水生昆虫、蜗牛、蝌蚪、蛙类、蠕虫、小虾、杂草和水果。

性成熟期为3～5年。交配季节为4—6月，产卵期为5月中旬至6月下旬。每只雌龟每年产2～3窝卵，每窝卵5～8枚。孵化期约70天。

日本拟水龟可按水栖龟类进行饲养，但需提供一定的陆地供其活动。

 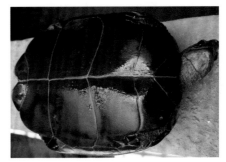

图7-1-121　日本拟水龟的背部　　　图7-1-122　日本拟水龟的腹部

41. 庙龟

庙龟（*Heosemys annandalii*）又称黄头龟和丝绸龟。其名字来自当地的习俗，即把庙龟置于佛教庙宇的池塘和沟渠中，特别是曼谷的龟庙中。分布于马来西亚、越南、泰国、老挝和柬埔寨。栖息于江河、湖泊和溪流中，也能暂时生活于微咸水中。

（1）识别要点。

头顶部、侧面及眼部黑色并夹杂黄色细小斑点；颌部黑色，具淡黄色斑点和细条纹。

上喙中央呈"W"形，两边具牙齿样的小齿；下喙的边缘呈锯齿状。幼龟头部具3条明显的黄色斑纹，第1条斑纹从颈部的两侧向前延伸，经过鼓膜和眼部到达鼻孔处；第2条斑纹从上喙开始，沿着喙的边缘向后延伸至颈部；第3条斑纹起源于下喙，向后延伸至颈侧。有时这几条斑纹在眼后融合在一起，形成一个大的颜色鲜艳的斑块。在老年龟中，这些斑纹逐渐消退乃至完全消失。喉部乳白色至白色，可有黑色斑点。背甲椭圆形，黑色或棕黑色，中央嵴棱略显（图7-1-123）；后缘锯齿状。腹甲比背甲短，以韧带与背甲相连，后缘缺刻；腹甲黄色，每一盾片具大黑斑，随着年龄的增长，这些黑斑可融合在一起，使整个腹板变成黑色。腹甲前缘平切，后缘缺刻（图7-1-124）。腹甲公式为：腹盾＞股盾＞胸盾＞喉盾＞肛盾＞肱盾。甲桥黄色，发育良好，具有大的腋盾和胯盾。四肢上面深灰色，下面浅灰色，前肢具大鳞片，指、趾间具蹼。尾短，灰色。

雄性腹甲凹陷，尾较粗。

（2）繁育要点。

植食性。在自然界中，取食水果、青色的植物和水生植物。在人工养殖时，食黄瓜、香蕉和菜叶等瓜果蔬菜，也食瘦猪肉和猪肝等动物性饲料。

产卵期为4—8月，每只雌龟每年可产卵10～20枚。

庙龟可按一般淡水龟进行养殖。

图7-1-123　庙龟的背部　　　　图7-1-124　庙龟的腹部

二、陆龟

（一）国产陆龟

1. 凹甲陆龟

凹甲陆龟（*Manouria impressa*）又称麒麟龟、龟王和山龟。国内分布于云南，国外分布于缅甸、马来西亚、老挝、泰国、柬埔寨和越南。在自然界，栖息于山区的森林中。喜干燥环境，远离水体，依靠露水或摄食富含水分的植物来获得水分。其栖息地通常有月桂属植物、蕨类植物、杜鹃花及为数众多的一些附生植物。

（1）识别要点。

头大，黄色或棕色，具粉红色色素，上喙不呈钩状或略呈钩状。前额鳞2枚，大；额鳞1枚。背甲椭圆形，黄棕色或棕色，盾片上可有黑色放射状斑块，缘盾具黑色大斑块。背甲的色泽随着年龄的增加而逐渐加深；椎盾宽径大于长径，肋盾中央凹陷；缘盾11枚，所有缘盾的边缘均呈锯齿状（图7-1-125），后部缘盾向上翻卷；臀盾2枚。腹甲宽大，黄棕色，其色泽也随着年龄的增加而逐渐加深；可有不规则黑色斑块，前后缘均缺刻，后缘缺刻较深（图7-1-126）。腹甲公式为：腹盾＞肱盾＞股盾＞喉盾或＜肛盾＞胸盾。甲桥宽，腋盾小，胯盾大。每侧大腿上有一个大的圆锥形的结节。四肢粗壮，前肢黑色，稍呈扁平状，前部表面具叠瓦状的大鳞片；后肢棕黑色。前肢5爪，后肢4爪，爪尖锐，指、趾间无蹼。尾棕黑色，尾的末端具角质鳞。

雄龟的尾较长和较粗。

（2）繁育要点。

植食性，野生条件下喜食竹笋、嫩草、野果和蘑菇等。人工饲养时，食平菇、黄瓜、西瓜、熟番薯、西红柿、包菜、苹果、香蕉及轮藻等。

产卵期为6—7月。每只雌龟每年可产4窝卵，每窝卵1～6枚。孵化温度为25℃～28℃时，孵化期为65～90天。

凹甲陆龟的养殖环境要干燥，如在潮湿的环境中饲养，龟容易患病。

图7-1-125 凹甲陆龟的背部

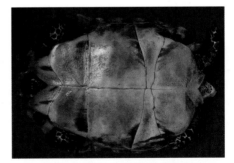

图7-1-126 凹甲陆龟的腹部

2.四爪陆龟

四爪陆龟（*Testudo horsfieldii*）又称四趾陆龟、草原龟、中亚陆龟和旱龟。国内仅分布于新疆的霍城，国外分布于阿富汗、伊朗、哈萨克斯坦、吉尔吉斯斯坦、巴基斯坦、塔吉克斯坦、土库曼斯坦和乌兹别克斯坦。四爪陆龟有5个亚种，分布于我国的为四爪陆龟哈萨克亚种（*Testudo horsfieldii kazachstanica*）。四爪陆龟是我国唯一生活于沙漠草原地带的陆龟，阴天和夜晚藏于洞穴中。3—8月为活动季节，其余时间处于蛰眠状态，7月下旬逐渐入洞穴夏眠。喜干燥环境，不惧寒冷，喜雨后出洞饮水。

（1）识别要点。

头部较小，黄棕色，上颌钩状；前额鳞 2 枚，大；额鳞 1 枚，大；头部其余的鳞片小；颌部黑色。背甲圆形，长与宽几乎相等，最高点接近中央，背部扁平，颈部有凹口，后缘稍微锯齿状，颈盾长且窄，所有椎盾均宽大于长；第 5 枚椎盾扩展，椎盾和肋盾区域稍微高起，围绕着生长环。每边有 11 枚缘盾，臀盾单枚。背甲浅棕色到黄棕色，每块盾片上有广泛的黑棕色的斑点（图 7-1-127）。腹甲黑色，具有黄色的沟；喉盾 1 对；后缘有缺刻（图 7-1-128）。腹甲公式为：腹盾＞喉盾＞或＜肱盾＞或＜肛盾＞股盾＞胸盾。甲桥宽，黄色，具有 1 枚小的腋盾和 1 枚胯盾。四肢黄棕色，前肢前部的表面有 5～6 列纵向的大的叠瓦状鳞片，后肢前部存在刺状鳞片，大腿上有钝的结节；指、趾间无蹼；四肢均有 4 爪。尾部端点具有角质鳞片。

雄性具有长和粗的尾，泄殖腔孔接近尾的端点。

（2）繁育要点。

杂食性，偏向于植食。喜食荠菜、黄芪、旋花、拉拉藤、紫菀、菊苣、燕麦和蒲公英等，也取食甲虫。人工养殖时，食白菜、荠菜、菠菜、韭菜、黄瓜、西瓜、西红柿及香蕉等。

在我国，5—8 月为产卵期，每窝卵 2～5 枚。孵化温度为 30.5 ℃时，孵化期为60～75 天。

四爪陆龟为我国的一级保护动物，养殖时要注意合法性。

图 7-1-127　四爪陆龟的背部

图 7-1-128　四爪陆龟的腹部

3. 缅甸陆龟

缅甸陆龟（*Indotestudo elongata*）又称象龟、长背陆龟、菠萝龟、黄头陆龟和红鼻陆龟。国内是否有分布仍有疑问，有人认为分布于云南和广西；国外分布于印度、尼泊尔、孟加拉国、不丹、马来西亚、柬埔寨、老挝、缅甸、泰国和越南。栖息于山丘、山岳及高原的丛林中，喜潮湿环境。

（1）识别要点。

头部中等大小，淡乳白色或黄绿色，顶端具对称大鳞，上喙略呈钩形。背甲黄棕色或橄榄色，长椭圆形，高拱，中央略平坦，椎盾、肋盾和缘盾上均具黑色斑块（图7-1-129）；第1枚椎盾长径与宽径几乎相等，第2枚至第5枚椎盾宽径大于长径；颈盾窄长，臀盾单枚，每侧有11枚缘盾；背甲后缘呈锯齿状，稚龟和幼龟更明显。腹甲黄色，后缘缺刻较深，每枚盾片上具不规则黑色斑纹（图7-1-130）。腹甲公式为：腹盾＞股盾＞胸盾≥肱盾＞喉盾＞肛盾。喉盾较厚。甲桥宽，黄色，腋盾小，胯盾大。四肢棕色或橄榄色，粗壮，呈圆柱形，前肢前部具叠瓦状鳞片；前肢5爪，后肢4爪；指、趾间无蹼。

雄龟尾较长和较粗，肛盾缺刻较深。

（2）繁育要点。

杂食性，以植物为主，如花、草和野果等，也吃一些动物，如蛞蝓。人工饲养条件下，食各种瓜果蔬菜，如木瓜和西红柿等，也食猪肝和黄粉虫。

5—10月为产卵期。通常每只雌龟每年产1窝卵，但少数雌龟可产2窝卵。每窝卵1～7枚，最多为9枚。人工孵化时，孵化期为45～64天。在自然界中孵化时，孵化期为96～165天。

缅甸陆龟较温顺，适合家庭养殖。

图7-1-129　缅甸陆龟的背部　　　　图7-1-130　缅甸陆龟的腹部

（二）国外引进的陆龟

1. 苏卡达陆龟

苏卡达陆龟（*Centrochelys sulcata*）又称苏卡达象龟、南非陆龟、中非陆龟和非洲刺龟。分布于埃塞俄比亚、塞内加尔、贝宁、布基纳法索、喀麦隆、中非共和国、乍得、厄立特里亚、马里、毛里塔尼亚、尼日尔、尼日利亚和苏丹等国。栖息于沙漠周边或热带草原等开阔干燥的地区。

（1）识别要点。

头中等大小，棕色，颌部黑色，前额鳞大，纵分为二，随后为单枚的、大的额鳞。头部其余的鳞片较小。上喙略呈钩形。背甲椭圆形，棕色，每块盾片上均有淡黄色斑块，幼龟和亚成体明显，成龟时斑块变成黑色；背甲隆起较高，中央平坦；无颈盾，椎盾的宽径大于长径，后部缘盾上翻，前面和后面的缘盾均呈锯齿状（图7-1-131）。腹甲黄色，后缘缺刻（图7-1-132）。腹甲公式为：腹盾＞肱盾＞股盾＞喉盾＞胸盾＞或＜肛盾。甲桥宽，黄色，具2枚腋盾和2枚胯盾。四肢棕色，圆柱形；前肢前部具不规则的、刺状的、覆瓦状排列成3～6纵行的大鳞片；后肢股部具2～3个大的圆锥形结节。尾短，棕色。

雄龟尾较长和较粗，腹甲凹陷。

（2）繁育要点。

植食性，以多肉植物、青草和植物茎叶等为食。人工饲养时，喜食各种瓜果蔬菜，如甘蓝、胡萝卜、蕹菜、莴苣、苜蓿、木瓜、香蕉和西瓜等。

在原产地，3—6月和9—11月为交配季节，秋天或冬天产卵。一次可产17枚卵，孵化期可长达212天。在海南，产卵期为12月至翌年4月，每次产卵10～30枚，孵化期为70～90天。

该龟虽属陆龟，但饲养环境内必须有小型浅水池供其下水活动。而对稚幼龟，适时地把龟放入温水中泡澡，是实现成功养殖必要和独特的措施。此外，在饲养中，各龄龟均要注意排酸的问题，预防结石的形成。

图7-1-131 苏卡达陆龟的背部　　　　图7-1-132 苏卡达陆龟的腹部

2. 安哥洛卡陆龟

安哥洛卡陆龟（*Astrochelys yniphora*）又称为北部马达加斯加刺龟。曾分布于马达加斯加西部的沙漠地区，但现已局限地分布于马达加斯加岛西北部巴利湾（Baly Bay）的一个小区域内，仅存在少量个体。在自然界中，喜欢干燥的微生态环境，通常栖息于干燥的热带草原或有竹子的热带森林内。

（1）识别要点。

头部中等大小，喙不突出，上颌稍钩状；有一大的、单枚的前额鳞、前额鳞的前面具 2 枚大鳞片。头顶满布小鳞片。头部黑色、黑棕色或棕色；在鼓膜附近有一些大的、黄色的斑点。颈部皮肤黄色至黄棕色。背部隆起，两侧陡峭；背甲卵圆形，颈部明显凹陷；颈盾背部小而腹部大，椎盾宽径大于长径或两者相等。在椎盾上可见清晰的年轮（图 7-1-133），肋盾上的年轮排列呈隧道状。有 11 枚缘盾，前部缘盾锯齿状；臀盾 1 枚。背甲黄棕色，每一椎盾和肋盾的外缘为黑棕色；每一缘盾在其接缝处有一三角形黑棕色斑块。腹甲发育良好，通常纯黄色，但可能含有一些棕色斑点。喉盾外翻或突起，腹甲后缘具较宽的缺刻（图 7-1-134）。腹甲公式为：腹盾＞喉盾＞或＜肱盾＞股盾＞肛盾＞或＜胸盾。甲桥宽，具小的腋盾和较大的胯盾。四肢黄色或黄褐色，前肢前部覆盖着大的、黄色的叠瓦状鳞片。尾部皮肤黄色或黄褐色。

雄性腹甲凹陷，喉盾较长，尾较长和较粗。雌性腹甲平坦，喉盾较短，尾较短和较细。

（2）繁育要点。

植食性，以周围的植物或野草为食。

交配和繁殖季节为 5 月下旬至 9 月中旬。每只雌龟每年可产 6 窝卵，每窝卵 3～6 枚，平均 4.2 枚，故每只雌龟每年约产 25 枚卵。孵化期为 105～202 天，平均为 150 天。

安哥洛卡陆龟是珍稀龟类，具有极高的观赏价值。它是宠物龟中的贵族，要与其他的陆龟分开饲养。

图 7-1-133　安哥洛卡陆龟的背部

图 7-1-134　安哥洛卡陆龟的腹部

3. 阿尔达布拉陆龟

阿尔达布拉陆龟（*Aldabrachelys gigantea*）又称阿尔达布拉象龟、亚达伯拉象龟和塞舌尔象龟。分布于塞舌尔共和国的阿尔达布拉环礁和花岗岩岛（Granitic Islands）。栖息在草原、灌木丛和红树林沼泽地。

（1）识别要点。

为第二大陆龟，背甲可达 105 cm，体重可达 120 kg。头部略呈楔形，很窄地尖出，前面凸起，吻不突出。前额鳞大，纵分为二，它的边是平行的，后面不分叉。额鳞较小。其余鳞片小。背甲椭圆形，棕灰色；中央高隆，边缘陡降；椎盾宽大于长，第 5 枚椎盾最小，第 1 枚椎盾比第 2 枚椎盾窄；每枚椎盾和肋盾上均有不规则黑斑，黑斑外面围绕着生长环（图 7-1-135）；缘盾 11 枚，后部张开，有点外翻，无锯齿；通常存在 1 枚颈盾和 1 枚臀盾。腹甲棕灰色，后缘微缺刻（图 7-1-136）；喉盾一对，短和厚。腹甲公式为：腹盾>肱盾>股盾>胸盾>或<喉盾>或<肛盾。甲桥棕灰色，具 1 枚小的腋盾和 1 枚大的胯盾。头、颈、四肢和尾灰色。四肢粗壮，柱形，前肢的前部表面覆盖着大的非叠瓦状的鳞片。

雄性较大，具有长和粗的尾。

（2）繁育要点。

杂食性。以植物为主食，吃草、叶子和木质植物的茎，但有时也吃小型无脊椎动物和腐肉。人工养殖时，可饲喂牧草、一些水果（如苹果、香蕉）和一些深绿色多叶植物（如蒲公英、芥菜、羽衣甘蓝、芜菁甘蓝和芥蓝等）。

筑巢在干燥季节，为 6—9 月。巢穴烧瓶状，深约 25 cm。此外，卵也可能产在浅的、刚挖好的、未填的凹陷处。在野外的高密度种群中，雌龟每几年产一窝卵，卵的数量为 4～5 枚。在野外的低密度种群中，雌龟每年产几窝卵，每窝卵 12～14 枚。在人工养殖时，一年可产数窝卵，每窝卵 9～25 枚。孵化期为 98～200 天。

阿尔达布拉陆龟最喜欢吃多汁的绿色仙人掌，每天可吃 10 kg 以上。但其耐饥力也很强，并可将大量的水储藏在膀胱内。它喜欢在树荫下生活，养殖场要提供遮阴的环境。

图 7-1-135　阿尔达布拉陆龟的背部

图 7-1-136　阿尔达布拉陆龟的腹部

4. 放射陆龟

放射陆龟（*Astrochelys radiata*）又称辐射陆龟、射纹龟、辐纹龟、驼背龟、菠萝龟和蜘蛛龟。分布于马达加斯加岛的南部。栖息于干燥的长有龙树属植物的林地中，栖息地中常长有大戟属等带刺的植物。

（1）识别要点。

头中等大小，黄色，有 1 枚大的前额鳞，头顶后部呈黑色，上喙略呈钩形。背甲长椭圆形，棕黑色或黑色，椎盾宽径大于长径；成龟背甲向上隆起（幼龟的背甲不隆起），椎盾和肋盾的每枚盾片上有清晰的同心环纹，中央为黄色或橙色，并向四周辐射出 4～12 条黄色或橙色放射状条纹（图 7-1-137）。每侧缘盾 11 枚，每枚缘盾具 1～5 条黄色或橙色放射状条纹。背甲后缘上翻，锯齿状。腹甲黄色，在肱盾、胸盾、腹盾和股盾的外缘具大的黑色三角形斑块；喉盾一对，厚，通常无斑块；肛盾具黑色放射状条纹，腹盾也可能有黑色放射状条纹；肛盾后缘缺刻（图 7-1-138）。腹甲公式为：腹盾＞肱盾＞股盾＞喉盾＞肛盾＞胸盾。甲桥宽，具单枚小的腋盾和大的胯盾。四肢圆柱形，黄色，前肢前部具覆瓦状鳞片。尾短，黄色。

雄龟尾较长，肛盾缺刻较深及喉盾较突。

（2）繁育要点。

植食性，以青草、肉质植物和水果为食。人工饲养时，喜食植物茎叶、蒲公英、苜蓿、卷心菜、大白菜、西红柿、胡萝卜、西瓜、苹果和香蕉等。它们偏好红色的食物。

产卵季节为 3 月和 7—9 月。每只雌龟每年可产 1～3 窝卵，每窝卵 3～12 枚，孵化期为 145～231 天。

放射陆龟体色艳丽，具有很好的观赏价值，也是宠物龟中的贵族。可按一般的陆龟（如苏卡达陆龟）进行饲养。

图 7-1-137　放射陆龟的背部

图 7-1-138　放射陆龟的腹部

5. 豹龟

豹龟（*Stigmochelys pardalis*）又称豹纹陆龟和豹纹龟。分布于安哥拉、博茨瓦纳、布隆迪、埃塞俄比亚、肯尼亚、马拉维、莫桑比克、纳米比亚、卢旺达、索马里、南非、南苏丹、斯威士兰、坦桑尼亚、乌干达、赞比亚和津巴布韦等非洲国家。栖息于具有干燥的林地、带刺的灌木丛及草地的热带稀树草原、平原及多石的丘陵地带。

（1）识别要点。

头中等大小，黄色或黄褐色，上喙钩形。背甲椭圆形，隆起较高，在椎盾和肋盾上，沿着生长的年轮，具棕黑色或黑色斑块，这些斑块被网格状斑纹所包围；网格状斑纹的颜色变异很大，从黄色、黄褐色、棕色、棕红色至橄榄色，从而构成特殊的图案，似豹纹（图 7-1-139）；缘盾具黑色斑点；背甲上斑点的颜色随着年龄的增长而逐渐消退，老年龟的背甲为黄褐色或棕色；椎盾微凸，颈盾处深度凹陷，无颈盾；每侧缘盾 11 枚，前后缘盾略扩展和向上翻卷；臀盾 1 枚。腹甲淡黄色，具黑色斑纹；胸盾沟极短，喉盾 1 对，厚实，稍前突；腹甲后缘缺刻较深（图 7-1-140）。腹甲公式为：腹盾＞肱盾＞或＜股盾＞或＜喉盾＞或＜肛盾＞胸盾。甲桥宽，具 2 枚腋盾和 1 枚胯盾。四肢黄色或黄褐色，前肢前部具 3～4 纵行不规则形的大鳞片。尾短，黄色或黄褐色。

雄性的尾较长和较粗，腹甲的后 1/3 稍微凹陷，而雌性腹甲扁平。

（2）繁育要点。

植食性，以植物的叶、果实、青草和真菌等为食，特别喜欢食肉质植物。人工喂养时，可吃蔬菜、高纤维植物及牧草等。

产卵期为 5—10 月，每只雌龟每年可产 5～7 窝卵，每窝卵 5～30 枚，孵化期可长达 1 年。

豹龟为常见的宠物龟，其繁殖量较大，较易饲养。饲养时，注意补充钙和维生素。

图 7-1-139　豹龟的背部

图 7-1-140　豹龟的腹部

6. 红腿陆龟

红腿陆龟（*Chelonoidis carbonarius*）又称红腿象龟。分布于阿根廷、玻利维亚、巴西、哥伦比亚、法属圭亚那、圭亚那、巴拿马、巴拉圭、苏里南和委内瑞拉。栖息于潮湿的热带稀树草原或森林潮湿地带。

（1）识别要点。

头中等大小，前额鳞 2 枚，短；额鳞 1 枚，大；其余鳞片小。头部鳞片黄色、红色或橙色，颌黑色，上喙略呈钩形。背甲椭圆形，黑色，椎盾宽径大于长径，椎盾和肋盾具有黄色或橘红色斑块（图7-1-141），无颈盾；缘盾每侧11枚，臀盾1枚。腹甲黄棕色，中央有一黑色大斑块，肛盾较小，后缘缺刻（图7-1-142）；腹甲公式为：腹盾＞股盾≥肱盾＞喉盾＞肛盾＞或＜胸盾。甲桥宽，具一枚腋盾和一枚胯盾。前肢前部具红色大鳞片，后肢脚底也具红色大鳞片。尾短。

雄性腹甲凹陷，背甲较低和扁平，尾较长和较粗。雌性背甲隆起，腹甲平坦，尾较短。

（2）繁育要点。

杂食性，但以植食为主，吃各种草、水果、花和小植物，有时也吃腐肉。在人工饲养下，可喂饲多种水果（如桃、苹果、奇异果、阳桃、木瓜和芒果等）、红萝卜、西红柿、蘑菇、豆、豌豆、草、蔬菜、花和深绿色多叶植物（如蒲公英、芥菜、羽衣甘蓝、芜菁甘蓝和芥蓝等）。

全年均可交配，产卵期为6—9月。每只雌龟每年可产2～4窝卵，每窝卵2～15枚。孵化期为105～202天。

红腿陆龟有地盘意识，养殖时应注意。

图7-1-141　红腿陆龟的背部

图7-1-142　红腿陆龟的腹部

7. 黄腿陆龟

黄腿陆龟（*Chelonoidis denticulatus*）又称黄腿象龟，是生活在南美大陆最大的陆龟，其背甲长可达820 mm。分布于玻利维亚、巴西、哥伦比亚、厄瓜多尔、法属圭亚那、圭亚那、秘鲁、苏里南、特立尼达和委内瑞拉。栖息于热带常绿植物较多的地域和落叶雨林中。

（1）识别要点。

头中等大，吻不突出，上颌稍钩状；前额鳞大，纵分为二；额鳞1枚；头部鳞片黄色或橙色，具有黑色的边界；颌棕黑色。背甲长椭圆形，棕色，在椎盾和肋盾上有黄色或橙色的斑块（图7-1-143），椎盾宽径大于长径，无颈盾，每侧缘盾11枚，臀盾单枚；背甲后缘略呈锯齿状。腹甲黄棕色，中央具黑色斑块；喉盾1对，厚；肛盾具缺刻（图7-1-144）。腹甲公式为：腹盾＞肱盾≥股盾＞喉盾或＜胸盾＞或＜肛盾。甲桥宽，具腋盾和胯盾，腋盾较大，胯盾较小。前肢前部具黄色或橙色大鳞片。尾短。

雄性腹甲凹陷，背甲扁平，尾较长和较粗。雌性背甲隆起，腹甲平坦，尾较短。

（2）繁育要点。

杂食性。在野外，它们吃草、落果、蘑菇、粪便、蜗牛、蠕虫和腐肉等。在人工喂养下，吃橙子、苹果、甜瓜、菊苣、羽衣甘蓝、蒲公英、车前草、苜蓿、胡萝卜丝、昆虫和蠕虫等。

全年均可交配，产卵期为8月至翌年2月。每只雌龟每年可产3～4窝卵，每窝卵1～12枚，通常4～8枚。孵化期为4～5个月。

黄腿陆龟的养殖与红腿陆龟基本相同。

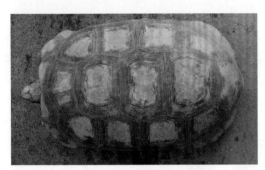

图 7-1-143　黄腿陆龟的背部

图 7-1-144　黄腿陆龟的腹部

8. 印度星龟

印度星龟（*Geochelone elegans*）又称印度星斑陆龟和星龟。分布于印度、巴基斯坦和斯里兰卡。常生活于灌木丛及沙漠边缘部的干燥地。

（1）识别要点。

头中等大小，黄色或黄褐色，颌棕色，上喙略呈钩形。前额鳞2枚，大；额鳞1枚，窄。背甲长椭圆形，棕黑色或黑色，顶部隆起，中央凹凸不平，椎盾和肋盾上有6～12条放射状黄色条纹，无颈盾，每侧缘盾11枚，臀盾1枚，背甲后缘锯齿状（图7-1-145）。腹甲黄色，具放射状黑色条纹，喉盾成对，厚；后缘缺刻深（图7-1-146）。腹甲公式为：腹盾＞肱盾＞喉盾＞股盾＞胸盾＞或＜肛盾。甲桥宽，黄色，具单枚腋盾和胯盾。四肢黄色或黄褐色，前肢前部具大小不等的、尖锐的、5～7纵列的鳞片。尾短，黄色或黄褐色。

雄性具有较长和较粗的尾，雌性更大和更宽。

（2）繁育要点。

植食性，主要食果实、花、肉质植物的叶和草。人工养殖时，食植物茎叶和瓜果菜叶，如苹果、西红柿和甘蓝叶等。

4—11 月为繁殖期。每只雌龟每年产 2～3 窝卵，每窝卵 2～10 枚。在 29 ℃～30 ℃下孵化，孵化期约 147 天。

印度星龟生活在草原地区，养殖时在陆地上应种植多种不同的植物，还要提供泡澡的水池。

 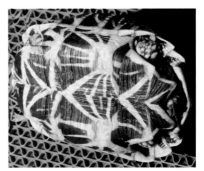

图 7-1-145　印度星龟的背部　　　　图 7-1-146　印度星龟的腹部

9. 缅甸星龟

缅甸星龟（*Geochelone platynota*）又称星龟和土陆龟。分布于缅甸。栖息于灌木丛中。

（1）识别要点。

头中等大小，黄色或黄褐色，上喙略呈钩形；前额鳞 2 枚，额鳞 1 枚。背甲长椭圆形，高拱，中央平坦；棕黑色或黑色；每枚椎盾和肋盾上有 6 条以下的黄色条纹，这些条纹呈现出十分对称的放射状排列。每侧缘盾 11 枚，在每枚缘盾中，有 2 条黄色条纹形成一个"V"形图案（图 7-1-147）。无颈盾。背甲后缘略呈锯齿状。腹甲黄色，有对称的棕黑色或黑色大斑块，后缘具较深的缺刻（图 7-1-148）。腹甲公式为：腹盾＞肱盾＞股盾＞喉盾＞肛盾＞胸盾。甲桥宽，黄色，腋盾小于胯盾。四肢淡黄色，满布鳞片。前肢前部具尖的或圆形的大鳞片。尾短，淡黄色，末端具一大的角质鳞。

雄性具有较长和较粗的尾，泄殖腔孔接近背甲的边缘。

（2）繁育要点。

植食性，喜吃各种瓜果蔬菜和多肉植物。

在缅甸，交配季节为 7—8 月，产卵期为 10 月。每只雌龟每年可产 1～3 窝卵，每窝卵 3～8 枚，在 29 ℃下孵化，孵化期约 100 天。

缅甸星龟适于进食低蛋白含量的植物，饲养时不能吃肉，也不能给予豆类，否则易出现畸形和患病。

图 7-1-147　缅甸星龟的背部　　　　　　图 7-1-148　缅甸星龟的腹部

10. 黑靴脚陆龟

黑靴脚陆龟（*Manouria emys phayrei*）为靴脚陆龟（*Manouria emys*）的一个亚种，是亚洲最大的陆龟，背甲长度可达 600 mm，体质量可达 39 kg。分布于印度、孟加拉国、缅甸和泰国。栖息于具常绿树木的高原丛林中，喜潮湿的地方，有时在浅的山区溪流中寻找食物，但大部分时间躲藏在潮湿泥土的洞中或落叶下面。

（1）识别要点。

头黑色，较大，具粉红色或棕色斑点，上喙略呈钩形。前额鳞 2 枚，额鳞 1 枚。背甲椭圆形，黑色，隆起；每侧缘盾 11 枚，稍外翻，前后缘锯齿状（图 7-1-149）。腹甲宽大，黄色，具黑色斑纹；喉盾较长，超过背甲前缘；腹甲后缘缺刻（图 7-1-150）。腹甲公式为：腹盾＞肱盾＞喉盾＞或＜股盾＞肛盾＞胸盾。甲桥宽，有 2 枚胯盾和 1 枚腋盾。四肢黑色，前肢前部具大的覆瓦状鳞片。尾短，黑色，末端部有一角质鳞片。

雄龟尾较长和较粗，腹甲较凹。

（2）繁育要点。

杂食性，但以植物性食物为主，喜食多纤维的植物茎叶，如红薯茎叶和蕹菜等，亦食节肢动物，偶尔也捕食小昆虫、蝌蚪、小鱼和小虾。

4 月、5 月和 9 月为产卵季节。雌龟产卵行为非常奇特，在自然界中，选好产卵地点后，雌龟通过"回扫"周围 4 m 内的落叶而堆出一个大的落叶堆，然后雌龟在堆内产卵，每窝卵 23～51 枚，产完卵后雌龟守巢达 3 天之久。在人工养殖时，据观察，雌龟交配后便开始选择产卵处，不断在围养区或水池外围爬动，十分专注地选取产卵地点，此时，雌龟不进食。在选定产卵地点后，雌龟将周围数平方米的泥土、落叶和杂草等向中心部位推拨。推拨时，雌龟以倒退的动作，用前肢将泥土向龟体后方推拨。经数日推拨，可将这里的泥土、落叶和杂草等堆成一个高约 250 mm 的小土堆。此后，雌龟便爬到小土堆顶部向下挖洞，然后用后肢和龟体把洞中的泥土杂物向四周推挤并稍加压实，此即为产卵床，产卵床建好后即进行产卵。产完卵后，雌龟用前肢将产卵床外周的泥土和树叶扒在卵上，直至完全盖住所有的卵。此后 5～40 天内，雌龟一直守护在小土堆上或小土堆旁，对来犯的动物进行驱赶。在 3～23 天期间，雌龟还会多次将泥土和落叶往小土堆上堆积或扒出，似乎在调整产卵床内的温度和湿度。待经几次雨水冲刷，小土堆变矮，其外形与周围环境相近时，雌龟即离去，不再守护小土堆。

在人工养殖时，每年每只雌龟可产 2 窝卵，每窝卵 36～60 枚。孵化温度为 28 ℃时，孵化期为 63～71 天。

黑靴脚陆龟的繁殖习性是很特殊的，在进行人工养殖时要注意这一点，要创造条件来满足其繁殖要求。

图 7-1-149　黑靴脚陆龟的背部　　　　　图 7-1-150　黑靴脚陆龟的腹部

11. 欧洲陆龟

欧洲陆龟（*Testudo graeca*）又称为希腊陆龟。分布于阿尔及利亚、亚美尼亚、阿塞拜疆、保加利亚、格鲁吉亚、希腊、伊朗、伊拉克、以色列、约旦、科索沃、黎巴嫩、利比亚、马其顿、摩尔多瓦、摩洛哥、巴勒斯坦、罗马尼亚、俄罗斯、塞尔维亚、西班牙、叙利亚、突尼斯和土耳其。栖息于干燥草原与森林地带。可生活在海拔超过 3 000 m 的高原和山岳。

（1）识别要点。

头部中等大小，吻不突出，稍微有点钩状。头部的颜色从黄色到棕色、灰色或黑色，部分有黑色斑点。背甲圆形，隆起，最高处在中央后面，两边突然下降。颈部凹口较宽，稍微呈锯齿状；颈盾长且窄；椎盾宽比长大，第 5 枚椎盾比第 4 枚椎盾窄；背甲较平滑；每侧有 11 枚缘盾，臀盾单枚。背甲颜色黄色或黄褐色，上面具有黑色或棕黑色斑块（图 7-1-151）。腹甲黄色、绿黄色、棕色或灰色，通常具有一些棕黑色或黑色的斑点（图 7-1-152）；喉盾一对，较厚。腹甲公式为：腹盾＞肱盾＞或＜喉盾＞或＜肛盾＞或＜胸盾＞股盾。甲桥宽，黄色、绿黄色、棕色或灰色，有 1 枚小的腋盾和 1～2 枚小或中等大小的胯盾。前肢的前部表面有 3～7 纵列大的、叠瓦状的鳞片，每侧大腿具有一个很大的圆锥形结节。尾黄棕色到灰色。

雄性具有长和粗的尾，泄殖腔孔位于背甲后缘的外面。

（2）繁育要点。

植食性，野外的食物包括草、莎草、三叶草、车轴草、金凤花和蒲公英等。

通常在5—6月筑巢。每窝卵2～7枚。在30 ℃的温度下孵化时，孵化期为60～80天。

欧洲陆龟是欧洲宠物市场中最常见的一种龟，它的适应能力很强，分布广泛，可分10个亚种。

图 7-1-151　欧洲陆龟的背部

图 7-1-152　欧洲陆龟的腹部

12. 赫曼陆龟

赫曼陆龟（*Testudo hermanni*）分布于阿尔巴尼亚、波斯尼亚和黑塞哥维那、保加利亚、克罗地亚、法国、希腊、意大利、马其顿、黑山共和国、罗马尼亚、塞尔维亚、斯洛文尼亚、西班牙和土耳其。栖息环境很广泛，包括森林、灌木丛及荒原。生活在干燥的草地、灌丛山坡、林地和石山坡，喜欢致密的植被，避免潮湿的地方。

（1）识别要点。

头部中等大小，棕色或黑色，上颌钩状。背甲近卵圆形，前部较窄，后部较宽，隆起，最高处在中央后面。后缘向下翻，有点锯齿状；颈盾长和窄，椎盾宽大于长，椎盾和肋盾区域常高起，围有生长环，使壳的表面粗糙不平（图7-1-153）。背甲的颜色是可变的，从黄色、橄榄色、橙色到棕黑色。色彩较淡的个体含有不同数量的黑色斑块。腹甲棕黑色或黑色，具有黄色的边界和中沟；喉盾成对，较粗；腹甲后缘缺刻（图7-1-154）。腹甲公式为：腹盾＞肱盾＞肛盾＞或＜喉盾＞股盾＞胸盾。甲桥宽，黄色，具有小的腋盾和小的胯盾。前肢前部的表面有5～10纵列小的、非叠瓦状的鳞片。尾具有大的端鳞。

雄性具有长和粗的尾，泄殖腔孔靠近背甲的后缘。

（2）繁育要点。

杂食性，但以吃植物为主。它似乎最喜欢豆科植物（豆、三叶草和羽扇豆），进食的食物90%为豆科植物，毛茛科（毛茛等）占7%，禾本科（草）占3%。有时进食动物，包括蚯蚓、蜗牛、蛞蝓和昆虫，甚至动物粪便。人工养殖时，可投喂芥蓝、芥菜、菜心和油菜等深绿色蔬菜及蒲公英和车前草等野菜。

在5—6月筑巢，每只雌龟每年可产2～5窝卵，每窝卵2～12枚。孵化期为90天。

赫曼陆龟是较容易养殖的宠物龟，但要注意排酸和防止腹泻。

图 7-1-153　赫曼陆龟的背部　　　图 7-1-154　赫曼陆龟的腹部

13. 缘翘陆龟

缘翘陆龟（*Testudo marginata*）是地中海地区最大的陆龟，分布于阿尔巴尼亚和希腊。栖息于干燥的山坡上的灌丛林地。

（1）识别要点。

头中等大小，黑色，上颌钩状。背甲椭圆形，隆起，最高处刚好在中央的后边，边缘陡降；颈盾狭窄，椎盾宽比长大；椎盾和肋盾区域可稍微高起，围绕着生长环；每侧有11枚缘盾，臀盾单枚；背甲黑色到棕黑色，椎盾和肋盾上有黄色的斑块，在每枚缘盾上有黄色的宽条纹（图7-1-155）。腹甲黄色，边缘具有2列大的、三角形的黑色斑块，后缘缺刻（图7-1-156）；喉盾粗，成对。腹甲公式为：腹盾＞肛盾＞肱盾＞或＜胸盾＞或＜股盾＞喉盾。甲桥宽，黄色，有1枚腋盾和1～2枚胯盾。四肢黄色或黄棕色。前肢前部表面有4～5列纵行的大的叠瓦状鳞片，前肢具5爪，后肢前部具刺状鳞片。尾短。

雄性的尾较长和较粗，泄殖腔孔接近背甲的后缘。

（2）繁育要点。

植食性，吃各种各样的草、花和水果。

5—7月产卵。每只雌龟每年可产3窝卵，每窝卵3～11枚。在31.5℃下孵化，孵化期为60～100天。

缘翘陆龟的饲养方法与欧洲陆龟相似，但要注意补钙。

图 7-1-155　缘翘陆龟的背部　　　　　图 7-1-156　缘翘陆龟的腹部

14. 扁陆龟

扁陆龟（*Malcochersus tornieri*）又称为扁平陆龟、饼干龟、薄饼龟、薄饼陆龟、非洲软甲陆龟和石缝陆龟，是一种非常奇特的陆龟。分布于肯尼亚、坦桑尼亚和赞比亚。栖息于多岩石的山腰。它们是非常机敏和优秀的登山者，当被打扰时，可挤入岩石底下或岩石之间的缝隙内。喜晒背。

（1）识别要点。

头部黄棕色，中等大小，上颌钩状，颌的边缘稍微呈锯齿状。背甲无嵴，非常扁平；每边有 11 枚或 12 枚缘盾，2 枚臀盾，无下缘盾，颈盾长和窄；椎盾宽大于长，中间 3 枚最小；在颈盾区域通常凹陷；在后缘，存在 1 枚上臀板；肋板和缘板是薄的；椎板缩短和变弱，这使背甲具有很大的柔韧性，使龟能爬进很窄的裂缝或岩石下面来躲避捕食者和炎热的太阳。背甲黄色到黄褐色，在椎盾和肋盾上具有浅色的斑块。椎盾和肋盾边缘黑色，这些黑色边缘的宽度变化很大，许多龟具有辐射状的黄色条纹穿过黑色的边缘（图 7-1-157）。腹甲黄色，具有立方形的黄色斑块或锯齿状的棕色放射纹；喉盾成对，宽大于长；腹甲后缘缺刻（图 7-1-158）。腹甲的公式为：腹盾＞肱盾＞胸盾＞股盾＞喉盾＞肛盾。甲桥有 2枚（少数情况下 3 枚）小的腋盾和 2～4 枚胯盾。四肢和尾黄棕色，指、趾间无蹼，但具强壮的爪。前肢前部表面覆盖着大的叠瓦状鳞片。

雄性具有长和粗的尾。

（2）繁育要点。

植食性，食用大量的青草、牧草、蒲公英、野豌豆、车前草、扶桑花叶、玫瑰花、菊科植物、仙人掌科植物、莴苣及野菜等。

7—8 月为产卵季节。每只雌龟每年可产 3～4 窝卵，每窝卵通常只有 1 枚。孵化期为99～237 天。

扁陆龟善于逃逸，饲养时一定要注意防范。

图 7-1-157　扁陆龟的背部

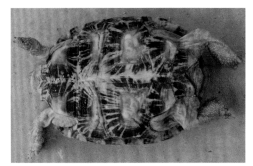

图 7-1-158　扁陆龟的腹部

15. 蛛网龟

蛛网龟（*Pyxis arachnoides*）又称为蛛网陆龟和扁壳龟。分布于马达加斯加岛。栖息于马达加斯加岛西南部的沿海区域，主要活动区域为灌木丛。

（1）识别要点。

头中等大小，上颌稍微呈钩状，颌的两边锯齿状；头部黑色，具有一些黄色的斑点。背甲隆起，边缘陡降，两边基本平行，颈部区域有一个凹口，不呈锯齿状；后部缘盾下翻；颈盾可能缺少，但如果存在，它是长的和窄的；椎盾宽大于长，中部稍高起，由突出的生长环所围绕；上臀板 2 枚，每侧缘盾 11 枚，臀盾 1 枚；椎盾和肋盾棕黄色或淡黄色，具有由黄色的中心发出的几组相对较宽的黑色射线构成的星形的图案（图 7-1-159）。通常在每一枚椎盾中有 6～8 组，每组所含的黑色射线有多有少；每一枚肋盾中有 4～6 组，每一组所含的黑色射线也有多有少。腹甲黄色，有一条可活动的铰链，位于肱盾和胸盾之间，允许前叶升起，几乎可闭合壳的前部；后缘缺刻（图 7-1-160）；喉盾 1 对；腹甲公式为：腹盾＞喉盾＞胸盾＞肱盾＞或＜肛盾＞股盾。甲桥宽，有 1 枚小的腋盾和 1 或 2 枚大的胯盾。四肢棒状，前肢具 5 爪，在前肢的前部表面有 7～8 纵列膨大的、非叠瓦状的鳞片，后肢前部有刺样的鳞片。尾端具有刺状的鳞片。四肢和尾黄棕色。

雄性具有长和粗的尾。

（2）繁育要点。

杂食性，以植食为主，偶尔吃牛粪、土壤中的软体动物或昆虫的若虫。人工喂养时可给予甘蓝、结球莴苣、地瓜叶、空心菜、四季豆、小黄瓜、木瓜、带皮苹果、仙人掌和草料等植物性食物，也可适当给予蚯蚓等动物性饵料。幼龟喜欢吃葡萄、番茄和莴苣。

每只雌龟每年通常只产 1 窝卵，而且每窝卵只有 1 枚，是产卵最少的陆龟。

蛛网龟的体色艳丽，是备受欢迎的宠物龟，但其繁殖数量少，生长也慢。

图 7-1-159　蛛网龟的背部

图 7-1-160　蛛网龟的腹部

第二节　鳖　类

一、国产鳖类

（一）中华鳖

中华鳖（*Pelodiscus sinensis*）又称甲鱼、水鱼、脚鱼、团鱼、元鱼、老鳖、王八和神守等。国内除新疆、西藏和青海未发现外，其余各省（区）均有分布。国外分布于日本、朝鲜和越南等国家。栖息于池塘、河流、湖泊和水库等水流平缓的水域中。喜晒背。

1. 识别要点

头三角形，密布细碎的淡绿色斑点，吻管状，颌尖。背甲卵圆形，橄榄色或灰色，前缘有一列扁平疣状物，后部具细粒状突起（图 7-2-1）。腹甲乳白色或灰白色，具暗红色斑块（图 7-2-2）。有 7 块胼胝体，出现在舌板、下板、剑板和上板上面。四肢有角质肤褶，指、趾间具发达的蹼，前后肢均有 3 个锐利的爪。尾短。

雄性有长和粗的尾，泄殖腔孔接近尾的端点。

2. 繁育要点

杂食性，吃鱼、甲壳类、软体动物、昆虫、双瓣类和水生植物的种子。人工饲养时，可吃新鲜的鱼、罐装狗粮、生牛肉、蛙类和鸡肉。

产卵期为 5—8 月。每只雌鳖每年可产 2～4 窝卵，每窝卵 15～28 枚，孵化期约60 天。

中华鳖的养殖在我国广泛开展，养殖技术已很成熟。

图 7-2-1　中华鳖的背部

图 7-2-2　中华鳖的腹部

（二）山瑞鳖

山瑞鳖（*Palea steindachneri*）又称山瑞和瑞鱼，体型较大，背甲长可达 430 mm，为我国二级保护动物。国内分布于广东、广西、云南、贵州、海南等省，国外分布于越南。生活于江河、山涧、溪流和池塘中。

1. 识别要点

头较大，呈三角形，吻突出呈管状；颈部较长，基部两侧各有一团大瘰粒。背甲椭圆形，顶部扁平，前缘有一排明显的粗大疣粒，后部的裙边较宽，具较粗大的疣粒（图 7-2-3）。腹甲白色，有黑色斑块（图 7-2-4）。在舌板、下板、剑板和上板上有胼胝体。四肢扁平，指、趾间具发达的蹼，前后肢均具 3 爪。尾短。

雄性比雌性小，有更长和更粗的尾，泄殖腔孔接近尾的端点。

2. 繁育要点

肉食性，以软体动物、甲壳类、鱼类和蛙类等为食。人工养殖时，喜食蚯蚓、蝇蛆、蚕蛹、螺肉、蚌肉和家禽内脏等。

产卵期为 4—8 月。每只雌鳖每年可产 2 窝卵，少数 3 窝卵，每窝卵 3～28 枚。孵化期 30 天以上。

山瑞鳖在自然界中主要生活在山区的溪流中，对水质和温度要求较高。养殖时，水温应控制在 25 ℃～30 ℃之间，不能过高，否则易患病。

图 7-2-3　山瑞鳖的背部

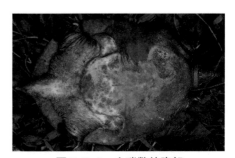

图 7-2-4　山瑞鳖的腹部

二、国外引进的鳖类

（一）佛罗里达鳖

佛罗里达鳖（*Apalone ferox*）又称珍珠鳖和美国山瑞鳖。分布于美国的佛罗里达州、亚拉巴马州、乔治亚州和南卡罗来纳州。生活于湖泊和河流等水域。

1. 识别要点

头部暗绿色，两侧具淡黄色条纹。背部长椭圆形，淡绿色，具黑色斑纹（图7-2-5），前缘较圆滑，有数列疣粒，背部边缘淡黄色。腹部乳白色，腹甲上具浅褐色斑块（图7-2-6）。有舌板—下板和剑板胼胝体。四肢乳白色，有角质肤褶，指、趾间具发达的蹼。尾短，乳白色。

2. 繁育要点

杂食性，食淡水螯虾、螺类、蚌类、蛙类、小鱼及水生植物。人工饲养时，食小鱼苗、鲜鱼浆、罐装狗粮、生牛肉、鸡肉和配合饲料。

3—7月为繁殖季节。每只雌鳖每年可产5～6窝卵，每窝卵4～23枚，孵化期为60～70天。

佛罗里达鳖的体色艳丽，个体较大，生长较快，抗病力强，是人工繁育的优良品种。

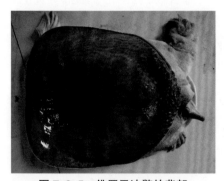
图 7-2-5　佛罗里达鳖的背部

图 7-2-6　佛罗里达鳖的腹部

（二）刺鳖

刺鳖（*Apalone spinifera*）又称角鳖。分布于美国、加拿大和墨西哥。生活于小溪、河流、河口、牛轭湖和湖泊中。

1. 识别要点

头颈部从橄榄色到灰色，头部有暗色斑点和条纹；头的每侧有2条分开的、暗色镶边的、浅色的条纹，一条从眼部向后伸展，另一条从颌的角部向后伸展；吻管状，有大的鼻孔；唇带黄色，有暗色斑点；颌是尖的。背甲圆形，革质，有粗糙的表面；沿着壳的前缘，有圆锥形的突出物或刺状物；椎板7块或8块，肋板7对或8对；第8对肋板如存在，是退化的，但第 7 对肋板在中间相遇；背甲橄榄色到黄褐色，有黑色眼斑图案或黑色斑块和一条黑色的缘线。腹甲纯白色或黄色。四肢呈橄榄绿色，具发达的蹼，尾短。

雄性的尾较长和较粗，泄殖腔孔接近尾的端点，而且保留幼鳖的眼斑图案、斑点和线条。

2. 繁育要点

肉食性。吃淡水螯虾、水生昆虫、软体动物、蚯蚓、鱼类、蝌蚪和蛙类。

交配发生在 4 月或 5 月。筑巢通常在 6 月和 7 月，但筑巢季节可能开始于 5 月，持续至 8 月。巢穴烧瓶状，深度为 10～25 cm。卵白色，硬壳，球形或接近球形。每只雌鳖每年产 1～2 窝卵，每窝卵 4～32 枚。稚鳖出现在 8 月下旬至 10 月。

刺鳖有 7 个亚种，我国引进饲养的为东部刺鳖（*Apalone spinifera spinifera*）（图 7-2-7、图 7-2-8）。

图 7-2-7　东部刺鳖的背部
（引自《龟鳖疾病的中草药防治》）

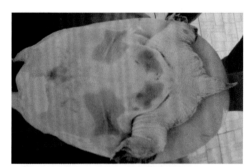

图 7-2-8　东部刺鳖的腹部
（引自《龟鳖疾病的中草药防治》）

附录　养殖场及公司介绍

一、肇庆市伦大农业有限公司

公司位于著名的"鱼米之乡""省重点农业乡镇"的蚬岗镇，占地面积约 100 亩，致力于金钱龟、黄缘闭壳龟、石金钱龟、草龟、珍珠鳖等的龟鳖类养殖、销售及推广，现每年产龟苗约 15 万只。2016 年伦大龟业受中国渔协龟鳖产业分会邀请出任"中国渔协龟鳖产业分会——副会长单位"；2017 年荣获"全国龟鳖产业发展创新特等奖""全国龟鳖原种保护特别贡献奖"；2019 年荣获"肇庆市农业龙头企业"称号，龟鳖养殖获批"一村一品，一镇一业"发展项目；2020 年荣获"省级水产健康养殖示范场""国家级水产健康养殖示范场""全国龟鳖产业十三五创新发展——优异成就奖"；2021 年荣获"巾帼创业示范基地"称号。

地址：广东省肇庆市高要区蚬岗镇开发区丰伦大厦

电话：0758-8550888　　邮箱或网站：ltt0338@163.com

在此背景下，我们开发了龟类的食用、药用价值，开发龟鳖衍生健康产品。我们的龟全部来自伦大养殖场，每一只龟从出生到出口全面监控可溯源，采用仿生态养殖技术，绿色更安全。我们全力打造专属品牌"伦太太"，公司的产品伦太太龟苓膏，自 1499 年传承至今，参照古方并根据现代人的生活习惯精心专研、改良、调试后，发展成为适合大众口味新一代龟苓膏食品。2021 年，高要伦太太龟苓膏制作技艺被列入"肇庆市非物质文化遗产项目名录"，伦太太龟苓膏系列产品被评选为"高要区十大旅游手信"之一。在伦太太龟苓膏的基础上我们相继推出龟苓茶、龟汤、龟胶、龟肽等健康食品，相信在注重养生、保健的今天，伦太太系列产品将会受到越来越多民众的关注、青睐。

传统工艺，零添加剂！选用伦大养殖场的优质老龟，提炼龟原胶，能润燥清热、美容养颜，更能增强免疫力，且低热量、低脂肪、低胆固醇，是现代人的养生圣品。

二、广东神龟网络技术有限公司

金钱龟的学名为三线闭壳龟，别名红边龟、红肚龟、断板龟、金头龟等。

金钱龟是有灵性的动物，家有金钱龟，能辟邪。千百年来，有钱人都会在自己庭院养几只金钱龟用来辟邪镇宅。特别是古代中国的名胜古迹、庙宇仙阁必养有金钱龟。金钱龟除了本身的价值外，还是财富和地位的象征。家有金钱龟，它会带给您福气、财富和健康。养金钱龟有两种方式：一种是养在特定的环境中，如养在鱼缸或水盆内；另一种是让金钱龟在家中随处走动。随处走动的金钱龟，风水上称为化煞龟。

欢迎交流养龟技术
广东顺德·菊花湾

该公司董事总经理吴秋华生于 1981 年，从 2006 年加入龟产业至今。他长期专注于龟产业，担任过龟买卖商家、大型养殖户、模式养殖实验师、龟治疗师、龟养殖实战讲师和平台媒体人等行业的重要角色，曾与 72 个龟协会和龟合作社有良好的合作关系并任职部分龟协会理事顾问。走访考察过北京、上海、安徽、浙江、湖北、广西、海南等地区的养殖户及市场情况，深度了解龟行业的所需、所做、所为等。

2014 年著作《养龟致富之图解石金钱龟养殖》畅销 1.5 万本；2014 年拍摄中央七台"农广天地"的"黄喉拟水龟养殖技术"。现经营 7 000 平方米金钱龟、黑颈龟养殖基地，进行科学规模养殖；建有专业的实验治疗室，存有 10 年的养殖记录档案；协办过龟业展会。现专注于养殖金钱龟种群，对健康养殖、系统预防、温室育苗等全系列过程都有研究记录。

参考文献

包吉墅，刘春，高晓莉，等，1992．稚鳖的营养素需要量及饲料最适能量蛋白比 [J]．水产学报，16（4）．

卞伟，王冬武，1999．淡水龟类的养殖 [M]．北京：农村读物出版社．

蔡婷，朱盛山，蔡延渠，等，2015．化学药在水产养殖中的应用及问题浅析 [J]．水产养殖，（6）．

蔡亚非，潘鸿春，陈壁辉，1996．乌龟（*Chimemy reevesii*）精子的超微结构 [J]．解剖学报，27（3）．

常培恩，陈灿，黄璜，2019．稻田养鳖对水稻产量形成及稻米品质的影响 [J]．作物研究，33（5）．

陈华灵，陆宇燕，叶明彬，等，2015．不同年龄绿海龟口腔的组织形态及超微结构比较 [J]．四川动物，34（5）．

陈秋生，张莉，陈晓武，等，2006．中华鳖精子的超微结构 [J]．动物学报，52（2）．

陈忠法，伟绍，黄富友，等，2012．三段式中华鳖生态养殖技术研究与应用 [J]．浙江农业科学，（3）．

邓时铭，刘丽，吴浩，等，2021．稻龟综合种养土壤磷营养物质分析研究 [J]．水产养殖，（1）．

杜杰，孙建义，卢亚萍，2006．乌龟的营养价值及营养需要 [J]．中国饲料，（15）．

杜卫国，孙宝珺，2012．爬行动物温度决定性别的现象与机制 [J]．生物学通报，47（3）．

方堃，李贵生，唐大由，2000．孵化温度对乌龟性比的影响 [J]．水利渔业，20（1）．

方燕，过世东，2007．中华鳖肌肉和裙边基本品质的研究 [J]．食品工业科技，28（7）．

葛雷，黄畛，葛虹，等，2001．乌龟的营养成分研究 [J]．水利渔业，21（4）．

顾博贤，2011．珍稀黄缘 [M]．北京：中国文联出版社．

顾博贤，2012．中国甲鱼经 [M]．北京：中国文联出版社．

郭果为，张彦定，高建民，1997．渔游蛇附睾与输精管的组织结构 [C]//两栖爬行动物学研究（第6、7辑）．贵州：贵州科技出版社．

何松榕，吴秋华，2014．养龟致富之图解石金钱龟养殖 [M]．广州：羊城晚报出版社．

黑乃楠，2011．中华鳖卵子发生与卵黄形成的细胞学研究［D］．南京：南京农业大学．

黑乃楠，刘海丽，包慧君，等，2010．中华鳖卵子发生与卵黄形成特征［J］．水生生物学报，34（3）．

候陵，1984．中华鳖（*Trionyx sinensis*）胚胎发育的研究［J］．湖南师范大学学报（自然科学版），11（4）．

黄百祺，杨昭，王如意，等，2021．4 种龟肉酶解液的氨基酸对比分析［J］．中国调味品，46（1）．

寇红岩，梁雄，林仲伟，等，2020．中华鳖饲料中蛋白和氨基酸需求的研究进展［J］．饲料研究，（2）．

李长玲，曹伏君，黄翔鹄，等，2009．绿海龟（*Chelonia mydas*）血细胞发育过程的观察［J］．海洋与湖沼，40（4）．

李贵生，2001．红耳龟的人工养殖［J］．暨南大学学报（自然科学版），22（5）．

李贵生，2005．乌龟稚龟的生长研究［J］．水利渔业，25（1）．

李贵生，陈兴乾，陈钦培，2016．龟中之王金钱龟［M］．广州：暨南大学出版社．

李贵生，邓德明，顾博贤，2014．龟中奇葩黑颈乌龟［M］．广州：暨南大学出版社．

李贵生，方堃，唐大由，2001．3 种龟卵的孵化研究［J］．水利渔业，21（3）．

李贵生，方堃，唐大由，2002．安南龟的养殖技术［J］．水利渔业，22（3）．

李贵生，方堃，唐大由，2002．乌龟与黄喉拟水龟稚龟的比较［J］．水利渔业，22（6）．

李贵生，唐大由，1999．山瑞鳖与中华鳖繁殖生态的比较研究［J］．水利渔业，19（6）．

李贵生，唐大由，2000．三线闭壳龟的人工保育［J］．四川动物，19（3）．

李贵生，唐大由，2002．三线闭壳龟繁殖生态的研究［J］．生态科学，21（2）．

李贵生，唐大由，方堃，2000．三线闭壳龟肌肉氨基酸分析［J］．四川动物，19（3）．

李贵生，汪建国，蒋火金，等，2018．龟鳖病害学［M］．北京：中国农业出版社．

李贵生，杨火廖，袁金标，2015．龟类健康养殖［M］．广州：暨南大学出版社．

李琴，吴孝兵，2010．爬行动物生殖系统的组织学研究进展［J］．安徽师范大学学报（自然科学版），33（2）．

李婷婷，国竟文，励建荣，等，2017．细菌生物被膜的研究进展及与群体感应的关系［J］．中国渔业质量与标准，7（1）．

缪华蓉，沈耀明，1995．鳖甲内氨基酸成分的研究［J］．中成药，17（12）．

凌笑梅，张娅婕，张桂英，等，1999．鳖甲提取物中氨基酸、微量元素及多糖含量的测定［J］．中国公共卫生，15（10）．

柳琪，滕葳，张炳春，1995．中华鳖氨基酸和微量元素的分析与研究［J］．氨基酸和生物资源，17（1）．

刘翠娥，李若利，王建明，等，2007．小鳄龟含肉率和肌肉营养成分分析及品质评定［J］．养殖与饲料，（10）．

刘海燕，杨振才，2013．水生龟鳖类糖代谢的研究进展［J］．动物营养学报，25（2）．

刘拴桃，张志珍，1997．中华鳖不同组织器官生化指标的测定及其营养和药用价值的探讨［J］．山西农业大学学报，17（1）．

刘焱文，刘生友，1994．龟板、鳖甲微量元素测定及其滋补作用探析［J］．微量元素与健康研究，11（1）．

龙良启，白东清，1998．中华鳖消化组织蛋白酶的初步研究［J］．华中农业大学学报，28（3）．

冒树泉，宋理平，王爱英，2014．野生、仿生、温室中华鳖形态特征与营养成分的比较研究［J］．中国农学通报，30（2）．

牟超盛，齐旭明，钱天宇，等，2021．黄喉拟水龟人工养殖技术现状及产业发展对策［J］．水产养殖，（1）．

聂刘旺，郭超文，汪鸣，等，2001．中华鳖的性别决定机制［J］．应用与环境生物学，7（3）．

潘凤莲，吴凡，周贵谭，等，2007．配合饲料中 α - 淀粉与生淀粉比例对乌龟生长的影响［J］．水利渔业，27（1）．

彭福峰，1999．乌龟配合饲料的配制技术［J］．渔业致富指南，20．

齐占会，2006．中华鳖对饲料蛋白质水平适应性研究［D］．石家庄：河北师范大学．

钱国英，1995．甲鱼对蛋白质的需求量及其消化利用［J］．浙江农业大学学报，21（3）．

钱国英，2002．中华鳖的营养研究［D］．青岛：中国海洋大学．

钱国英，朱秋华，2001．不同生长条件对中华鳖营养成分的影响［J］．营养学报，23（2）．

任少亭，高庆义，朱道玉，1998．温度对中华鳖孵育率及性别决定影响的研究［J］．水产养殖，（6）．

沈美芳，陈焕铨，1995．甲鱼对配合饲料中蛋白质、脂肪、碳水化合物的消化率［J］．水产养殖，5．

沈文平，2015．浅谈中华鳖养殖业的发展［J］．水产养殖，5．

孙鹤田，轩子群，王志忠，等，1997．中华鳖对蛋白质、脂肪、糖、混合无机盐及氨基酸适宜需要量的研究［C］//中国水产学会水产动物营养与饲料研究会论文集（第一集）．北京：海洋出版社．

谭立军，刘筠，陈淑群，2001．乌龟胚胎发育的研究［J］．水生生物学报，25（6）．

谭双，余旭平，袁佳杰，等，2009．革兰氏阴性菌蛋白分泌系统研究进展［J］．中国兽药杂志，43（9）．

汤峥嵘，王道尊，1998．中华鳖生化组成的分析Ⅲ．肌肉氨基酸的组成［J］．水生生物学报，22（4）．

童树梅，2016．稚鳖的温室养殖［J］．基层农技推广，4．

涂涝，黄勇军，1995．甲鱼配合饲料中蛋白质、脂肪以及醣类适宜含量初探［J］．水产科技情报，22（1）．

王道尊，汤峥嵘，1997．中华鳖生化组成的分析Ⅰ．一般营养成分的含量及肌肉氨基酸、脂肪酸的组成［J］．水生生物学报，21（4）．

王道尊，汤峥嵘，谭玉钧，1998．中华鳖生化组成的分析Ⅱ．背甲、肌肉中矿物元素的组成［J］．水生生物学报，22（2）．

王芬，程云生，侯冠军，等，2021．藕鳖共作对水环境和藕鳖生长性能的影响［J］．中国农学通报，37（4）．

王风雷，李爱杰，景水才，1996．甲鱼对蛋白质、脂肪、糖及钙磷的适宜需求量［J］．中国水产科学，3（2）．

王福田，赖年悦，程华峰，等．2019．比较分析三种不同环境下的中华鳖肌肉营养品质及其挥发性风味物质［J］．食品与发酵工业，45（22）．

王利华，张英萍，凌晨，等，2020．中华鳖胚胎发育与胚胎分期［J］．中国农学通报，36（19）．

王永辉，章广远，金宏，2005．中华鳖不同部位氨基酸的测定与分析［J］．氨基酸和生物资源，27（1）．

王育锋，王玉新，周嗣泉，等，2014．龟鳖高效养殖与疾病防治技术［M］．北京：化学工业出版社．

温欣，周洪雷，2008．鳖甲化学成分和药理药效研究进展［J］．西北药学杂志，23（2）．

吴遵霖，李蓓，江涛，1991．鳖用配合饲料正交试验［J］．淡水渔业，（4）．

吴遵霖，周贵潭，潘凤莲，2001．幼乌龟 *Chinemys reevesii* 配合饲料蛋白质最适含量的研究［J］．浙江海洋学院学报（自然科学版），20（增刊）．

徐旭阳，曾训江，刘素文，等，1991．甲鱼配合饲料的研究［J］．饲料工业，12（6）．

徐莹莹，赖年悦，石扬，等，2017．中华草龟龟肉的营养成分分析及品质评价［J］．肉类工业，（5）．

轩子群，张家国，王志忠，等，1997．中华鳖养殖与病害防治［M］．济南：山东科学技术出版社．

杨国华，陈迪虎，王继东，等，1997．中华鳖的营养需要研究［C］//中国水产学会水产动物营养与饲料研究会论文集（第一集）．北京：海洋出版社．

杨文鸽，徐大伦，李花霞，等，2004．乌龟肌肉营养价值的评定［J］．水产科学，23（3）．

叶泰荣，李家乐，李应森，2007．鳄龟（Chelydra serpentina）的营养成分分析［J］．现代渔业信息，22（6）．

叶泰荣，姚桂桂，刘凯，2016．蛇鳄龟稚幼龟大棚培育试验［J］．现代农业科技，17．

由文辉，王培潮，1994．乌龟胚胎及仔龟的卵黄代谢［J］．动物学研究，15（3）．

由文辉，王培潮，1994．乌龟胚胎发育过程中钙、镁代谢的研究［J］．动物学杂志，29（4）．

由文辉，王培潮，华燕，1993．乌龟卵壳结构的研究［J］．华东师范大学学报（自然科学版），（2）．

袁琰，周凡，代小芳，等，2014．全熟化颗粒料和粉状料在中华鳖温室养殖中的效果对比研究［J］．饲料与畜牧，（5）．

占秀安，2000．野生鳖与养殖鳖肌肉营养、保健价值的比较研究［J］．大连水产学院学报，15（2）．

占秀安，许梓荣，钱利纯，2000．中华鳖肉脂品质的研究［J］．浙江大学学报（农业与生命科学版），（4）．

张丹，2015．中华鳖营养特征分析及评价［D］．上海：上海海洋大学．

张丹，王锡昌，2014．中华鳖肉蛋白质营养特征分析及评价［J］．食品工业科技，35（15）．

张桂英，凌笑梅，张娅捷，等，1995．中华鳖、鳖甲及鳖甲提取物中微量元素的测定［J］．吉林中医药，（5）．

张君，陆剑锋，欧阳霞，等，2020．红耳龟蛋和中华花龟蛋营养成分分析［J］．南方农业学报，51（4）．

张秋明，2016．名优龟类高效养殖致富技术与实例［M］．北京：中国农业出版社．

张轩杰，陈平，1997．中华鳖氨基酸组成的反相高效液相色谱分析［J］．湖南师范大学自然科学学报，20（1）.

张育辉，贾林芝，王宏元，2004. 中国大鲵闭锁卵泡的显微和超微结构观察［J］. 动物学报，50（4）.

赵春光，2020. 不同稻田养鳖模式的技术措施与效益分析［J］. 中国水产，（12）.

赵万鹏，赵红霞，1995. 中华鳖组织学研究 V. 雄性生殖系统［J］. 信阳师范学院学报（自然科学版），8（4）.

赵伟华，朱新平，魏成清，等，2008. 黄喉拟水龟胚胎发育的观察［J］. 水生生物学报，32（5）.

赵忠添，张益峰，陆专灵，等，2016. 山瑞鳖小水体无沙养殖试验［J］. 江苏农业科学，44（6）.

周贵潭，王拥才，莫斌胜，等，2004. 乌龟配合饲料动植物蛋白比的研究［J］. 广东饲料，13（1）.

周贵谭，吴遵霖，曾旭权，等，2004. 乌龟配合饲料能量蛋白比的研究［J］. 饲料工业，25（4）.

周贵谭，曾旭权，王拥才，等，2004. 乌龟配合饲料钙磷比与适宜量的研究［J］. 广东饲料，13（6）.

周婷，李丕鹏，2013. 中国龟鳖分类原色图鉴［M］. 北京：中国农业出版社.

周维官，陈业良，2010. 不同蛋白质水平的饵料对黄喉拟水龟生长影响的研究［J］. 四川动物，29（2）.

朱新平，陈永乐，刘毅辉，等，2005. 黄喉拟水龟含肉率及肌肉营养成分分析［J］. 湛江海洋大学学报，25（3）.

邹全明，杨珺，赵先英，等，2000. 中华鳖甲超微细粉中氨基酸及钙、镁元素分析［J］. 中药材，23（1）.

ABRAMSMOTZ V，CALLARD I P，1991. Seasonal variations in oviductal morphology of the painted turtle，*Chrysemys picta*［J］. Journal of Morphology，207.

AITKEN R N C，SOLOMON S E，1976. Observations on the ultrastructure of the oviduct of the Costa Rican green turtle（*Chelonia mydas* L.）［J］. Journal of Experimental Marine Biology and Ecology，21.

AL-BAHRY S N，MAHMOUD I Y，AL-AMRI I S，et al，2009. Ultrastructural features and elemental distribution in eggshell during pre and post hatching periods in the green turtle，*Chelonia mydas* at Ras Al-Hadd，Oman［J］. Tissue and Cell，41.

ALIBARDI L，THOMPSON M B，1999. Epidermal differentiation during carapace and plastron formation in the embryonic turtle *Emydura macquarii* [J]. Journal of Anatomy，194.

ALTLAND，P. D，1951. Observations on the structure of the reproductive organs of the box turtle [J]. Journal of Morphology，89.

BAKST M R，1987. Anatomical basis of sperm-storage in the avian oviduct [J]. Scanning Microscopy，1.

BERTENS L M F，RICHARDSON M K，VERBEEK F J，2010. Analysis of cardiac development in the turtle *Emys orbicularis* (Testudines：Emidydae) using 3-D computer modeling from histological sections [J]. The Anatomical Record，293.

BIDWAI P P，BAWA S R，1981. Correlative study of the ultrastructure and the physiology of the seasonal regression of the epididymal epithelium in the hedgehog *Paraechinus micropus* [J]. Andrologia 13.

BILLETT F S，COLLINS P，GOULDING D A，et al，1992. The Development of *Caretta caretta*，at 25 ℃-34 ℃，in artificial nests [J]. Journal of Morphology，213.

BINCKLEY C A，SPOTILA J R，WILSON K S，et al，1998. Sex determination and sex ratios of pacific leatherback turtles，*Dermochelys coriacea* [J]. Copeia，(2).

BLANCK T，ZHOU T，LI Y，et al，2017. New Subspecies of *Cuora cyclornata* (Blanck，Mccord & Le，2006)，*Cuora trifasciata* (Bell，1825) and *Cuora aurocapitata* (Luo & Zong，1988) [J]. Sichuan Journal of Zoology，36 (4).

BLACKBURN D G，KLEIS-SAN FRANCISCO S，CALLARD I P，1998. Histology of abortive egg sites in the uterus of a viviparous placentotrophic lizard，the skink *Chalcides chalcides* [J]. Journal of Morphology，235.

BLEVES S，VIARRE V，SALACHA R，et al，2010. Protein secretion systems in *Pseudomonas aeruginosa*：a wealth of pathogenic weapons [J]. International Journal of Medical Microbiology，300.

BOTTE V，GRANATA G，1977. Induction of avidin synthesis by RNA obtained from lizard oviducts [J]. Journal of Endocrinology，73.

BULL J J，1980. Sex determination in reptiles [J]. The Quarterly Review of Biology，55.

BULL J J，VOGT R C，1979. Temperature-dependent sex determination in turtles [J]. Science，206.

BURKE A C，1989. Development of the turtle carapace：implications for the evolution of a novel bauplan [J]. Journal of Morphology，199.

CALLARD I P，HIRCH M，1976. The influence of oestradiol-17b and progesterone on the contractility of the oviduct of the turtle, *Chrysemys picta*, in vitro〔J〕. Journal of Endocrinology, 68.

CALLARD I P, LANCE V, SALHANICK A R, et al, 1978. The annual ovarian cycle of *Chrysemys picta*: correlated changes in plasma steroids and parameters of vitellogenesis〔J〕. General and Comparative Endocrinology, 35.

CEBRA-THOMAS J, TAN FRASER, SISTLA S, et al, 2005. How the turtle forms its shell: a paracrine hypothesis of carapace formation〔J〕. Journal of Experimental Zoology (Mol Dev Evol), 304B.

CHANG Y, CHEN P Y, 2016. Hierarchical structure and mechanical properties of snake (*Naja atra*) and turtle (*Ocadia sinensis*) eggshells〔J〕. Acta Biomaterialia, 31.

CHARNOV E L, BULL J J, 1977. When is sex environmentally determined〔J〕. Nature, 266 (5606).

CONNER J, CREWS D, 1980. Sperm transfer and storage in the lizard, *Anolis carolinensis*〔J〕. Journal of Morphology, 163.

CREE A, GUILLETTE J L J, READER K, 1996. Eggshell formation during prolonged gravidity of the tuatara *Sphenodon punctatus*〔J〕. Journal of Morphology, 230.

CREWS D, CANTU A R, BERGERON J M, 1996. Temperature and non-aromatizable androgens: a common pathway in male sex determination in a turtle with temperature-dependent sex determination〔J〕. Journal of Endocrinology, 149 (3).

ERNST C H, BARBOUR R W, 1989. Turtles of the world〔M〕. Smithsonian Institution Press, Washington D C.

EWERT M A, JACKSON D R, NELSON C E, 1994. Patterns of temperature-dependent sex determination in turtles〔J〕. Journal of Experimental Zoology, 270 (1).

FERGUS M W J, 1982. The structure and composition of the eggshell and embryonic membranes of *Alligator mississippiensis*〔J〕. Transactions of the Zoological Society of London, 36.

FLEMING A, CREWS D, 2001. Estradiol and incubation temperature modulate regulation of steroidogenic factor 1 in the developing gonad of the red-eared slider turtle〔J〕. Endocrinology, 142 (4).

FOX W, 1956. Seminal receptacles of snakes〔J〕. Anatomical Record, 124.

FUJIMOTO T, UKESHIMA A, MIYAYAMA Y, et al, 1979. Observations of primordial germ cells in the turtle microscopic studies embryo (*Caretta caretta*): light and electron〔J〕.

Development Growth and Differentiation, 21（1）.

GEORGES A, 1983. Reproduction of the Australian freshwater turtle *Emydura krefftii* （Chelonia: Chelidae）［J］. Journal of Zoology, 201.

GILBERT S F, LOREDO G A, BRUKMAN A, et al, 2001. Morphogenesis of the turtle shell: the development of a novel structure in tetrapod evolution ［J］. Evolution & Development, 3.

GIRLING J E, 2002. The Reptilian Oviduct: A review of structure and function and directions for future research ［J］. Journal of Experimental Zoology, 293.

GIST D H, CONGDON J D, 1998. Oviductal sperm storage as a reproductive tactic of turtles ［J］. Journal of Experimental Zoology, 282.

GIST D H, DAWES S M, TURNER T W, et al, 2001. Sperm storage in turtles: a male perspective ［J］. Journal of Experimental Zoology, 292.

GIST D H, JONES J M, 1989. Sperm storage within the oviduct of turtles ［J］. Journal of Morphology, 199.

GREENBAUM E, 2002. A standardized series of embryonic stages for the emyd turtle *Trachemys scripta* ［J］. Canadian Journal of Zoology, 80.

GRIBBINS K M, GIST D H, CONGDON J D, 2003. Cytological evaluation of spermatogenesis and organization of the germinal epithelium in the male slider turtle, *Trachemys scripta* ［J］. Journal of Morphology, 255.

GUILLETTE L J J, FOX S L, PALMER B D, 1989. Oviductal morphology and egg shelling in the oviparous lizards *Crotaphytus collaris* and *Eumeces obsoletus* ［J］. Journal of Morphology, 198.

GUILLETTE L J J, FOX S L, PALMER B D, 1989. Oviductal morphology and egg shelling in the oviparous lizards *Crotaphytus collaris* and *Eumeces obsoletus* ［J］. Journal of Morphology, 201.

HATTEN L R, GIST D H, 1975. Seminal receptacles in the eastern box turtle, *Terrapene carolina* ［J］. Copeia, 1975.

HEATLEY J J, RUSSELL K E, 2010. Box turtle （*Terrapene* spp.）hematology ［J］. Journal of Exotic Pet Medicine, 19（2）.

HERNÁNDEZ J D, ORÓS J, ARTILES M, et al, 2016. Ultrastructural characteristics of blood cells in the yellow-bellied slider turtle （*Trachemys scripta scripta*）［J］. Veterinary Clinical Pathology, 45（1）.

HESS R A，THURSTON R J，GIST D H，1991. Ultrastructure of the turtle spermatozoon ［J］. The Anatomical record，229.

HIRASAWA T，PASCUAL-ANAYA J，KAMEZAKI N，et al，2015. The evolutionary origin of the turtle shell and its dependence on the axial arrest of the embryonic rib cage ［J］. Journal of Experimental Zoology（Molecular and Developmental Evolution），324B.

HOFFMAN L H，WIMSATT W A，1972. Histochemical and electron microscopic observations on the sperm receptacles in the garter snake oviduct ［J］. American Journal of Anatomy，134.

INOHAYA K，YASUMASU S，ISHIMARU M，et al，1995. Temporal and spatial patterns of gene expression for the Hatching enzyme in the teleost embryo，*Oryzias latipes* ［J］. Developmental Biology，171.

IVERSON J B，SMITH G R，1993. Reproductive ecology of the painted turtle（*Chrysemys picta*）in the nebraska sandhills and across its range ［J］. Copeia，（1）.

IWASAKI S I，1992. Fine structure of the dorsal epithelium of the tongue of the freshwater turtle，*Geoclemys reevesii*（Chelonia，Emydinae）［J］. Journal of Morphology，211.

IWASAKI S I，ASAMI T，WANICHANON C，1996. Ultrastructural study of the dorsal lingual epithelium of the soft-shell turtle，*Trionyx cartilagineus*（Cheionia, Trionychidae）［J］. The Anatomical Record，246.

JANZEN F J，1993. An experimental analysis of natural selection on body size of hatchling turtles ［J］. Ecology，74（2）.

KATAGIRI C，MAEDA R，YAMASHIKA C，et al，1997. Molecular cloning of xenopus hatching enzyme and its specific expression in hatching gland cells ［J］. The International Journal of Developmental Biology，41.

KEVIN M，GRIBBINS K M，GIST D H，et al，2003. Cytological evaluation of spermatogenesis and organization of the germinal epithelium in the male slider turtle，*Trachemys scripta* ［J］. Journal of Morphology，255.

KITIMASAK W，THIRAKHUPT K，MOLL D L，2003. Eggshell structure of the siamese narrow-headed turtle *Chitra chitra* nutphand，1986（Tetundise：Trionchidae）［J］. Science Asia，29.

KLICA J，MAHMOUD I Y，1972. Conversion of pregenolone-4 14C to progesterone-4 14C by turtle corpus luteum ［J］. General and Comparative Endocrinology，19.

KUMAR D E T，MAITI B R，1985. Scanning electron microscopic study of the male genital tract during its highest and lowest activities in the seasonal reproductive cycle of the soft-shelled turtle [J]. Journal of Morphology, 185.

KURATANI S, KURAKU S, NAGASHIMA H, 2011. Evolutionary developmental perspective for the origin of turtles: the folding theory for the shell based on the developmental nature of the carapacial ridge [J]. Evoluton & Development, 13.

LEWIS J, MAHMOUD I Y, KLICKA J, 1979. Seasonal fluctuations in the plasma concentrations of progesterone and oestradiol-17β in the female snapping turtle (*Chelydra serpentina*)[J]. Journal of Endocrinology, 80.

LICHT P, OWENS D W, CLIFFTON K, et al, 1982. Changes in LH and progesterone associated with the nesting cycle and ovulation in the olive ridley turtle, *Lipidochelys olivacea* [J]. General and Comparative Endocrinology, 48.

LIN W Y, HUANG C H, 2007. Fatty acid composition and lipid peroxidation of soft-shelled turtle, *Pelodiscus sinensis*, fed different dietary lipid sources [J]. Comparative Biochemistry and Physiology Part C: Toxicology & Pharmacology, 144 (4).

LOFTS B, TSUI H W, 1977. Histological and histochemical changes in the gonads and epididymides of the male soft-shelled turtle, *Trionyx sinensis* [J]. Journal of Zoology, 181.

MCKINNEY R B, MARION K R, 1985. Plasma androgens and their association with the reproductive cycle of the male fence lizard, *Sceloporus undulatus* [J]. Comparative Biochemistry and Physiology Part A: Physiology, 82.

MESURE M, CHEVALIER M, DEPEIGES A, et al, 1991. Structure and ultrastructure of the epididymis of the viviparous lizard during the annual hormonal cycle: changes of the epithelium related to secretary activity [J]. Journal of Morphology, 210.

MIKHAILOV K E, 1991. Classification of fossil eggshells of amniotic vertebrates [J]. Acta Palaeontologica Polonica, 36.

MILLAR R P, GLOVER T D, 1970. Seasonal changes in the reproductive tract of the male rock hyrax, *Procavia capensis* [J]. Journal of Reproduction and Fertility, 23.

MILLER K, BOARDMAN T J, 1987. Influence of moisture, temperature, and substrate on snapping turtle eggs and embryos [J]. Ecology, 68 (4).

MORGAN D A, CLASS R, VIOLETTA G, et al, 2009. Cytokine mediated proliferation of cultured sea turtle blood cells: morphologic and functional comparison to human blood cells [J]. Tissue and Cell, 41.

MOUSTAKAS J E, 2008. Development of the carapacial ridge: implications for the evolution of genetic networks in turtle shell development ［J］. Evolution & Development 10（1）.

NAGASHIMA H，SHIBATA M，TANIGUCHI M，et al，2014. Comparative study of the shell development of hardand soft-shelled turtles ［J］. Journal of Anatomy，225.

NOWICKI J L，TAKIMOTO R，BURKE A C，2003. The lateral somitic frontier: dorso-ventral aspects of anterior-posterior regionalization in avian embryos ［J］. Mechnisms of Developmeng，120.

ORTIZ E，MORALES M H，1974. Development and function of the female reproductive tract of the tropical lizard，*Anolis pulchellus* ［J］. Physiological Zoology，47.

PACKARD M J，1980. Ultrastructural morphology of the shell and shell membrane of eggs of common snapping turtles（*Chelydra serpentina*）［J］. Journal of Morphology，165.

PACKARD M J，BURNS L K，HIRSCH K F，et al，1982. Structure of shells of eggs of *Callisaurus draconoides*（Reptilia，Squamata，Iguanidae）［J］. Zoological Journal of the Linnean Society，75.

PACKARD M J，DEMARCO V G，1991. Eggshell structure and formation in eggs of oviparous reptiles. in Deeming D C，Ferguson M W J（eds）: Egg incubation: its effects on embryonic development in birds and reptiles ［M］. Cambridge University Press，Cambridge.

PACKARD M J，HIRSCH K F，IVERSON J B，1984. Structure of shells from eggs of kinosternid turtles ［J］. Journal of Morphology，181.

PACKARD M J，IVERSON J B，PACHARD G C，1984. Morphology of shell formation in eggs of the turtle *Kinosternon flavescens* ［J］. Journal of Morphology，181.

PACKARD M J，PACKARD G C，1979. Structure of the shell and tertiary membranes of eggs of softshell turtles（*Trionyx spiniferus*）［J］. Journal of Morphology，159（1）.

PACKARD M J，PACKARD G C，GUTZKE W，1984. Calcium metabolism in embryos of the oviparous snake *Coluber constrictor* ［J］. Journal of Experimental Biology，110.

PACKARD G C，PACKARD M J，1987. Influence of moisture，temperature，and substrate on snapping turtle eggs and embryos ［J］. Ecology，68（4）.

PACKARD M J，SHORT T M，PACKARD G C，et al，1984. Sources of calcium for embryonic development in eggs of the snapping turtle *Chelydra serpentina* ［J］. The Journal of Experimental Zoology，230.

PALMER B D，DEMARCO V G，GUILLETTTE J L J，1993. Oviductal morphology and eggshell formation in the lizard，*Sceloporus woodi* ［J］. Journal of Morphology，217.

PALMER B D，GUILLETTE J L J，1988. Histology and functional morphology of the female reproductive tract of the tortoise *Gopherus polyphemus* ［J］. The American Journal of Anatomy, 183.

PALMER B D, GUILLETTE J L J, 1990. Morphological changes in the oviductal endometrium during the reproductive cycle of the tortoise, *Gopherus polyphemus* ［J］. Journal of Morphology, 204.

PÉREZ-BERMÚDEZ E, RUIZ-URQUIOLA A, LEE-GONZÁLEZ I, et al, 2012. Ovarian follicular development in the hawksbill turtle (Cheloniidae: *Eretmochelys imbricata* L.) ［J］. Journal of Morphology, 12.

PIEAU C, DORIZZI M, 1981. Determination of temperature sensitive stages for sexual differentiation of the gonads in embryos of the turtle, *Emys orbicularis* ［J］. Journal of Morphology, 170 (3).

QUINN A E, GEORGES A, SARRE S D, et al, 2007. Temperature sex reversal implies sex gene dosage in a reptile ［J］. Science, 316 (5823).

RADDER R S, PIKE D A, QUINN A E, et al, 2009. Offspring sex in a lizard depends on egg size ［J］. Current Biology, 19 (13).

RHODIN A G J, IVERSON J B, DIJK P P V, et al, 2021. Turtles of the world: annotated checklist and atlas of taxonomy, synonymy, distribution, and conservation status (9th Ed.) ［M］. Chelonian Research Foundation and Turtle Conservancy.

SAHOO G, SAHOO R K, MOHANTY-HEJMADI P, 1998. Calcium metabolism in olive ridley turtle eggs during embryonic development ［J］. Comparative Biochemistry and Physiology A-Molecular and Integrative Physiology, 121.

SÁNCHEZ-VILLAGRA M R, MÜLLER H, SHEIL C A, et al, 2009. Skeletal development in the Chinese soft-shelled turtle *Pelodiscus sinensis* (Testudines: Trionychidae) ［J］. Journal of Morphology, 270.

SARKAR S, SARKAR N K, MAITI B R, 1995. Histological and functional changes of oviducal endometrium during seasonal reproductive cycle of the soft-shelled turtle, *Lissemys punctata punctata* ［J］. Journal of Morphology, 224.

SARKER S, SARKER N K, MAITI B R, 1996. Seasonal pattern of ovarian growth and interrelated changes in plasma steroid levels, vitellogenesis, and oviductal function in the adult female soft-shelled turtle *Lissemys punctata punctata* ［J］. Canadian Journal of Zoology, 74.

SARKAR S, SARKAR N K, MAITI B R, 2003. Oviductal sperm storage structure and their changes during the seasonal (Dissociated) reproductive cycle in the soft-shelled turtle

Lissemys punctata punctata［J］. Journal of Experimental Zoology，295A.

SEVER D M，HAMLETT W C，2002. Female sperm storage in reptiles［J］. Journal of Experimental Zoology，292.

SEVER D M，RYAN T J，1999. Ultrastructure of the reproductive system of the black swamp snake（*Seminatrix pygaea*）：Part I. Evidence for oviducal sperm storage［J］. Journal of Morphology，241.

SHEIL C A，2003. Osteology and skeletal development of *Apalone spinifera*（Reptilia：Testudines：Trionychidae）［J］. Journal of Morphology，256.

SHEIL C A，2005. Skeletal development of *Macrochelys temminckii*（Reptilia：Testudines：Chelydridae）［J］. Journal of Morphology，263.

SHINE R，1999. Why is sex determined by nest temperature in many reptiles［J］. Trends in Ecology & Evolution，14（5）.

SHOEMAKER C M，CREWS D，2009. Analyzing the coordinated gene network underlying temperature-dependent sex determination in reptiles［J］. Seminars in Cell & Developmental Biology，20（3）.

SOLOMON S E，BAIRD T. 1977. Studies of the soft shell membranes of the egg shell of *Chelonia mydas* L.［J］. Journal of Experimental Marine Biology and Ecology，27.

SPENCER R J，2012. Embryonic heart rate and hatching behavior of a solitary nesting turtle［J］. Journal of Zoology，287.

SPRANDO R L，RUSSELL L D，1988. Spermiogenesis in the red-ear turtle（*Pseudemys scripta*）and the domestic fowl（*Gallus domesticus*）：a study of cytoplasmic events including cell volume changes and cytoplasmic elimination［J］. Journal of Morphology，198.

TOKITA M，KURATANI S，2001. Normal embryonic stages of the Chinese softshelled turtle *Pelodiscus sinensis*（Trionychidae）［J］. Zoological Science，18.

TRACY C R，1980. Water relations of parchment-shelled lizard（*Sceloporus undulatus*）eggs［J］. Copeia（1980）.

VALENZUELA N，2004. Temperature-dependent sex determination［M］. in：deeming D. C. reptilian incubation：environment，evolution and behavior. Nottingham University Press，Nottingham.

VALENZUELA N，LANCE V，2004. Temperature dependent sex determination in vertebrates［M］. Smithsonian Books，Washington D C.

VOGT R C，BULL J J，1984. Ecology of hatchling sex ratio in map turtles［J］.

Ecology，65（2）.

WARNER D A，SHINE R，2008. The adaptive significance of temperature-dependent sex determination in a reptile［J］. Nature，451（7178）.

WILSON D S，1998. Nest-site selection：microhabitat variation and its effects on the survival of turtle embryos［J］. Ecology，79（6）.

WINKLER J D，2006. Testing phylogenetic implications of eggshell characters in side-necked turtles（Testudines：Pleurodira）［J］. Zoology，109.

YASUMASU S，UZAWA M，IWASAWA A，et al，2010. Hatching mechanism of the Chinese soft-shelled turtle *Pelodiscus sinensis*［J］. Comparative Biochemistry and Physiology，Part B 155.

YNTEMA C L，1968. A series of stages in the embryonic development of *Chelydra serpentina*［J］. Journal of Morphology，125.

YNTEMA C L，1976. Effects of incubation temperatures on sexual differentiation in the turtle，Chelydra serpentina［J］. Journal of Morphology，150.

YNTEMA C L，1979. Temperature levels and periods of sex determination during incubation of eggs of *Chelydra serpentina*［J］. Journal of Morphology，159（1）.

YNTEMA C L，1981. Characteristics of gonads and oviducts in hatchings and young of *Chelydra serpentina* resulting from three incubation temperatures［J］. Journal of Morphology，167（3）.

ZAGO C E S，SILVA T L D，SILVA M I A D，et al，2010. Morphological，morphometrical and ultrastructural characterization of Phrynops geoffroanus'（Testudines：Chelidae）blood cells，in different environments［J］. Micron，41.